钢筋 应用技术
一学就会

阳鸿钧 等编著

化学工业出版社

·北京·

内 容 简 介

本书是一本系统全面的专业参考书，涵盖了钢筋工程基础理论、施工技术及实际应用。全书共分 6 章，从钢筋分类、力学性能、连接技术到识图计算，层层递进，内容翔实。书中详细解析热轧钢筋、冷轧钢筋、环氧树脂涂层钢筋等各类钢筋的特性与应用要求，结合装配式结构、预应力工程等现代技术，提供了高强钢筋网片加固、钢筋桁架混凝土楼板等前沿案例。同时，通过对钢筋图例标注与实例解析，帮助读者快速掌握钢筋工程图纸的识读技巧；钢筋计算部分则涵盖下料长度、工程量核算等实用公式，辅以附录中各类钢筋的化学成分、力学性能等关键数据，便于读者查阅。本书内容系统全面，涵盖钢筋工程的新特点、新要求、新技术、新应用、实战识图、实战计算等相关技能与知识，突出实用性与可操作性，兼顾传统技术与新兴工艺，可助力读者快速掌握钢筋应用的核心技术。

本书可以作为钢筋工程及项目相关技术人员、施工人员、施工协助人员、一线作业人员、管理人员等的职业培训用书或者工作参考用书，也可以作为材料制造、供货企业相关人员的参考用书，还可供灵活就业，需快速掌握一门技能的建筑行业入门级从业人员自学参考使用。另外，本书还可以作为高等院校及大专院校相关专业的辅导用书或第二教本等。

图书在版编目（CIP）数据

钢筋应用技术一学就会 / 阳鸿钧等编著 . -- 北京：化学工业出版社，2025. 6. -- ISBN 978-7-122-47740-8

Ⅰ. TU755.3

中国国家版本馆 CIP 数据核字第 20255FH308 号

责任编辑：彭明兰 　　　　　　文字编辑：邹　宁
责任校对：宋　玮 　　　　　　装帧设计：刘丽华

出版发行：化学工业出版社
　　　　　（北京市东城区青年湖南街 13 号　邮政编码 100011）
印　　装：中煤（北京）印务有限公司
787mm×1092mm　1/16　印张 13$\frac{1}{2}$　字数 326 千字
2025 年 8 月北京第 1 版第 1 次印刷

购书咨询：010-64518888 　　　　　　售后服务：010-64518899
网　　址：http://www.cip.com.cn
凡购买本书，如有缺损质量问题，本社销售中心负责调换。

定　　价：78.00 元

前言

　　随着建筑行业向工业化、智能化方向快速发展，装配式结构、高强材料及绿色施工等技术对钢筋工程提出了更高要求。同时，钢筋作为混凝土结构的"筋骨"，其设计、加工与应用直接影响着工程的质量和安全。当前，行业亟需一本既能覆盖传统工艺，又能整合新型技术的实用指导用书。本书立足最新国家标准与工程实践，结合视频教学与速查数据，旨在解决从业人员"理论难落地、图纸难识读、计算易出错"的痛点，助力读者快速掌握钢筋工程关键技能。

　　本书共6章，主要介绍了钢筋基础、钢筋常识、钢筋新特点、钢筋新要求、钢筋新技术、钢筋新应用、实战钢筋识图、实战钢筋计算、钢筋相关数据速查等相关技能和知识。本书的主要特点如下。

　　1. 内容全面，体系清晰

　　以"基础理论→技术要点→实战应用"为主线，系统涵盖钢筋分类、连接技术、识图计算等全流程，并专章解析装配式、预应力等前沿工艺，附录汇总关键参数（如力学性能、化学成分等），便于读者快速查阅。

　　2. 图文并茂，视频赋能

　　书中附有大量示意图与工程实景图，直观呈现钢筋排布、节点构造等难点；同时配有相关视频（扫码即看），实现"纸媒＋数字"双维学习。

　　3. 数据翔实，贴合实战

　　提供大量速算公式与案例（如锚固长度计算、工程量核算），辅以行业新规解读，确保内容与现行标准无缝衔接，可直接应用于施工一线。

　　4. 受众广泛，实用性强

　　既适合技术员、施工员等现场人员快速提升技能，也可作为高校教材或企业培训资料，兼顾理论深度与实践指导性，助力从业者从"入门"到"精通"。

　　本书在编写过程中，参考了一些珍贵的资料、文献、网站，在此向这些资料、文献、网站的作者深表谢意！由于部分参考文献标注不详细或者不规范，因条件所限，暂时未能在参考文献中列举鸣谢，在此特予说明，同时深表感谢。另外，本书在编写过程中还参考了最新有关标准、规范、要求、政策、方法等资料，从而保证了本书内容的时效性并符合现行要求。

　　本书由阳鸿钧、阳育杰、阳许倩、许小菊、阳梅开、许满菊、阳苟妹、许四一、阳红珍、欧小宝、许秋菊等人员参加编写或支持编写，或者从事相关协助工作。另外，本书的编写还得到了一些同行、朋友及有关单位的帮助与支持，在此向他们表示衷心的感谢！

　　由于时间有限，书中难免存在不足之处，敬请读者批评指正。

目录

第1章　钢筋基础　　　　　　　　　　　　　　　　　　　　1

1.1　钢筋的种类、特征与性能 ……………… 1

1.1.1　钢筋混凝土用钢的种类……… 1

1.1.2　钢筋的分类……………………… 2

1.1.3　钢筋的尺寸特征………………… 7

1.1.4　钢筋的力学性能………………… 8

1.2　热轧光圆钢筋 🔊 ………………………… 8

1.2.1　热轧光圆钢筋的定义与牌号…… 8

1.2.2　热轧光圆钢筋的尺寸、外形、

　　　重量及允许偏差…………………… 9

1.2.3　热轧光圆钢筋的截面形状……… 9

1.3　冷轧带肋钢筋 ……………………………… 10

1.3.1　冷轧带肋钢筋的术语与牌号…… 10

1.3.2　冷轧带肋钢筋的截面形状……… 10

1.3.3　冷轧带肋钢筋横肋的要求……… 11

1.3.4　冷轧带肋钢筋的尺寸、重量与

　　　允许偏差…………………………… 12

1.4　热轧带肋钢筋 🔊 …………………………… 12

1.4.1　热轧带肋钢筋的牌号…………… 12

1.4.2　热轧带肋钢筋的公称横截面积

　　　和理论重量………………………… 13

1.4.3　热轧带肋钢筋的外形及尺寸允

　　　许偏差……………………………… 13

1.4.4　热轧带肋钢筋的表面标志……… 15

1.5　环氧涂层钢筋 ……………………………… 15

1.5.1　环氧涂层钢筋的特点与型号识读… 15

1.5.2　环氧涂层钢筋的应用要求……… 16

1.6　高强热轧带肋钢筋 ………………………… 17

1.6.1　高强热轧带肋钢筋的术语与解说…… 17

1.6.2　高强热轧带肋钢筋的应用要求

　　　与规定……………………………… 17

1.7　耐腐蚀性钢筋 ……………………………… 18

1.7.1　耐腐蚀性钢筋的特点…………… 18

1.7.2　耐腐蚀性钢筋的应用要求……… 18

1.7.3　耐腐蚀性钢筋的加工与安装…… 22

1.8　预应力混凝土用耐蚀螺纹钢筋 ………… 22

1.8.1　预应力混凝土用耐蚀螺纹钢筋

　　　的特点……………………………… 22

1.8.2　预应力混凝土用耐蚀螺纹钢筋的

　　　外形尺寸与允许偏差……………… 23

1.9　余热处理钢筋 ……………………………… 24

1.9.1　余热处理钢筋的定义与牌号…… 24

1.9.2　余热处理钢筋的尺寸与标志…… 24

1.10　热轧稀土钢筋 ……………………………… 24

1.10.1　热轧稀土钢筋的特点 ………… 24

1.10.2　热轧稀土钢筋的公称横截面积和

　　　理论重量…………………………… 25

1.10.3　热轧稀土钢筋的表面标志…… 26

1.11　水性环氧涂层钢筋 ………………………… 26

1.11.1　水性环氧涂层钢筋的特点…… 26

1.11.2　水性环氧涂层钢筋的应用要求 … 27

1.12　复合钢筋 …………………………………… 28

1.12.1　碳素钢 - 纤维增强复合材料复合

　　　　钢筋的特点 ················· 28
1.12.2　复合钢筋的公称直径范围与标志 ······ 29
1.13　成型钢筋 ················· **29**
1.13.1　成型钢筋的特点 ············ 29
1.13.2　成型钢筋的尺寸、形状允许偏差 ······ 29
1.14　钢筋焊接网 ··············· **30**
1.14.1　钢筋焊接网的特点 ··········· 30
1.14.2　混凝土预制板用钢筋焊接网
　　　　的特点 ················· 31
1.15　其他钢筋 ················· **31**
1.15.1　高强锚杆用热轧带肋钢筋的牌号
　　　　与特点 ················· 31
1.15.2　钢筋锚固用灌浆波纹钢管 ········· 31

1.15.3　钢筋混凝土用锚固板钢筋 ········· 32
1.15.4　钢筋混凝土用不锈钢钢筋 ········· 33
1.16　钢筋连接件 ··············· **35**
1.16.1　钢筋机械连接件的特点 ········· 35
1.16.2　钢筋连接用直螺纹套筒 ········· 38
1.16.3　套筒标记的识读 ············ 40
1.16.4　套筒消除螺纹间隙的典型结构 ······· 41
1.16.5　消除螺纹间隙常见错误结构示意 ······ 41
1.17　锥套锁紧钢筋连接接头 ········· **42**
1.17.1　锥套锁紧钢筋连接接头特点与
　　　　型号识读 ··············· 42
1.17.2　锥套锁紧钢筋连接接头的选用 ······· 44

第2章　钢筋常识　　　　　　　　　　　　　　　45

2.1　钢筋的标签与标志 ··········· **45**
2.1.1　钢筋的标签 ··············· 45
2.1.2　带肋钢筋的表面标志 ··········· 46
2.2　钢筋加工设备 ··············· **47**
2.2.1　钢筋冷拔机 ··············· 47
2.2.2　钢筋螺纹成型机 ············· 47
2.2.3　钢筋网成型机 ·············· 48
2.3　混凝土结构与混凝土钢筋工程 ····· **48**
2.3.1　混凝土结构相关术语 ··········· 48
2.3.2　混凝土结构钢筋工程材料 ········· 49
2.3.3　混凝土结构钢筋加工 ··········· 50
2.3.4　混凝土结构钢筋安装施工 ········· 51
2.3.5　独立基础钢筋排布图的要求
　　　和特点 ················· 51
2.3.6　条形基础钢筋排布图的要求
　　　和特点 ················· 52
2.3.7　梁板式筏形基础钢筋排布图的
　　　要求和特点 ··············· 52

2.3.8　平板式筏形基础钢筋排布图的
　　　要求和特点 ··············· 52
2.3.9　桩基础钢筋排布图的要求和特点 ······· 52
2.3.10　柱钢筋排布图的要求和特点 ········ 53
2.3.11　剪力墙钢筋排布图的要求和特点 ······ 54
2.3.12　梁钢筋排布图的要求和特点 🔌 ······ 54
2.3.13　楼板钢筋排布图的要求和特点 ······· 55
2.3.14　楼梯钢筋排布图的要求和特点 ······· 56
2.3.15　矩形箍筋复合形式 ············ 56
2.3.16　封闭箍筋与拉筋弯钩构造 ········· 57
2.3.17　纵向受拉钢筋的最小搭接长度 ······· 57
2.3.18　钢筋的计算截面面积及理论重量 ······ 58
2.3.19　钢筋定位件命名规则的识读 ········ 59
2.3.20　混凝土保护层最小厚度要求 ········ 60
2.3.21　钢筋定位件表与钢筋定位件
　　　排布图 ················· 61
2.3.22　钢筋质量检查 ·············· 62
2.4　预应力工程 ················· **63**

2.4.1 预应力工程一般规定·············· 63

2.4.2 预应力筋或成孔管道的定位要求········ 64

2.4.3 预应力筋和预应力孔道的间距、
保护层厚度·················· 65

2.4.4 锚垫板和连接器的安装要求·········· 66

2.4.5 预应力工程质量检查·············· 66

2.5 钢筋、钢筋定位件汇总·············· 67

2.5.1 钢筋汇总·················· 67

2.5.2 钢筋定位件汇总·············· 68

第3章 钢筋技术 69

3.1 钢筋连接技术 ·············· 69

3.1.1 钢筋连接方式分类············ 69

3.1.2 钢筋焊接与验收相关术语·········· 70

3.1.3 混凝土结构钢筋连接安装技术········ 71

3.1.4 钢筋焊接材料 🔧 ·············· 72

3.1.5 钢筋焊接················ 73

3.2 轴向冷挤压钢筋连接技术 ·········· 76

3.2.1 轴向冷挤压钢筋连接技术术语········ 76

3.2.2 轴向冷挤压钢筋连接套筒分类与
形式·················· 76

3.2.3 轴向冷挤压钢筋连接要求·········· 78

3.2.4 轴向冷挤压钢筋施工要求·········· 79

3.3 钢筋套筒灌浆连接技术 ·········· 80

3.3.1 钢筋套筒灌浆连接技术的特点········ 80

3.3.2 钢筋套筒灌浆连接技术的材料、
组件要求················ 81

3.3.3 钢筋套筒灌浆连接技术灌浆料
的要求·················· 82

3.3.4 钢筋套筒灌浆连接技术辅料的要求····· 82

3.3.5 钢筋套筒灌浆连接技术的设计要求····· 83

3.3.6 钢筋套筒灌浆连接技术的施工要求····· 83

3.4 高强钢筋网活性粉末混凝土薄层加固
混凝土结构技术 ·········· 85

3.4.1 高强钢筋网活性粉末混凝土薄层加
固混凝土结构技术术语········· 85

3.4.2 高强钢筋网活性粉末混凝土薄层加固

混凝土结构技术钢筋和焊条········ 85

3.4.3 高强钢筋网活性粉末混凝土薄层加固
混凝土结构技术的构造要求········ 85

3.4.4 高强钢筋网活性粉末混凝土薄层加固
混凝土结构技术梁、柱和节点······ 86

3.4.5 高强钢筋网活性粉末混凝土薄层加固
混凝土结构技术板和剪力墙········ 87

3.5 装配式钢筋桁架薄型混凝土楼承板
应用技术 ·············· 87

3.5.1 装配式钢筋桁架薄型混凝土楼承板
应用技术术语·············· 87

3.5.2 装配式钢筋桁架薄型混凝土楼承板
应用技术钢筋要求············ 88

3.5.3 装配式钢筋桁架薄型混凝土楼承板
应用技术钢筋桁架············ 89

3.6 装配式与现浇技术 ············ 90

3.6.1 装配式混凝土结构钢筋错位
连接技术················ 90

3.6.2 预制墙与叠合梁在平面内的
连接节点················ 91

3.6.3 叠合梁与预制柱的中间层中
节点构造················ 91

3.6.4 预制板端支座连接构造·········· 92

3.6.5 预制板中间支座连接构造········· 92

3.6.6 预制板接缝连接构造·········· 92

第4章 钢筋应用   93

4.1 钢筋应用通用要求 🔧 ·········· 93
4.1.1 混凝土结构钢筋应用通用要求 🔧 ······ 93
4.1.2 一些具体结构钢筋应用的通用要求 ··· 96
4.2 混凝土结构用钢筋间隔件的应用 ········ 97
4.2.1 混凝土结构用钢筋间隔件的特点 ······· 97
4.2.2 混凝土结构用钢筋间隔件的
制作要求 ················· 99
4.2.3 间隔件的安放要求 ············· 100
4.2.4 钢筋间隔件质量检查 ·········· 101
4.3 钢筋桁架混凝土楼板 ·········· 102
4.3.1 钢筋桁架混凝土楼板结构 ········· 102
4.3.2 钢筋桁架混凝土楼板钢筋的应用
与案例 ················· 103
4.4 纤维水泥板免拆底模钢筋桁架楼承
板的应用 ··········· 104
4.4.1 钢筋桁架楼承板的类型 ············· 104
4.4.2 纤维水泥板免拆底模钢筋桁架楼
承板桁架结构 ··········· 105
4.4.3 专用连接件副 ··········· 105
4.4.4 现浇混凝土梁支座位置连接结构——
桁架的应用 ··········· 106
4.5 压型钢板可拆底模钢筋桁架楼承板

的应用 ·········· 106
4.5.1 压型钢板可拆底模钢筋桁架楼
承板结构 ··········· 106
4.5.2 压型钢板可拆底模钢筋桁架结构 ······ 107
4.5.3 压型钢板可拆底模钢筋桁架
连接件副 ··········· 107
4.5.4 压型钢板可拆底模钢筋桁
架楼承板 ··········· 108
4.5.5 现浇混凝土梁、墙支座连接构造 ······ 108
4.5.6 TDD（Y）板洞边补强钢筋结构 ······ 109
4.6 钢筋的应用——方形钢筋混凝土
蓄水池 ·········· 109
4.6.1 地下水位允许高出底板顶面
上的高度 ··········· 109
4.6.2 方形钢筋混凝土蓄水池的布置 ········ 109
4.6.3 池顶、池底的配筋 ············· 111
4.6.4 池壁的配筋 ············· 112
4.7 钢筋的其他应用 ·········· 113
4.7.1 钢筋混凝土管 ············· 113
4.7.2 钢筋混凝土灌注桩 ············· 114
4.7.3 钢筋混凝土综合管廊工程 ········· 116

第5章 钢筋识图   118

5.1 钢筋识图基础 ··········· 118
5.1.1 混凝土结构钢筋详图有关术语
与解说 ················· 118
5.1.2 钢筋图常见标注方法 ·········· 118
5.1.3 钢筋尺寸的标注 🔧 ·········· 121
5.1.4 钢筋配料单与钢筋料牌 ············· 121
5.1.5 钢筋排布图的一般规定 ············· 123
5.1.6 钢筋有关的制图规则 ·········· 124
5.1.7 钢筋种类的符号 ·········· 124
5.1.8 钢筋图例 ············· 125
5.1.9 建筑工程中板钢筋图常涉及的钢筋 ··· 125
5.1.10 建筑工程中楼梯钢筋图常涉及
的钢筋 ················· 126
5.1.11 识图符号通查 ············· 126
5.2 钢筋标注的识读 ·········· 129
5.2.1 钢筋根数、直径、等级标注的识读 ··· 129

5.2.2 钢筋等级、直径、相邻钢筋中心 距标注的识读 …… 129

5.2.3 梁箍筋标注的识读 …… 129

5.2.4 梁上主筋和梁下主筋同时表示的 识读 …… 130

5.2.5 梁上部钢筋表示（标在梁上支座处）的 识读 …… 130

5.2.6 梁腰中钢筋表示的识读 …… 131

5.2.7 梁下部钢筋表示（标在梁的下部）的 识读 …… 131

5.2.8 梁编号的识读 …… 131

5.2.9 梁截面尺寸表示的识读 …… 132

5.2.10 柱编号表述的识读 …… 132

5.2.11 柱起止标高的识读 …… 133

5.2.12 柱截面尺寸及与轴线关系的识读 … 134

5.2.13 柱纵筋的识读 …… 134

5.2.14 箍筋肢数的识读 …… 135

5.2.15 板集中标注的识读 …… 136

5.2.16 悬挑板阴角附加筋 Cis 引注的识读 …… 137

5.2.17 独立基础图的识读 …… 137

5.2.18 条形基础图的识读 …… 141

5.2.19 独立承台配筋图的识读 …… 142

5.2.20 基础相关构造施工图的识读 …… 143

5.2.21 楼梯图的识读 …… 144

5.2.22 剪力墙施工图的识读 …… 145

5.2.23 剪力墙洞口表示法的识读 …… 146

5.2.24 地下室外墙表示法的识读 …… 147

5.2.25 板图的识读 …… 148

5.2.26 楼板相关构造施工图的识读 …… 149

5.2.27 钢筋层的识读 …… 151

5.3 普通钢筋图的识读 …… 151

5.3.1 普通钢筋标注的识读 …… 151

5.3.2 单根钢筋标注的识读 …… 152

5.3.3 两根钢筋标注的识读 …… 152

5.3.4 多根钢筋标注的识读 …… 153

5.3.5 交错、交替排布的钢筋标注的识读… 153

5.3.6 缩尺钢筋标注的识读 …… 154

5.4 预应力筋标注的识读 …… 155

5.4.1 有黏结预应力筋标注的识读 …… 155

5.4.2 无黏结预应力筋标注的识读…… 155

第6章 钢筋计算 156

6.1 钢筋计算基础知识 …… 156

6.1.1 不同钢材计算公式速查 …… 156

6.1.2 其他公式大全速查 …… 157

6.2 钢筋计算可能涉及的数据 …… 167

6.2.1 钢筋屈服强度标准值、极限强度 标准值 …… 167

6.2.2 钢筋强度设计值 …… 167

6.2.3 最大力总延伸率限值 …… 168

6.2.4 钢筋的弹性模量 …… 169

6.2.5 钢筋疲劳应力幅限值 …… 169

6.2.6 现浇钢筋混凝土板厚度要求 …… 169

6.2.7 钢筋搭接面积百分率 …… 170

6.2.8 墙与柱钢筋的配筋率 …… 171

6.2.9 梁钢筋的配筋率 …… 172

6.3 钢筋锚固与最小配筋率的计算 …… 172

6.3.1 钢筋锚固的计算 …… 172

6.3.2 纵向受力钢筋最小配筋率的计算 …… 178

6.4 钢筋下料一般规定与普通钢筋下料 计算 …… 178

6.4.1 钢筋下料一般规定 🔧 …… 178

6.4.2 墙普通钢筋下料 …… 181

6.4.3 柱普通钢筋下料 …… 181

6.4.4 梁普通钢筋下料·····················182

6.4.5 多直段钢筋下料长度的计算···········182

6.4.6 圆弧形钢筋下料长度的计算···········182

6.4.7 螺旋形钢筋下料长度的计算···········183

6.4.8 两端带弯钩曲线形钢筋的下料长度的计算·····························183

6.4.9 焊接箍筋下料长度的计算···········183

6.4.10 螺旋箍筋的下料长度的计算········184

6.4.11 多边形连续箍筋下料长度的计算···184

6.4.12 多直段普通钢筋弯折点两侧标注延长值与长度调整值🎬·········185

6.4.13 钢筋弯折点长度调整值的计算🎬···187

6.5 预应力筋与预制构件钢筋下料计算·····························189

6.5.1 预应力筋下料·····················189

6.5.2 预制柱底箍筋加密区与箍筋排布······189

6.5.3 预制剪力墙水平分布筋加密区钢筋排布·····················189

6.5.4 预应力筋下料长度——先张法构件···189

6.5.5 预应力筋下料长度——后张法构件···191

6.6 钢筋连接长度、起步距离的计算·······194

6.6.1 钢筋连接区段与长度的计算·········194

6.6.2 钢筋起步距离的计算···············194

6.7 钢筋重量与工程量的计算·············195

6.7.1 钢筋重量的计算···················195

6.7.2 钢筋工程量计算步骤···············196

6.7.3 钢筋工程量基本计算的常用公式·····196

6.7.4 其他相关公式大全·················196

附录 197

附录1 钢筋混凝土用余热处理钢筋·········197

附录2 热轧带肋钢筋化学成分和碳当量（熔炼分析）·····················197

附录3 热轧带肋钢筋弯曲性能·············198

附录4 热轧光圆钢筋化学成分（熔炼分析）···198

附录5 热轧光圆钢筋的力学性能···········198

附录6 冷轧带肋钢筋盘条牌号与化学成分（熔炼分析）·····················199

附录7 冷轧带肋钢筋盘条的力学性能与弯曲性能·····················199

附录8 低松弛光圆钢丝、螺旋肋钢丝的规格与力学性能·················199

附录9 1×7 低松弛钢绞线的规格与力学性能·····························200

附录10 预应力混凝土用螺纹钢筋（精轧螺纹钢筋）规格与力学性能·········200

附录11 常用钢筋种类、力学性能·········200

附录12 钢筋的公称直径、计算截面面积及理论重量·················201

附录13 钢筋单位长度允许重量偏差······202

附录14 钢筋的工艺性能参数············202

附录15 随书附赠视频汇总···············203

主要参考文献 204

第1章

钢筋基础

1.1 钢筋的种类、特征与性能

1.1.1 钢筋混凝土用钢的种类

钢筋混凝土用钢的种类见表 1-1。

表 1-1 钢筋混凝土用钢的种类

名称	解说
变形钢丝	螺旋肋钢丝与刻痕钢丝的统称
不锈钢钢筋	以不锈、耐蚀为主要特征的钢筋
超高强度热处理锚杆钢筋	横截面通常为圆形，表面无纵肋，但是带有沿长度方向均匀分布的横肋，经过淬火与回火热处理制成的钢筋。其显微组织为以回火索氏体为主体的复相组织，但是不应出现马氏体组织
单丝涂覆环氧涂层预应力钢绞线	每根钢丝表面单独形成致密环氧涂层保护膜的七丝预应力钢绞线
镀锌环氧涂层钢筋	底层为热镀方式涂覆的锌合金涂层，面层为熔融结合环氧涂层的钢筋或者成品钢筋
多丝预应力钢绞线	由 19 根冷拉光圆钢丝捻制成的钢绞线
钢筋混凝土用镀锌铝合金-环氧树脂复合涂层钢筋	在钢筋表面上先进行连续热浸镀锌铝合金，再涂覆环氧树脂涂层所得的复合涂层钢筋
钢筋混凝土用钢筋	以非张拉状态应用，以提高混凝土结构抗拉或抗压能力的线材或棒材
钢筋混凝土用锌铝合金镀层钢筋	钢筋前处理后浸入熔融锌铝合金浴中，表面形成锌-铝和（或）锌-铝-铁合金镀层的钢筋
高耐蚀性合金钢筋	在钢中加入一定量的耐蚀性合金元素，例如 Mo、Cr、Cu、Sn 等，使其具有高耐腐蚀性能的钢筋
高延性冷轧带肋钢筋	热轧圆盘条经过冷轧成型与回火热处理获得的具有较高延性的冷轧带肋钢筋
光圆钢筋（钢棒）	横截面为圆形的钢筋（钢棒）
环氧树脂涂层钢筋	表面为熔融结合环氧涂层的钢筋，或者成品钢筋
缓黏结预应力钢绞线	用缓黏结专用黏合剂与高密度聚乙烯护套涂覆的预应力钢绞线
刻痕钢绞线	由刻痕钢丝捻制成的钢绞线
冷拉钢丝	盘条通过拔丝等减径工艺经过冷加工形成，并且以盘卷供货的钢丝
冷轧带肋钢筋	热轧圆盘条经冷轧后，再在其表面压出沿长度方向均匀分布的横肋钢筋

名称	解说
螺纹钢筋	热轧成带有不连续外螺纹的直条钢筋，该钢筋在任意截面处，均可用带有匹配形状的内螺纹的连接器或锚具进行连接或锚固
锚杆用热轧带肋钢筋	横截面通常为圆形，表面一般无纵肋，但是带有沿长度方向均匀分布的横肋，是适用于制作锚杆金属杆体的热轧带肋钢筋
模拔型钢绞线	捻制后再经过冷拔成型的钢绞线
耐腐蚀性钢筋	根据钢筋使用环境类别的不同，例如工业大气腐蚀环境、氯离子腐蚀环境，在钢中加入适量的耐腐蚀合金元素，例如 Cu、Cr、P、Ni、Mo、Re 等，使其具有耐腐蚀性能，并且以热轧或控轧控冷状态交货的钢筋
普通热轧钢筋	以热轧状态交货的钢筋
七丝钢绞线	由六根外层钢丝紧密地螺旋包裹在一根中心钢丝上组成的钢绞线
嵌砂型环氧涂层钢绞线	涂层表面嵌入砂砾的一种环氧涂层钢绞线
热轧碳素钢 - 不锈钢复合钢筋	以不锈钢做覆层、碳素钢（或低合金钢）做基材通过热轧法生产的不锈钢复合钢筋
热轧细晶粒钢筋	在热轧过程中，通过控轧与控冷工艺形成的一种细晶粒钢筋，其晶粒度为 9 级或更细
填充型环氧涂层钢绞线	外层由熔融结合环氧涂层涂覆、钢丝间的空隙由熔融结合环氧涂层完全填充从而防止腐蚀介质通过毛细作用力或其他流体静力侵入的七丝预应力钢绞线
涂层钢筋	熔融结合涂层的钢筋或者焊接网，或者成品钢筋
涂装型环氧涂层钢绞线	由熔融结合环氧涂层进行表面涂覆的七丝预应力钢绞线
瓦林吞式预应力钢绞线	由内外两层冷拉光圆钢丝平行捻制成的钢绞线。外层由粗细两种直径的钢丝交替排列组成，并且外层钢丝总根数是内层钢丝根数的 2 倍
无黏结预应力钢绞线	表面涂敷防腐润滑涂层，外包护套，其与护套间可永久相对滑动的预应力钢绞线
西鲁式预应力钢绞线	由两层相同根数的冷拉光圆钢丝平行捻制成的钢绞线
消除应力钢丝	根据下述一次性连续处理方法之一生产的钢丝： （1）钢丝在塑性变形下（轴应变）进行的短时间热处理，得到的低松弛钢丝； （2）钢丝通过矫直工序后，在适当的温度下进行短时热处理，得到的普通松弛钢丝
液化天然气储罐用低温钢筋	经控轧控冷工艺成型，适用于液化天然气储罐最低设计温度（-170 ～ -165℃）要求的钢筋
余热处理钢筋	热轧后利用热处理原理进行表面控制冷却，并且利用芯部余热完成自身回火处理所得的成品钢筋。余热处理钢筋在基圆上形成环状的淬火自回火组织结构
预应力混凝土用钢棒	以热轧盘条为原料，经过加工后淬火与回火制成的棒材
预应力混凝土用钢材	以张拉状态应用，以提高混凝土构件的抗拉能力的一种钢材
预应力混凝土用钢绞线	由冷拉光圆钢丝以及刻痕钢丝捻制的用于预应力混凝土结构的钢绞线
中强度钢丝	强度范围为 650 ～ 1370MPa 的冷加工后进行稳定化热处理的钢丝

1.1.2　钢筋的分类

钢筋通常分为普通钢筋、预应力钢筋、特殊钢筋等。普通钢筋包括钢筋混凝土结构中的钢筋、预应力混凝土结构中的非预应力钢筋等。

钢筋的分类如图 1-1 所示。

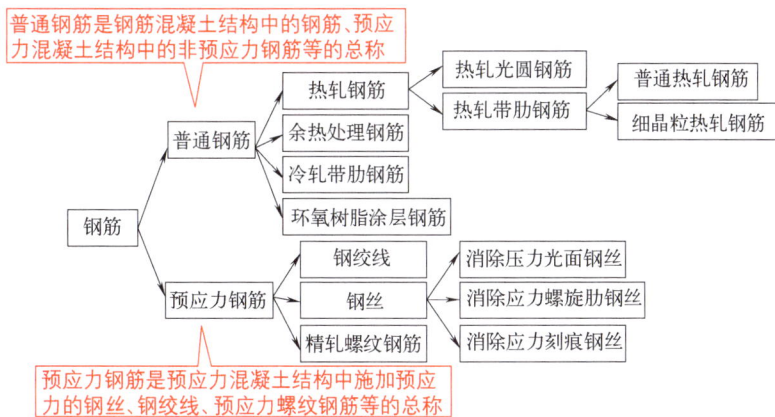

图1-1　钢筋的分类

部分常见钢筋的表面样式如图1-2所示。

螺纹钢筋　　　　人字纹钢筋　　　　月牙纹钢筋

图1-2　部分常见钢筋的表面样式

另外，钢筋也可以根据应用场合、应用技术等来分类，如图1-3所示。

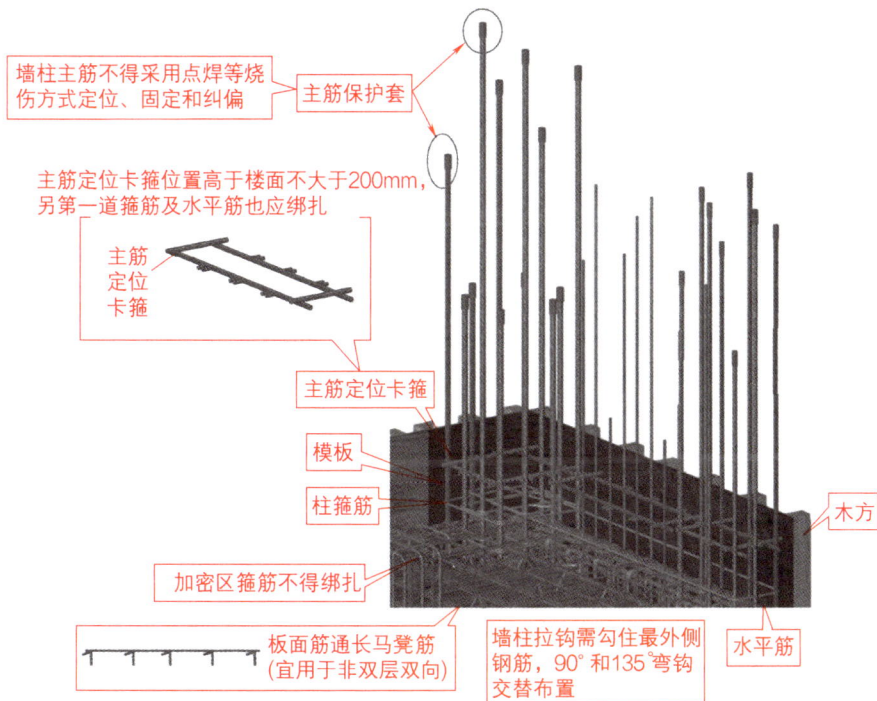

图1-3

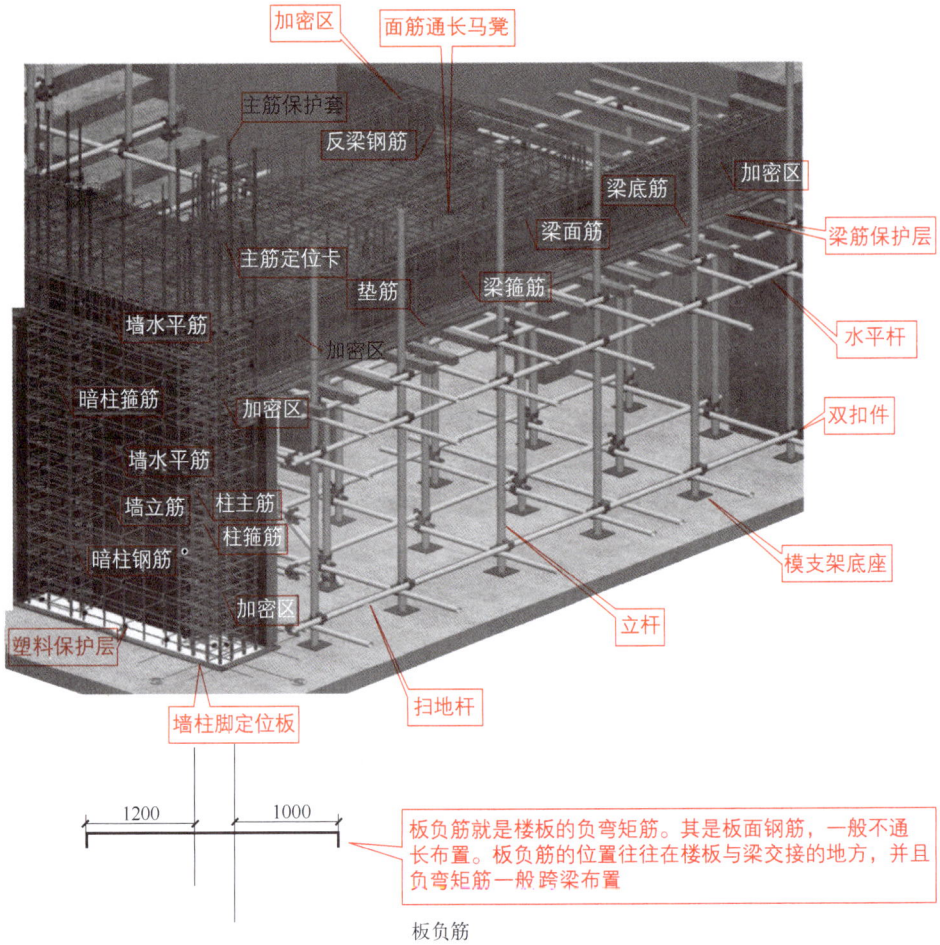

板负筋

图1-3 钢筋根据应用场合、应用技术等来分类

常见钢筋的特点如下。

（1）带肋钢筋（钢棒）

带肋钢筋（钢棒）就是横截面通常为圆形，并且表面带肋的钢筋（钢棒）。带肋钢筋可以分为有纵肋带肋钢筋（钢棒）、无纵肋带肋钢筋（钢棒）等，如图1-4、图1-5所示。

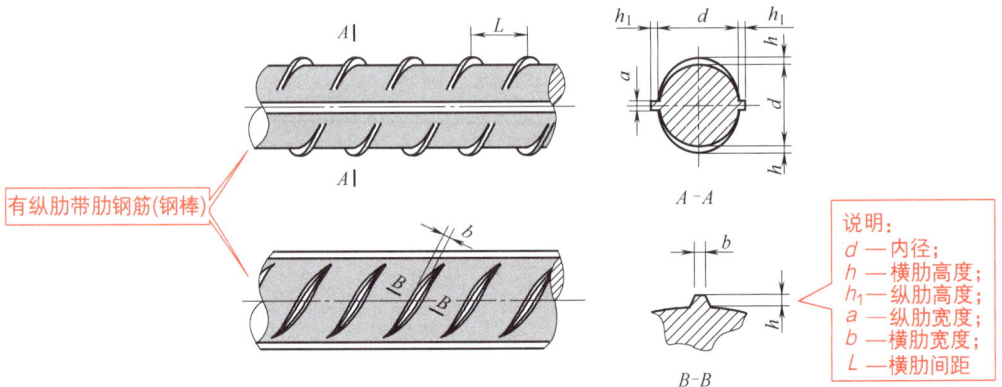

说明：
d—内径；
h—横肋高度；
h_1—纵肋高度；
a—纵肋宽度；
b—横肋宽度；
L—横肋间距

图1-4 有纵肋带肋钢筋（钢棒）

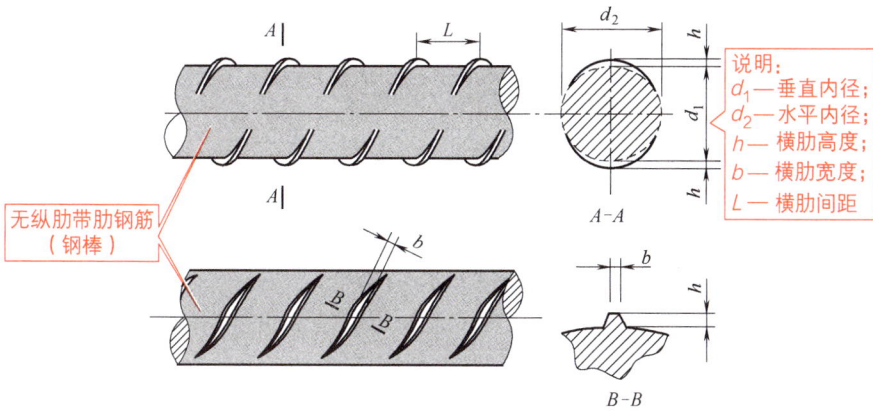

图 1-5　无纵肋带肋钢筋（钢棒）

（2）月牙肋钢筋

月牙肋钢筋，就是横肋的纵截面呈月牙形，并且与纵肋不相交的钢筋，如图 1-6 所示。

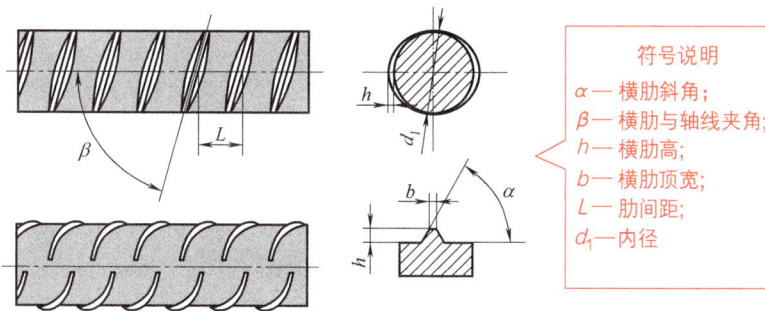

图 1-6　月牙肋钢筋

（3）螺纹肋钢筋

螺纹肋钢筋就是带有不连续的外螺纹横肋的直条钢筋，如图 1-7 所示。螺纹肋钢筋在任意截面位置，均可以用带有匹配形状内螺纹螺母的锚具（或连接器）进行锚固（或连接）。

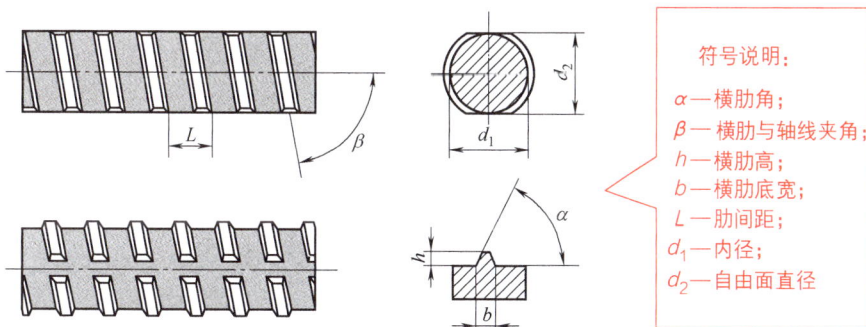

图 1-7　螺纹肋钢筋

（4）螺旋肋钢丝（钢棒）

螺旋肋钢丝（钢棒）就是表面沿着长度方向上形成连续、有规则的螺旋肋条的钢丝（钢棒），如图 1-8 所示。

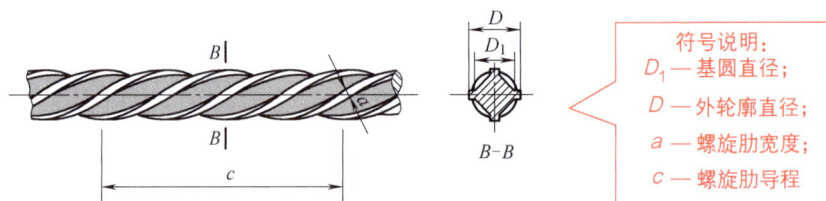

图1-8　螺旋肋钢丝（钢棒）

符号说明：
D_1—基圆直径；
D—外轮廓直径；
a—螺旋肋宽度；
c—螺旋肋导程

（5）刻痕钢丝

刻痕钢丝就是表面沿着长度方向上均匀分布着具有规则间隔压痕的钢丝。三面刻痕钢丝如图1-9所示。

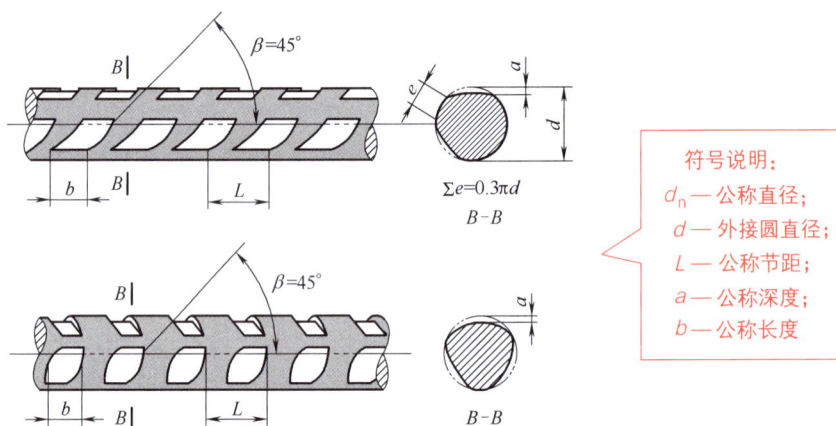

图1-9　三面刻痕钢丝

符号说明：
d_n—公称直径；
d—外接圆直径；
L—公称节距；
a—公称深度；
b—公称长度

（6）螺旋槽钢棒

螺旋槽钢棒就是表面沿纵向具有规则间隔的连续螺旋凹槽的钢棒，如图1-10所示。

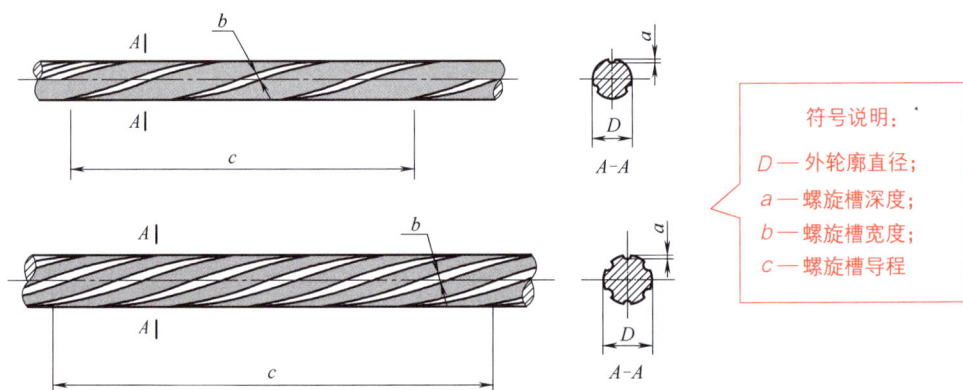

图1-10　螺旋槽钢棒

符号说明：
D—外轮廓直径；
a—螺旋槽深度；
b—螺旋槽宽度；
c—螺旋槽导程

（7）钢筋桁架

钢筋桁架，包括上弦钢筋、腹杆钢筋、下弦钢筋等，如图1-11所示。上弦钢筋，就是钢筋桁架上部的纵向直钢筋。下弦钢筋，就是钢筋桁架下部的纵向直钢筋。腹杆钢筋，就是钢筋桁架中连接上下弦的钢筋。

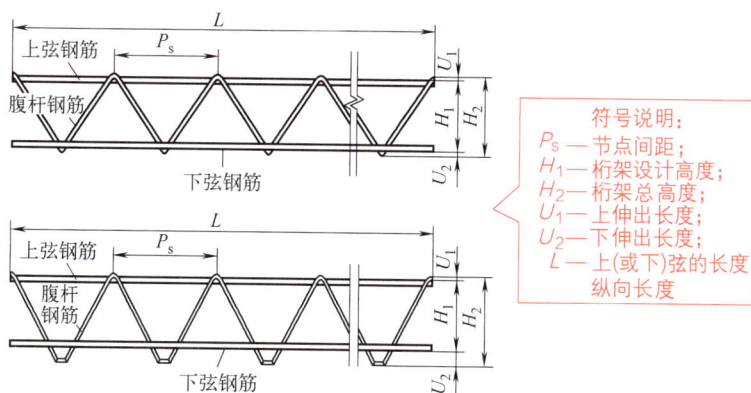

符号说明：
P_s—节点间距；
H_1—桁架设计高度；
H_2—桁架总高度；
U_1—上伸出长度；
U_2—下伸出长度；
L—上（或下）弦的长度
　　纵向长度

图 1-11　钢筋桁架

1.1.3　钢筋的尺寸特征

钢筋尺寸特征术语的定义与解说见表 1-2。

表 1-2　钢筋尺寸特征术语的定义与解说

名称	定义与解说
并筋	焊接网并筋，就是焊接网中并列紧贴在一起的同类型、同直径的两根或三根钢筋，适用于纵向钢筋
钢绞线公称截面积	根据钢绞线中所有钢丝以公称直径计算得到的金属横截面积之和
钢绞线公称直径	钢绞线外接圆直径的名义尺寸
钢绞线有效截面积	根据单根钢丝公称直径计算的所有钢丝横截面积的总和
桁架总高度	钢筋桁架最低点与最高点间的垂直距离
桁架设计高度	钢筋桁架下弦最低点与上弦最高点间的垂直距离
公称横截面积	具有公称直径的光圆钢筋的横截面积
公称直径	与钢筋的公称横截面积相等的圆的直径
横肋	与钢筋轴线不平行的其他肋
横肋末端间隙	相邻的两排横肋之间的平均间隙的总和
横肋倾斜角	横肋与轴线的夹角
基圆	钢筋横截面上不包括横肋和纵肋的横截面
焊接网间距	焊接网中同一方向相邻钢筋（钢丝）中心线之间的距离。对于并筋，中心线为两根钢筋（钢丝）接触点的公切线
桁架节点间距	钢筋桁架上弦钢筋上相邻焊点（腹杆与弦筋连接点）中点之间的距离
肋高	从肋的最高点到芯部表面垂直于钢筋轴线的距离
肋间距	平行于钢筋轴线测量的两相邻横肋中心间的距离
盘卷	一根钢筋或者预应钢材缠绕成的同心圆
倾斜角	腹杆钢筋与钢筋桁架纵向轴线的夹角
设计宽度	下弦钢筋外表面之间的最小距离
伸出长度	纵向、横向钢筋超出焊接网片最外边横向、纵向钢筋中心线的长度
钢纤维伸展长度	异型钢纤维在保持横截面尺寸不变的条件下，展直后的长度
网片长度	焊接网片平面长边的长度（与制造方向无关）

续表

名称	定义与解说
网片宽度	焊接网片平面短边的长度（与制造方向无关）
纤维形状	纤维形状，是纤维外部构造的细节特征，其包含纤维纵向、横截面形状，表面涂层，黏结成排等方面的细节
相对肋面积	横肋在与钢筋轴线垂直平面上的投影面积与钢筋公称周长和横肋间距的乘积之比
有效截面系数	钢筋公称横截面积与理论横截面积（含螺纹的横截面积）的比值
纵肋	平行于钢筋轴线的均匀连续肋

1.1.4 钢筋的力学性能

钢筋力学性能术语的定义与解说见表1-3。

表1-3 钢筋力学性能术语的定义与解说

名称	定义与解说
弹性模量	应力-应变曲线弹性阶段（初始段）的斜率
断后伸长率	断后标距的残余伸长（L_u-L_0）与原始标距（L_0）之比的百分率
断裂	试样发生完全分离的现象
规定塑性延伸强度	塑性延伸率等于规定的引伸计标距百分率时对应的应力
抗拉强度	相应最大力对应的应力
拉伸断裂标称应变	拉伸过程中，试样在屈服后断裂时，两夹具间距离单位原始长度的增量，用百分数表示
裂纹	试样表面上的小缝隙
屈服强度	金属材料呈现屈服现象时，在试验期间达到塑性变形发生而力不增加的应力点，分为上屈服强度和下屈服强度
上屈服强度	试样发生屈服而力首次下降前的最大应力
伸长率	原始标距的伸长量与原始标距之比的百分率
松弛	在恒定长度下应力随时间而减小的现象
下屈服强度	在屈服期间，不计初始瞬时效应时的最小应力
应力范围	最大应力和最小应力的代数差
最大力	对于无明显屈服的金属材料，为试验期间的最大力；对于有不连续屈服的金属材料，为在加工硬化开始后，试样所承受的最大力
最大力总延伸率	最大力总延伸率，就是最大力时原始标距的总延伸长度与引伸计标距之比的百分率

1.2 热轧光圆钢筋

热轧光圆钢筋

扫码观看视频

1.2.1 热轧光圆钢筋的定义与牌号

热轧光圆钢筋是经热轧成型，横截面通常为圆形、表面光滑的成品钢筋。

热轧光圆钢筋特征值，就是在无限多次的检验中，与某一规定概率所对应的分位值。

最常用的钢筋有热轧光圆钢筋（HPB）、热轧带肋钢筋（HRB）、余热处理钢筋（RRB）

等种类。热轧钢筋中 HRB400 俗称新Ⅲ级钢筋。

热轧光圆钢筋的屈服强度特征值为 300MPa。常见牌号例如 HPB300。热轧光圆钢筋牌号的构成：由 HPB+ 屈服强度特征值构成。其中，HPB 为热轧光圆钢筋的英文（Hot rolled Plain Bars）的缩写。

热轧光圆钢筋的级别见表 1-4。

表 1-4　热轧光圆钢筋的级别

级别	强度等级代号	符号
Ⅰ级	HPB235（Q235）、HPB300	Φ
Ⅱ级	HRB335（20MnSi）	Φ
Ⅲ级	HRB400	Φ

1.2.2　热轧光圆钢筋的尺寸、外形、重量及允许偏差

钢筋的公称直径范围为 6～25mm。钢筋的公称横截面积与理论单位重量应符合表 1-5 的规定。

表 1-5　钢筋的公称横截面积与理论单位重量

公称直径 d/mm	公称横截面积 S/mm^2	理论单位重量 m/（g/mm）
6	28.27	0.222
8	50.27	0.395
10	78.54	0.617
12	113.1	0.888
14	153.9	1.21
16	201.1	1.58
18	254.5	2.00
20	314.2	2.47
22	380.1	2.98
25	490.9	3.85

注：表中理论单位重量按密度为 7.85g/cm^3 计算。

1.2.3　热轧光圆钢筋的截面形状

热轧光圆钢筋的截面形状如图 1-12 所示。

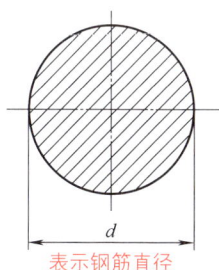

图 1-12　热轧光圆钢筋的截面形状

热轧钢筋的直径允许偏差和不圆度应符合表 1-6 的规定。钢筋实际重量与理论重量的允许偏差符合表 1-7 的规定时，钢筋直径允许偏差不作为交货条件。

表 1-6   热轧钢筋的直径允许偏差和不圆度   单位：mm

公称直径	允许偏差	不圆度
6	± 0.3	≤ 0.4
8		
10		
12		
14	± 0.4	
16		
18		
20		
22		
25		

表 1-7   钢筋实际重量与理论重量的允许偏差

公称直径 d/mm	实际重量与理论重量的允许偏差 η /%
6 ～ 12	± 5.5
14 ～ 20	± 4.5
22 ～ 25	± 3.5

1.3   冷轧带肋钢筋

1.3.1   冷轧带肋钢筋的术语与牌号

冷轧带肋钢筋分为 CRB550、CRB600H、CRB650、CRB800、CRB800H 等牌号。CRB550、CRB600H 为普通钢筋混凝土用钢筋，CRB650、CRB800、CRB800H 为预应力混凝土用钢筋。

冷轧带肋钢筋牌号中的 C、R、B、H 分别为冷轧（Cold rolled）、带肋（Ribbed）、钢筋（Bars）、高延性（High elongation）四个英文单词的首字母；数字代表抗拉强度特征值。

1.3.2   冷轧带肋钢筋的截面形状

CRB550 钢筋的公称直径范围为 4 ～ 12mm。
CRB600H 钢筋的公称直径范围为 4 ～ 16mm。
CRB650 及以上牌号钢筋的公称直径为 4mm、5mm、6mm。
CRB600H 应为二面肋钢筋。二面肋钢筋的表面及截面形状如图 1-13 所示。
CRB550、CRB650 应为三面肋钢筋，三面肋钢筋的表面及截面面积如图 1-14 所示。经供需双方协商，CRB800、CRB800H 准许采用其他外形。

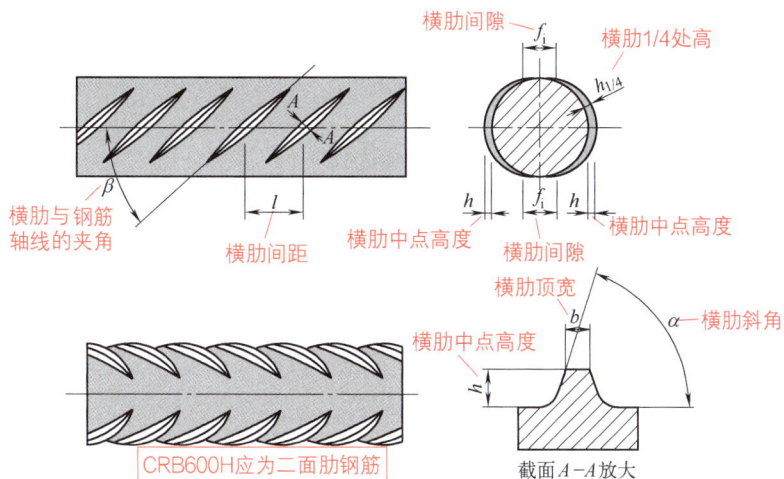

图 1-13　二面肋钢筋的表面及截面形状

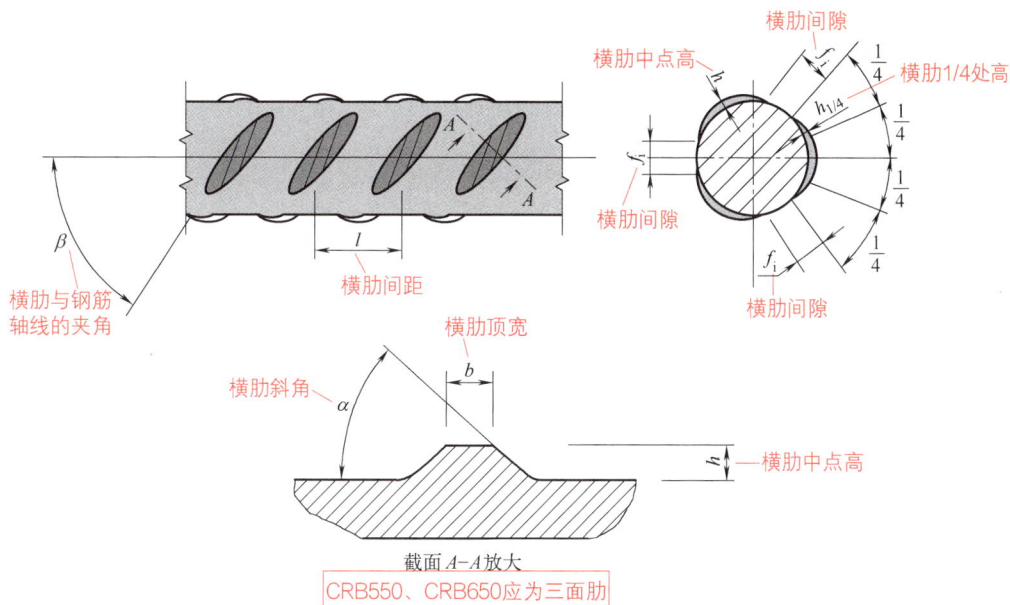

图 1-14　三面肋钢筋表面及截面形状

1.3.3　冷轧带肋钢筋横肋的要求

冷轧带肋钢筋横肋的要求如下。

二面肋钢筋与三面肋钢筋的横肋均呈月牙形。

横肋沿钢筋横截面周圈均匀分布，二面肋钢筋其中一面肋的倾角应与另一面反向，三面肋钢筋有一面肋的倾角应与另两面反向。

二面肋钢筋与三面肋钢筋的横肋中心线和钢筋纵轴线夹角 β 应为 $40°\sim60°$。

二面肋钢筋与三面肋钢筋横肋的两侧面和钢筋表面的斜角 α 不应小于 $45°$。

二面肋钢筋和三面肋钢筋横肋间隙的总和应不大于公称周长的 20%。

1.3.4 冷轧带肋钢筋的尺寸、重量与允许偏差

二面肋钢筋和三面肋钢筋的尺寸、重量及允许偏差需要符合表1-8的规定。

表1-8 二面肋钢筋和三面肋钢筋的尺寸、重量及允许偏差

公称直径 d/mm	公称横截面积 / mm²	重量		横肋中点高		横肋1/4处高 $h_{1/4}$ /mm	横肋顶宽 b/mm	横肋间距		相对肋面积 f_r ≥
		理论单位重量 m/ (g/mm)	实际重量与理论重量的偏差 η /%	h/mm	允许偏差 /mm			l/mm	允许偏差 /%	
4	12.6	0.099		0.30		0.24		4.0		0.036
5	19.6	0.154		0.32		0.26		4.0		0.039
6	28.3	0.222		0.40		0.32		5.0		0.039
7	38.5	0.302		0.46		0.37		5.0		0.045
8	50.3	0.395		0.55		0.44		6.0		0.045
9	63.6	0.499		0.75		0.6		7.0		0.052
10	78.5	0.617	±4	0.75	+0.10 -0.05	0.6	0.2d	7.0	±15	0.052
11	95.0	0.746		0.85		0.68		7.4		0.056
12	113.1	0.888		0.95		0.76		8.4		0.056
13	132.7	1.04		1.00		0.80		9.1		0.056
14	153.9	1.21		1.05		0.84		9.8		0.056
15	176.7	1.39		1.10		0.88		10.5		0.056
16	201.1	1.58		1.15		0.92		11.2		0.056

注：1. 横肋1/4处高、横肋顶宽供孔型设计用。
2. 二面肋钢筋准许有高度不大于0.5h的纵肋。
3. 表中"重量"按密度为7.85g/cm³计算。

1.4 热轧带肋钢筋

1.4.1 热轧带肋钢筋的牌号

热轧带肋钢筋根据屈服强度特征值分为400级、500级、600级。

热轧带肋钢筋牌号的构成及其含义见表1-9。

表1-9 热轧带肋钢筋牌号的构成及其含义

类别	牌号	牌号构成	符号含义
普通热轧钢筋	HRB400	由HRB+屈服强度特征值构成	HRB为热轧带肋钢筋（Hot rolled Ribbed Bars）的英文缩写
	HRB500		
	HRB600		
	HRB400E	由HRB+屈服强度特征值+E构成	E为"地震"（Earthquake）的英文首位字母
	HRB500E		
细晶粒热轧钢筋	HRBF400	由HRBF+屈服强度特征值构成	HRBF为在热轧带肋钢筋的英文缩写后加"细"（Fine）的英文首位字母
	HRBF500		
	HRBF400E	由HRBF+屈服强度特征值+E构成	
	HRBF500E		

钢筋混凝土用热轧带肋钢筋牌号的构成图解如图 1-15 所示。

生产工艺为热轧，取Hot rolled的首字母H

表面形状，取光面Plain的首字母P

钢筋：取Bar的首字母B

HPB300 ← 屈服强度

生产工艺为热轧，取Hot rolled的首字母H

钢筋：取Bar的首字母B

HRB335 ← 屈服强度

表面形状带肋，取Ribbed的首字母R

图 1-15　钢筋混凝土用热轧带肋钢筋牌号的构成图解

1.4.2　热轧带肋钢筋的公称横截面积和理论重量

热轧带肋钢筋的公称直径范围为 6 ～ 50mm，其公称横截面积与理论单位重量需要符合表 1-10 的规定。

表 1-10　钢筋混凝土用钢热轧带肋钢筋的公称横截面积与理论单位重量

公称直径 d/mm	公称横截面积 S/mm²	理论单位重量 m/（g/mm）	公称直径 d/mm	公称横截面积 S/mm²	理论单位重量 m/（g/mm）
6	28.27	0.222	22	380.1	2.98
8	50.27	0.395	25	490.9	3.85
10	78.54	0.617	28	615.8	4.83
12	113.1	0.888	32	804.2	6.31
14	153.9	1.21	36	1018	7.99
16	201.1	1.58	40	1257	9.87
18	254.5	2.00	50	1964	15.42
20	314.2	2.47			

注：理论单位重量按密度为 7.85g/cm³ 计算。

1.4.3　热轧带肋钢筋的外形及尺寸允许偏差

热轧带肋钢筋的横肋应符合图 1-16 的规定。

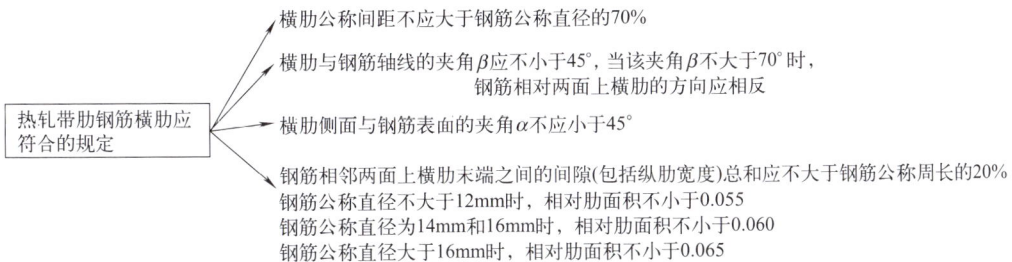

热轧带肋钢筋横肋应符合的规定

横肋公称间距不应大于钢筋公称直径的70%

横肋与钢筋轴线的夹角β应不小于45°，当该夹角β不大于70°时，钢筋相对两面上横肋的方向应相反

横肋侧面与钢筋表面的夹角α不应小于45°

钢筋相邻两面上横肋末端之间的间隙(包括纵肋宽度)总和不大于钢筋公称周长的20%
钢筋公称直径不大于12mm时，相对肋面积不小于0.055
钢筋公称直径为14mm和16mm时，相对肋面积不小于0.060
钢筋公称直径大于16mm时，相对肋面积不小于0.065

图 1-16　钢筋混凝土用钢热轧带肋钢筋横肋应符合的规定

不带纵肋的月牙肋钢筋，其内径尺寸允许按供需双方要求，在表 1-11 的基础上调整。

表 1-11　热轧带肋钢筋的尺寸及允许偏差　　　　单位：mm

公称直径 d	内径 d_1		横肋高 h		纵肋高 h_1（不大于）	横肋宽 b	纵肋宽 a	间距 l		横肋末端最大间隙 f_i（公称周长的10%弦长）
	公称尺寸	允许偏差	公称尺寸	允许偏差				公称尺寸	允许偏差	
6	5.8	± 0.3	0.6	± 0.3	0.8	0.4	1.0	4.0		1.8
8	7.7		0.8	+0.4 −0.3	1.1	0.5	1.5	5.5		2.5
10	9.6	± 0.4	1.0	± 0.4	1.3	0.6	1.5	7.0	± 0.5	3.1
12	11.5		1.2	+0.4 −0.5	1.6	0.7	1.5	8.0		3.7
14	13.4		1.4		1.8	0.8	1.8	9.0		4.3
16	15.4		1.5		1.9	0.9	1.8	10.0		5.0
18	17.3		1.6	± 0.5	2.0	1.0	2.0	10.0		5.6
20	19.3		1.7		2.1	1.2	2.0	10.0		6.2
22	21.3	± 0.5	1.9		2.4	1.3	2.5	10.5	± 0.8	6.8
25	24.2		2.1	± 0.6	2.6	1.5	2.5	12.5		7.7
28	27.2		2.2		2.7	1.7	3.0	12.5		8.6
32	31.0	± 0.6	2.4	+0.8 −0.7	3.0	1.9	3.0	14.0		9.9
36	35.0		2.6	+1.0 −0.8	3.2	2.1	3.5	15.0	± 1.0	11.1
40	38.7	± 0.7	2.9	± 1.1	3.5	2.2	3.5	15.0		12.4
50	48.5	± 0.8	3.2	± 1.2	3.8	2.5	4.0	16.0		15.5

注 1. 纵肋斜角 θ 为 0° ～ 30°。

2. 尺寸 a、b 为参考数据。

月牙肋钢筋（带纵肋）的表面及截面形状如图 1-17 所示。

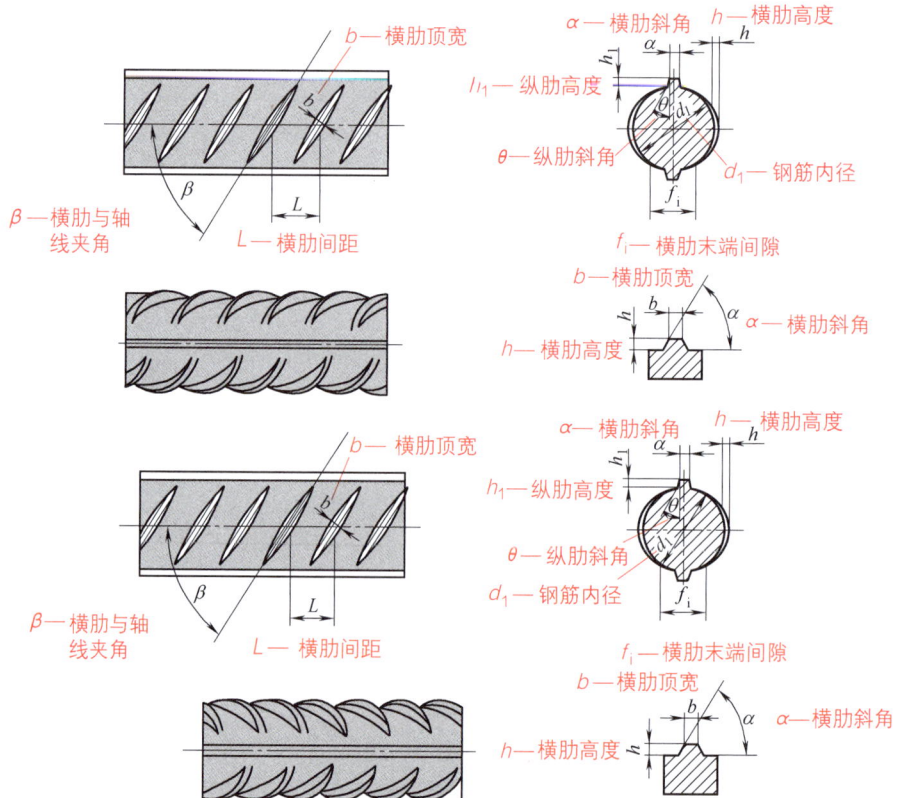

图 1-17　月牙肋钢筋（带纵肋）的表面及截面形状

1.4.4 热轧带肋钢筋的表面标志

热轧带肋钢筋的表面标志应符合如下规定。

① 钢筋应在其表面轧上牌号标志、生产企业序号、公称直径（以毫米为单位的数字），准许轧上经注册的厂名或商标代替行政区划代码的前两位。

② 钢筋牌号标志以阿拉伯数字或阿拉伯数字加英文字母表示：

HRB400、HRB500、HRB600 分别以 4、5、6 表示；

HRBF400、HRBF500 分别以 C4、C5 表示；

HRB400E、HRB500E 分别以 4E、5E 表示；

HRBF400E、HRBF500E 分别以 C4E、C5E 表示。

③ 厂名以汉语拼音字头表示，公称直径毫米数以阿拉伯数字表示。

④ 标志应清晰明了，标志的尺寸由供方按钢筋直径大小做适当规定，与标志相交的横肋可以取消。

⑤ 钢筋的包装、标牌、质量证明书上可以包含产品信息的条形码、二维码。

1.5 环氧涂层钢筋

1.5.1 环氧涂层钢筋的特点与型号识读

涂层钢筋，就是熔融结合环氧涂层的钢筋、焊接网、成品钢筋。

涂层钢筋有涂覆前处理工艺，也就是涂覆前对金属表面进行预处理，以促进涂层附着，从而提高涂层的耐腐蚀能力、抗起泡能力。

涂层钢筋出现剥离现象，就是熔融结合环氧涂层与钢筋表面间黏结失效的现象。

根据涂层特性，环氧涂层钢筋分为 A 类、B 类。A 类在涂覆后可进行再加工；B 类在涂覆后不应进行再加工。

环氧涂层钢筋的名称代号为 ECR。

环氧涂层钢筋的型号，一般由名称代号、涂层性质、钢筋牌号、钢筋直径等组成。环氧涂层钢筋的型号识读如图 1-18 所示。

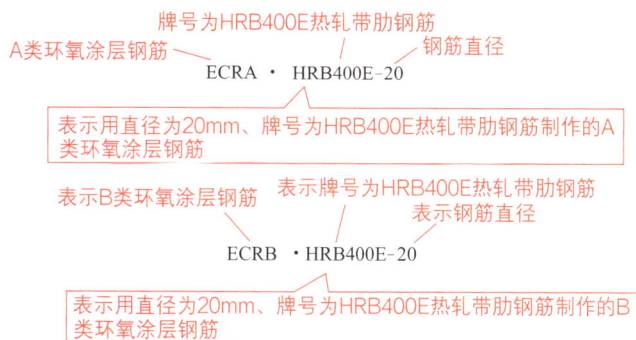

图 1-18 钢筋混凝土用环氧涂层钢筋型号的识读

钢筋混凝土用环氧涂层钢筋固化后涂层厚度需满足的要求见表 1-12。涂层钢筋与混凝土之间的黏结强度，需要不小于无涂层钢筋黏结强度的 85%。涂层钢筋的切割部位，需要使用相同的修补材料进行密封处理。

表 1-12   钢筋混凝土用环氧涂层钢筋固化后涂层厚度的要求

钢筋直径 /mm	普通环境			耐腐蚀等要求较高的环境		
	平均值 / μm	单点厚度 / μm		平均值 / μm	单点厚度 / μm	
		最小值	最大值		最小值	最大值
$d<20$	180～300	144	360	220～300	180	360
$d \geqslant 20$	180～400	144	480	220～400	180	480

1.5.2   环氧涂层钢筋的应用要求

钢筋混凝土用环氧涂层钢筋的应用要求如下。

① 采用插入式混凝土振捣器振捣混凝土时，需要在金属振捣棒外套以橡胶套或采用非金属振捣棒，并且尽量避免振捣棒与钢筋的直接碰撞。

② 吊装钢筋混凝土用环氧涂层钢筋时，需要采用多吊点，以防止钢筋捆过度下垂。

③ 对受拉钢筋，涂层钢筋的绑扎、搭接长度，需要取不小于有关设计规范规定的相同等级、规格的无涂层钢筋锚固长度的 1.5 倍并且不小于 375mm。

④ 对受压钢筋，涂层钢筋的绑扎、搭接长度，需要取不小于有关设计规范规定的相同等级、规格的无涂层钢筋的锚固长度并且不小于 250mm。

⑤ 对涂层钢筋进行弯曲加工时，环境温度不宜低于 5℃。钢筋弯曲机的芯轴需要套以专用套筒。平板表面需要铺以布毡垫层，以避免涂层与金属物的直接接触挤压。

⑥ 固定涂层钢筋、成品钢筋所用的支架、垫块、绑扎材料表面，均需要涂上绝缘材料。

⑦ 任意 1m 长的涂层钢筋受损涂层面积大于其表面积的 1% 时，该根钢筋与成品钢筋需要废弃。

⑧ 任意 1m 长的涂层钢筋受损涂层面积小于或等于其表面积的 1% 时，需要对钢筋与成品钢筋表面目视可见的涂层损伤进行修补。

⑨ 在移动过程中，需要避免施工设备损害钢筋涂层。

⑩ 施工现场的模板工程、钢筋工程、混凝土工程等各分项工程施工中，均需要根据具体工艺采取有效措施，使钢筋涂层不受损坏。对在施工操作中造成的少量涂层破损，需要及时修补。

⑪ 涂层钢筋、成品钢筋在浇筑混凝土前，需要检查涂层是否有损害。特别是应检查钢筋两端剪切部位的涂覆情况。

⑫ 涂层钢筋的锚固长度，需要取不小于有关设计规范规定的相同等级、规格的无涂层钢筋锚固长度的 1.25 倍。

⑬ 对于公称直径为 d 的涂层钢筋的弯曲直径的要求：对 $d \leqslant 20$mm 钢筋的弯曲，弯曲直径不宜小于 $4d$；对 $d>20$mm 钢筋的弯曲，弯曲直径不宜小于 $6d$。弯曲速率不宜高于 8r/min。

⑭ 涂层钢筋铺设好后，需要尽量避免在上面行走。

⑮ 涂层钢筋的切断头，需要以修补材料进行修补。

⑯ 涂层钢筋与普通钢筋需要分开贮存。

⑰ 涂层钢筋在搬运过程中，需要小心操作，以避免由于捆绑松散造成的捆与捆或钢筋之间发生磨损。

⑱ 涂层钢筋在堆放时，钢筋与地面间、钢筋与钢筋间，需要用木块隔开。

⑲ 修补材料需要严格根据生产厂家的说明使用。修补前，需要用适当的方法把受损部位的铁锈清除干净。涂层钢筋在浇筑混凝土前，需要完成修补。

⑳ 严禁采用气割方法切断涂层钢筋。

㉑ 宜采用尼龙带等柔韧性较好的材料作为吊索，不宜使用钢丝绳等硬质材料吊装涂层钢筋，以避免吊索与涂层钢筋间因挤压、摩擦造成涂层破损。

㉒ 应采用砂轮锯或钢筋切割机对涂层钢筋进行切断加工。切断加工时，在直接接触涂层钢筋的部位，需要垫以缓冲材料。

1.6 高强热轧带肋钢筋

1.6.1 高强热轧带肋钢筋的术语与解说

热轧钢筋，就是以热轧状态交货的钢筋，其金相组织主要是铁素体加珠光体，不得有影响使用性能的其他组织（如基圆上出现的回火马氏体组织）存在。

600MPa 级高强热轧带肋钢筋，即强度级别为 600MPa 的普通热轧带肋钢筋。

HRB600，即强度级别为 600MPa 的高强热轧带肋钢筋。

HRB600E，即强度级别为 600MPa 且具有较高抗震性能的高强热轧带肋钢筋。

1.6.2 高强热轧带肋钢筋的应用要求与规定

钢筋混凝土构件中的纵向受力钢筋宜采用 600MPa 级高强热轧带肋钢筋，抗剪、抗扭、抗冲切构件可采用 600MPa 级高强热轧带肋钢筋。

结构构件正截面的受力裂缝控制等级分为三级，等级划分及要求需要符合如下规定：

① 一级：严格要求不出现裂缝的构件，根据荷载标准组合计算时，构件受拉边缘的混凝土不应产生拉应力。

② 二级：一般要求不出现裂缝的构件，根据荷载标准组合计算时，构件受拉边缘的混凝土拉应力不应大于混凝土抗拉强度标准值。

③ 三级：允许出现裂缝的构件，对于钢筋混凝土构件，根据荷载的准永久组合并考虑长期作用影响计算时，构件的最大裂缝宽度不应超过现行国家标准《混凝土结构设计规范》（GB 50010）规定的最大裂缝宽度限值。预应力混凝土构件，根据荷载的标准组合并考虑长期作用影响计算时，构件的最大裂缝宽度不应超过《混凝土结构设计规范》（GB 50010）规定的最大裂缝宽度限值。对二 a 类环境的预应力混凝土构件，尚应根据荷载准永久组合计算，并且构件受拉边缘的混凝土的拉应力不应大于混凝土的抗拉强度标准值。

钢筋混凝土受弯构件的最大挠度，需要根据荷载的准永久组合计算，预应力混凝土受弯构件的最大挠度应按荷载的标准组合计算，并且均应考虑荷载长期作用的影响，其计算值不应超过现行国家标准《混凝土结构设计规范》（GB 50010）规定的挠度限值。

钢筋的强度标准值应具有不小于 95% 的保证率。HRB600、HRB600E 高强钢筋强度标准值见表 1-13。

表 1-13 HRB600、HRB600E 高强钢筋强度标准值

钢筋牌号	符号	公称直径 d/mm	屈服强度标准值 f_{yk} / (N/mm²)	极限强度标准值 f_{stk} / (N/mm²)
HRB600	亚	6 ～ 50	600	730
HRB600E				750

1.7 耐腐蚀性钢筋

1.7.1 耐腐蚀性钢筋的特点

耐腐蚀性钢筋，就是根据钢筋使用环境类别的不同，在钢中加入适量的耐腐蚀合金元素，使其具有耐腐蚀性能，以热轧或控轧控冷状态交货的钢筋。

不锈钢钢筋，即以不锈、耐腐蚀为主要特征的钢筋。

耐腐蚀性钢筋即以耐腐蚀为主要特征的钢筋，可用于钢筋混凝土结构配筋、预应力混凝土结构中的普通钢筋配筋。包括耐腐蚀性钢筋、不锈钢钢筋等。

平均腐蚀速率，就是耐腐蚀性钢筋、热轧带肋钢筋在腐蚀试验中单位面积、单位时间内的平均失重量。

耐点蚀当量为定量评定材料综合耐腐蚀性能的参数，在耐腐蚀性钢筋中用来评价钢筋在氯化物环境中抵抗点蚀的能力。

钢筋符号的名称及含义如下。

HRB400a：强度级别为 400MPa 的耐工业大气腐蚀钢筋。

HRB400aE：强度级别为 400MPa 的耐工业大气腐蚀抗震钢筋。

HRB500a：强度级别为 500MPa 的耐工业大气腐蚀钢筋。

HRB500aE：强度级别为 500MPa 的耐工业大气腐蚀抗震钢筋。

HRB400c：强度级别为 400MPa 的耐氯离子腐蚀钢筋。

HRB400cE：强度级别为 400MPa 的耐氯离子腐蚀抗震钢筋。

HRB500c：强度级别为 500MPa 的耐氯离子腐蚀钢筋。

HRB500cE：强度级别为 500MPa 的耐氯离子腐蚀抗震钢筋。

HPB300S：强度级别为 300MPa 的光圆不锈钢钢筋。

HRB400S：强度级别为 400MPa 的不锈钢钢筋。

HRB500S：强度级别为 500MPa 的不锈钢钢筋。

1.7.2 耐腐蚀性钢筋的应用要求

耐腐蚀性钢筋的应用要求如下。

① 采用耐腐蚀性钢筋的混凝土结构工程，应进行结构承载能力极限状态、正常使用极限状态、耐久性设计，并且需要符合工程的功能与结构性能等要求。

② 混凝土结构暴露的环境类别、腐蚀机理的划分见表 1-14。

表1-14 混凝土结构暴露的环境类别、腐蚀机理的划分

环境类别	一般环境（Ⅰ）	冻融环境（Ⅱ）	大气污染腐蚀环境（Ⅲ₁）	海洋氯化物环境（Ⅲ₂）	除冰盐等其他氯化物环境（Ⅳ）	化学腐蚀环境（Ⅴ）
腐蚀机理	保护层混凝土碳化引起钢筋锈蚀	反复冻融导致混凝土损伤、保护层混凝土损伤引起钢筋锈蚀	大气污染腐蚀保护层混凝土保护层、混凝土损伤引起钢筋锈蚀	氯盐引起钢筋锈蚀	氯盐引起钢筋锈蚀	硫酸盐等化学物质对混凝土的腐蚀、保护层混凝土损伤引起钢筋锈蚀

注：1. 暴露的环境是指混凝土结构表面所处的环境。

2. 一般环境是指无冻融、氯化物和其他化学腐蚀物质作用的环境。

3. 大气污染腐蚀环境是指以硫化物为主的工业大气腐蚀环境。

4. 表头括号中符号为环境类别的代号。

③ 耐腐蚀性钢筋的选用需要符合表1-19的规定。

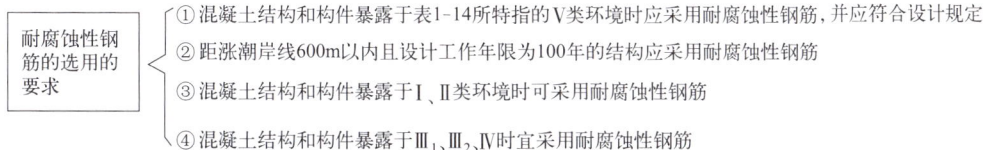

耐腐蚀性钢筋的选用的要求

① 混凝土结构和构件暴露于表1-14所特指的Ⅴ类环境时应采用耐腐蚀性钢筋，并应符合设计规定

② 距涨潮岸线600m以内且设计工作年限为100年的结构应采用耐腐蚀性钢筋

③ 混凝土结构和构件暴露于Ⅰ、Ⅱ类环境时可采用耐腐蚀性钢筋

④ 混凝土结构和构件暴露于Ⅲ₁、Ⅲ₂、Ⅳ时宜采用耐腐蚀性钢筋

图1-19 耐腐蚀性钢筋的选用场合

④ 混凝土结构的环境作用等级的确定，可参考表1-15。

表1-15 环境作用等级

环境作用等级	A 轻微	B 轻度	C 中度	D 严重	E 非常严重	F 极端严重
一般环境（Ⅰ）	Ⅰ-A	Ⅰ-B	Ⅰ-C	—	—	—
冻融环境（Ⅱ）	—	—	Ⅱ-C	Ⅱ-B	Ⅱ-D	—
大气污染腐蚀环境（Ⅲ₁）	—	—	Ⅲ₁-C	—	—	—
海洋氯化物环境（Ⅲ₂）	—	—	Ⅲ₂-C	Ⅲ₂-D	Ⅲ₂-E	Ⅲ₂-F
除冰盐等其他氯化物环境（Ⅳ）	—	—	Ⅳ-C	Ⅳ-D	Ⅳ-E	—
化学腐蚀环境（Ⅴ）	—	—	Ⅴ-C	Ⅴ-D	Ⅴ-E	—

⑤ 耐腐蚀性钢筋的强度标准值要具有不小于95%的保证率。耐腐蚀性钢筋的屈服强度标准值、极限强度标准值需要根据表1-16采用。

表1-16 耐腐蚀性钢筋强度标准值　　　　　　　　单位：N/mm²

钢筋种类		牌号	符号	公称直径 d/mm	屈服强度标准值 f_{yk}	极限强度标准值 f_{stk}
耐腐蚀性钢筋	耐工业大气腐蚀钢筋	HRB400a HRB400aE	Φ^a	6～50	400	540
		HRB500a HRB500aE	Φ^a	6～50	500	630
	耐氯离子耐蚀钢筋	HRB400c HRB400cE	Φ^c	6～50	400	540
		HRB500c HRB500cE	Φ^c	6～50	500	630

续表

钢筋种类	牌号	符号	公称直径 d/mm	屈服强度标准值 f_{yk}	极限强度标准值 f_{stk}
不锈钢钢筋	HPB300S	Φ^{S}	6～22	300	420
	HRB400S	Φ^{S}	6～50	400	540
	HRB500S	Φ^{S}		500	630

⑥ 耐腐蚀性钢筋的抗拉强度设计值、抗压强度设计值可以参考表 1-17 来采用。

表 1-17　耐腐蚀性能钢筋强度设计值

单位：N/mm²

牌号	抗拉强度设计值 f_y	抗压强度设计值 f_y'
HPB300S	270	270
HRB400a、HRB400aE、HRB400c、 HRB400cE、HRB400S	360	360
HRB500a、HRB500aE、HRB500c、 HRB500cE、HRB500S	435	435

⑦ 耐腐蚀性钢筋的最大力总延伸率不应小于表 1-18 规定的数值。

表 1-18　耐腐蚀性钢筋的最大力总延伸率限值

牌号	δ_{gt}/%
HPB300S	10.0
HRB400a、HRB400c、HRB400S、HRB500a、HRB500c、HRB500S	7.5
HRB400aE、HRB400cE、HRB500aE、HRB500cE	9.0

⑧ 混凝土结构中钢筋的选择，要结合结构的环境作用综合考虑钢筋的耐腐蚀性、经济性以及同一构件中的受力钢筋宜使用同种类的钢筋。

⑨ 不锈钢钢筋的耐腐蚀性能，要采用耐点蚀当量表述。选用不锈钢钢筋时，要综合考虑使用环境、结构耐腐蚀需求、经济性，并宜符合表 1-19 的规定。

表 1-19　不同耐点蚀当量 PREN 值不锈钢钢筋适用条件

耐点蚀当量 PREN 值	适用条件
PREN＜30	结构设计工作年限不小于 50 年并且难以维修的构件或部件
30＜PREN≤40	结构设计工作超过 50 年的结构关键构件或部位
PREN＞40	部分暴露于氯化物环境的外露钢筋，并且应对其经济性进行论证

⑩ 采用耐腐蚀性钢筋时，用于连接的绑扎或螺栓材料要采用与耐腐蚀性钢筋耐腐蚀等级相同或更高的材料。

⑪ 耐腐蚀性钢筋采用机械连接时，机械连接件的原料宜采用与耐腐蚀性钢筋母材同材质的棒材或无缝钢管。

⑫ 不锈钢钢筋不应采用焊接连接；耐腐蚀性钢筋可采用焊接连接，当采用焊接连接时，焊材要符合有关规定。

⑬ 当耐腐蚀性钢筋采用套筒灌浆连接时，所采用的套筒、灌浆料、相关技术要求要符合现行标准的相关规定。

⑭ 耐腐蚀性钢筋灌浆连接用套筒的原料，宜采用与耐腐蚀性钢筋母材同材质的棒材或

无缝钢管。

⑮ 耐腐蚀性钢筋用锚固板的原材料，宜采用与耐腐蚀性钢筋母材同材质的板材。

⑯ 采用不锈钢钢筋的混凝土结构，其混凝土保护层最小厚度及其相应的混凝土强度等级、最大水胶比要符合表1-20的规定，钢筋的保护层厚度不应小于钢筋的公称直径。

表1-20 混凝土保护层最小厚度及其相应的混凝土强度等级、最大水胶比

环境作用程度		设计工作年限								
		100年			50年			30年		
		混凝土强度等级	最大水胶比	钢筋保护层最小厚度c/mm	混凝土强度等级	最大水胶比	钢筋保护层最小厚度c/mm	混凝土强度等级	最大水胶比	钢筋保护层最小厚度c/mm
板、墙等面形构件	III₁-C、III₂-C、IV-C	C45	0.40	45（40）*	C40	0.42	40（35）	C40	0.42	35（30）
	III₂-D、IV-D	C45 ≥C50	0.40 0.36	55（50） 50（45）	C40 ≥C45	0.42 0.40	50（45） 45（40）	C40 ≥C45	0.42 0.40	45（40） 40（35）
	III₂-E、IV-E	C50 ≥C55	0.36 0.33	60（55） 55（50）	C45 ≥C50	0.40 0.36	55（50） 50（45）	C45 ≥C50	0.40 0.36	45（40） 40（35）
	III₂-F	C50 ≥C55	0.36 0.33	（60） （55）	C50 ≥C55	0.36 0.36	（55） （50）	C50	0.36	（50）
	V-C	C45	0.40	（40）	C45	0.45	（35）	C45	0.45	（30）
	V-D	C45 ≥C50	0.40 0.36	（45）	C40 ≥C45	0.45 0.40	（40）	C40 ≥C45	0.45 0.40	（35）
	V-E	C50 ≥C55	0.36 0.33	（45）	C45 ≥C50	0.40 0.36	（40）	C45	0.40	（35）
梁、柱等条形构件	III₁-C、III₂-C、IV-C	C45	0.40	50（45）	C40	0.42	45（40）	C40	0.42	40（35）
	III₂-D、IV-D	C45 ≥C50	0.40 0.36	60（55） 55（50）	C40 ≥C45	0.42 0.40	55（50） 50（45）	C40 ≥C45	0.42 0.40	50（45） 45（40）
	III₂-E、IV-E	C50 ≥C55	0.36 0.33	65（60） 60（55）	C45 ≥C50	0.40 0.36	60（55） 55（50）	C45 ≥C50	0.40 0.36	50（45） 45（40）
	III₂-F	C50 ≥C55	0.36 0.33	（65） （60）	C50 ≥C55	0.36 0.36	（60） （55）	C50	0.36	（50）
	V-C	C45 ≥C50	0.40 0.36	（45）	C40 ≥C45	0.45 0.40	（40）	C40 ≥C45	0.45 0.40	（35）
	V-D	C45 ≥C50	0.40 0.36	（50）	C40 ≥C45	0.45 0.40	（45）	C40 ≥C45	0.45 0.40	（40）
	V-E	C50 ≥C55	0.36 0.33	（50）	C45 ≥C50	0.40 0.36	（45）	C45	0.40	（40）

注：括号内数值适用于不锈钢钢筋。

⑰ 耐腐蚀性能钢筋的连接要符合现行有关规定，宜采用机械、钢筋套筒灌浆连接、绑扎搭接，并且需要符合如下规定。

钢筋的连接接头宜设置在受力较小的位置，同一根受力钢筋上宜少设接头。

在结构的重要构件与关键传力部位，纵向受力钢筋不宜设置连接接头。

轴向受拉及小偏心受拉杆件的纵向受力钢筋不应采用绑扎搭接。当采用绑扎搭接时，受拉钢筋直径不宜大于 25mm，受压钢筋直径不宜大于 28mm。

⑱ 钢筋安装时，受力钢筋的牌号、规格、数量要符合设计要求。当钢筋的牌号或规格需做变更时，要办理设计变更文件。

⑲ 耐腐蚀性钢筋连接应满足设计要求。当设计无具体要求时，宜采用机械连接、钢筋套筒灌浆连接、绑扎搭接。当有可靠经验时，耐腐蚀性钢筋也可采用焊接连接。

⑳ 施工中发现钢筋脆断或力学性能不正常等现象时，要停止使用该批钢筋，并且要对该批钢筋进行化学成分分析或其他专项检验。

1.7.3　耐腐蚀性钢筋的加工与安装

耐腐蚀性钢筋加工与安装的要求如下。

① 耐腐蚀性钢筋加工前，需要将钢筋表面清理干净。钢筋表面有裂纹、有毛刺、有影响性能的机械损伤、有外形尺寸偏差的钢筋，则不得使用。

② 耐腐蚀性钢筋的加工需要在常温状态下进行，加工过程中不应对钢筋进行加热处理。

③ 耐腐蚀性钢筋需要采用不具有延伸功能的机械设备进行调直。钢筋调直后应平直，不应有局部弯折，表面不应有明显擦伤。

④ 耐腐蚀性钢筋弯折的弯钩角度、弯弧直径、弯折后的平直段长度，需要符合现行国家标准等有关规定。

⑤ 当耐腐蚀性钢筋采用锚固板锚固时，钢筋锚固端的加工、安装需要符合现行行业标准等有关规定。

⑥ 当耐腐蚀性钢筋采用机械连接、半灌浆套筒连接或套筒连接时，钢筋机械连接端的加工、安装需要符合现行行业标准等有关规定。

⑦ 耐腐蚀性钢筋安装需要采取避免钢筋被模板、模具内表面的脱模剂、隔离剂污染的措施。

1.8　预应力混凝土用耐蚀螺纹钢筋

1.8.1　预应力混凝土用耐蚀螺纹钢筋的特点

预应力混凝土用耐蚀螺纹钢筋，就是一种在钢中加入适量的耐腐蚀合金元素，例如 Cu、Cr、Mo、Ni、Re 等，具有耐氯离子腐蚀性能的带有不连续外螺纹的直条预应力钢筋，该钢筋在任意截面位置，均可以用带有匹配形状的内螺纹的连接器或锚具进行连接或锚固。

预应力混凝土用耐蚀螺纹钢筋，根据其屈服强度特征值，可以分为 785 级、830 级、930 级。

预应力混凝土用耐蚀螺纹钢筋牌号的构成及其含义如图 1-20 所示。

c—耐氯离子腐蚀的英文(chloride corrosion resistance)中 "chloride" 的首字母。

类别	牌号
预应力混凝土用耐蚀螺纹钢筋	PSB785c
	PSB830c
	PSB930c

牌号构成
由PSB+屈服强度特征值+c

P、S、B—分别为prestressing、screw、bars的英文首位字母。

图 1-20　预应力混凝土用耐蚀螺纹钢筋牌号的构成及其含义

预应力混凝土用耐蚀螺纹钢筋的公称直径范围一般为 15 ～ 40mm，也有的规格是经供需双方协商生产的。常见的预应力混凝土用耐蚀螺纹钢筋的公称直径为 25mm、32mm、36mm、40mm 等。

预应力混凝土用耐蚀螺纹钢筋的公称横截面积与理论重量见表 1-21。

表 1-21　预应力混凝土用耐蚀螺纹钢筋的公称截面积与理论重量

公称直径 /mm	公称截面面积 /mm²	有效截面系数	理论横截面积 /mm²	理论重量 / (kg/m)
15	177	0.97	183.2	1.40
18	255	0.95	268.4	2.11
25	491	0.94	522.3	4.10
32	804	0.95	846.3	6.65
36	1018	0.95	1071.6	8.41
40	1257	0.95	1323.2	10.34

注：理论重量按密度 7.85g/cm³ 计算。

1.8.2　预应力混凝土用耐蚀螺纹钢筋的外形尺寸与允许偏差

预应力混凝土用耐蚀螺纹钢筋外形尺寸与允许偏差见表 1-22。

表 1-22　预应力混凝土用耐蚀螺纹钢筋的外形尺寸与允许偏差

公称直径 /mm	基圆直径 /mm				螺纹高 /mm		螺纹底宽 /mm		螺距 /mm		螺纹根弧 r /mm	导角 α
	d_h		d_v		h		b		l			
	公称尺寸	允许偏差	公称尺寸	允许偏差	公称尺寸	允许偏差	公称尺寸	允许偏差	公称尺寸	允许偏差		
15	14.7	± 0.2	14.4	± 0.5	1.0	± 0.2	4.2	± 0.3	10.0		0.5	78.5°
18	18.0	± 0.4	18.0	+0.4 −0.8	1.2	± 0.3	4.5		10.0		0.5	80.5°
25	25.0		25.0	+0.4 −0.8	1.6		6.0		12.0	± 0.2	1.5	81°
32	32.0		32.0	+0.4 −1.2	2.0	± 0.4	7.0	± 0.5	16.0		2.0	81.5°
36	36.0	± 0.5	36.0	+0.4 −1.2	2.2		8.0		18.0	± 0.3	2.5	81.5°
40	40.0		40.0	+0.4 −1.2	2.5	± 0.5	8.0		20.0		2.5	81.5°

注：1. 螺纹底宽允许偏差属于轧辊设计参数。
2. 图中尺寸符号的含义见下图。

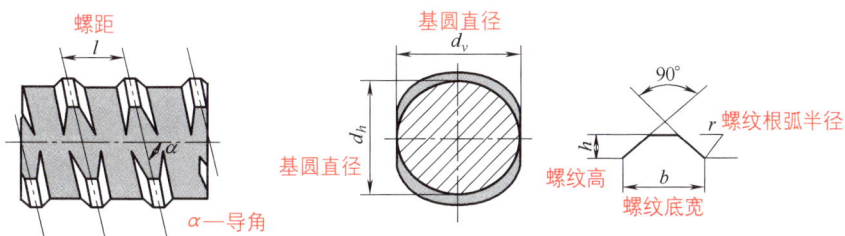

> **💡 一点通**
>
> 预应力混凝土用耐蚀螺纹钢筋表面不应有横向裂纹、不应有节疤、不应有折叠。钢筋的外形除尺寸测量检验外，还需要采用匹配形状的连接器检验旋进情况。

1.9 余热处理钢筋

1.9.1 余热处理钢筋的定义与牌号

余热处理钢筋，就是热轧后利用热处理原理进行表面控制、冷却，并且利用芯部余热完成自身回火处理所得的成品钢筋。

余热处理钢筋基圆上形成的是环状的淬火自回火组织。

根据屈服强度特征值，余热处理钢筋分为 400 级、500 级。根据用途，钢筋混凝土用余热处理钢筋分为可焊钢筋混凝土用余热处理钢筋、非可焊钢筋混凝土用余热处理钢筋。

余热处理钢筋牌号的构成如下。

由 RRB+ 规定的屈服强度特征值构成：例如 RRB400、RRB500。

由 RRB+ 规定的屈服强度特征值 + 可焊标识构成：例如 RRB400W，其中，RRB 表示余热处理钢筋，W 为焊接的英文缩写。

1.9.2 余热处理钢筋的尺寸与标志

余热处理钢筋的公称直径范围为 8 ~ 50mm。其中，RRB400、RRB500 钢筋推荐的公称直径为 8mm、10mm、12mm、16mm、20mm、25mm、32mm、40mm、50mm。RRB400W 钢筋推荐的公称直径为 8mm、10mm、12mm、16mm、20mm、25mm、32mm、40mm 等。

余热处理带肋钢筋的表面标志应符合的规定如下：

① 余热处理带肋钢筋的表面，一般会轧上牌号标志，以及依次轧上经注册的厂名（或商标）、公称直径的毫米数。

② 余热处理带肋钢筋牌号，一般是以阿拉伯数字加英文字母表示，其中，RRB400 以 K4 表示，RRB500 以 K5 表示，RRB400W 以 KW4 表示。

③ 厂名一般以汉语拼音字头表示。

④ 公称直径的毫米数，一般以阿拉伯数字表示：公称直径不大于 10mm 的钢筋，可不轧制标志，可采用挂标牌方法来标志。余热处理带肋钢筋标志要清晰明了。另外，标志的尺寸由供方根据钢筋直径大小做适当规定，与标志相交的横肋可以取消。

1.10 热轧稀土钢筋

1.10.1 热轧稀土钢筋的特点

热轧稀土钢筋，是以热轧状态交货的一种钢筋，在钢中加入一定量的 La、Ce 的一种或多种稀土元素，以获得良好的力学性能和耐蚀性能。

根据屈服强度特征值，热轧稀土钢筋可以分为 300 级、400 级、500 级、600 级。

热轧稀土钢筋牌号的构成见表 1-23。

表 1-23　热轧稀土钢筋牌号的构成

类别	牌号	牌号构成
热轧稀土光圆钢筋	HPB300RE	由 HPB+ 屈服强度特征值 +RE 构成
热轧稀土带肋钢筋	HRB400RE	由 HRB+ 屈服强度特征值 +RE 构成
	HRB500RE	
	HRB600RE	
	HRB400ERE	由 HRB+ 屈服强度特征值 +E+RE 构成
	HRB500ERE	
	HRB600ERE	

一点通

热轧稀土钢筋牌号英文字母的含义如下。

HPB：热轧光圆钢筋的英文（Hot Rolled Plain Bars）的缩写。

RE：稀土的英文（Rare Earth）的缩写。

HRB：热轧带肋钢筋的英文（Hot Rolled Ribbed Bars）的缩写。

E：地震的英文（Earthquake）的首字母。

1.10.2　热轧稀土钢筋的公称横截面积和理论重量

热轧稀土钢筋的公称直径范围：带肋钢筋一般为 6 ～ 50mm，光圆钢筋一般为 6 ～ 22mm。

钢筋混凝土用热轧稀土钢筋的公称横截面积与理论重量见表 1-24。

表 1-24　钢筋混凝土用热轧稀土钢筋的公称横截面积与理论重量

公称直径 /mm	公称横截面积 /mm²	理论重量 /（kg/m）
6	28.27	0.222
8	50.27	0.395
10	78.54	0.617
12	113.1	0.888
14	153.9	1.21
16	201.1	1.58
18	254.5	2.00
20	314.2	2.47
22	380.1	2.98

公称直径 /mm	公称横截面积 /mm²	理论重量 / (kg/m)
25	490.9	3.85
28	615.8	4.83
32	804.2	6.31
36	1018	7.99
40	1257	9.87
50	1964	15.42

注：理论重量按密度为 $7.85g/cm^3$ 计算。

1.10.3　热轧稀土钢筋的表面标志

热轧稀土钢筋中的光圆钢筋，可在钢筋表面轧上凸起的厂名等标志。

热轧稀土钢筋的带肋钢筋，一般会在其表面轧上牌号标志、公称直径的毫米数，还可依次轧上经注册的厂名（或商标）。

带肋钢筋牌号一般以阿拉伯数字加英文字母表示。例如：HRB400RE 以 4R 表示，HRB400ERE 以 4ER 表示。

厂名一般是以汉语拼音字头表示的。公称直径的毫米数一般以阿拉伯数字表示。

1.11　水性环氧涂层钢筋

1.11.1　水性环氧涂层钢筋的特点

水性环氧涂层钢筋，就是涂覆水性环氧涂层的钢筋。水性环氧涂料是环氧树脂以微粒或液滴的形式分散在以水为连续相的介质中形成的稳定分散体系。

水性环氧涂层，就是将水性环氧涂料以浸涂、喷涂、刷涂等方式涂覆在金属表面，固化后形成的连续涂层。水性环氧涂料需要为均匀稳定的乳液，无刺激性异味。可均匀涂装在钢筋表面，不应出现流挂等现象。

水性环氧涂层钢筋的标记，一般由产品名称、钢筋牌号、钢筋直径、标准编号等组成，如图 1-21 所示。

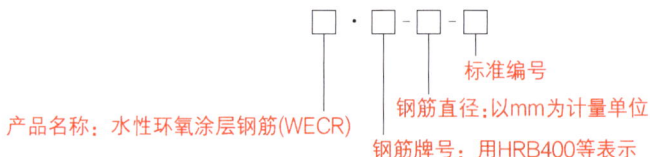

标准编号

钢筋直径：以mm为计量单位

钢筋牌号：用HRB400等表示

产品名称：水性环氧涂层钢筋(WECR)

示例：
WECR·HRB400-20-T/CECS 10332 — 2023 ——▶ 表示为用直径为20mm、牌号为HRB400热轧带肋钢筋，根据标准T/CECS 10332—2023制作的水性环氧涂层钢筋

图 1-21　水性环氧涂层钢筋的标记

水性环氧涂层钢筋贮存期一般不宜超过 6 个月。在室外存放一般不宜超过 2 个月。室外存放 2 个月以上时，需要采用不透明材料或其他保护罩覆盖保护，避免盐雾、日照、雨水等

的影响。保护罩需要固定牢固，并且保持水性环氧涂层钢筋周围空气流通，避免遮盖层下凝结水珠。

水性环氧涂层钢筋堆放时，钢筋与地面间需要架空，并且设置好保护支撑，各捆钢筋间需要用宽木条隔开，堆放层数不应超过 5 层。木条下的支撑点需要根据钢筋长度确定适当的间距，以防止成捆水性环氧涂层钢筋过度下垂。

搬运水性环氧涂层钢筋应采用水平方式，严禁拖、拽、抛、掷。暴露在车厢外的水性环氧涂层钢筋，应用帆布包裹保护。

用于涂覆水性环氧涂层的钢筋，不宜采用盘螺钢筋、穿水轧制钢筋等。

1.11.2　水性环氧涂层钢筋的应用要求

水性环氧涂层钢筋的应用要求如下。

① 对受拉钢筋，水性环氧涂层钢筋的绑扎搭接长度不应小于相同等级、相同规格的无涂层钢筋搭接长度的 1.25 倍且不应小于 375mm。

② 对受压钢筋，水性环氧涂层钢筋的绑扎搭接长度不应小于相同等级、相同规格的无涂层受拉钢筋搭接长度的 88% 且不应小于 250mm。

③ 施工现场的模板工程、钢筋工程、混凝土工程等各分项工程施工中，均需要根据具体工艺采取有效措施，使钢筋涂层不得受到损坏。

④ 施工操作中造成的少量涂层破损，需要及时修补好。

⑤ 对涂层钢筋进行弯曲、切割等加工时，环境温度一般不宜低于 5℃。

⑥ 涂层钢筋进行弯曲加工时，对直径 d 不大于 20mm 的钢筋，其弯曲直径一般不应小于 $4d$。对于直径 d 大于 20mm 的钢筋，其弯曲直径一般不应小于 $6d$。

⑦ 钢筋弯曲机的芯轴需要配以专用套筒。平板表面需要铺以毛毡、橡胶等柔软垫层。

⑧ 采用砂轮锯、钢筋切断机对涂层钢筋进行切断加工，切断时，在直接接触涂层钢筋的部位，需要加以非金属缓冲垫保护。严禁使用气割或其他高温热力方法切断涂层钢筋。

⑨ 涂层钢筋的连接，可根据设计要求，采用绑扎连接、焊接连接、机械连接等方式。

⑩ 对涂层钢筋焊接前，需要先将用于焊接部位的涂层清除干净。焊接后，需要将在焊接部位周围受影响的涂层剔除干净，然后用涂层修补材料进行修补。

⑪ 涂层钢筋需进行机械连接时，用于连接的部件也需要进行涂层保护。

⑫ 水性环氧涂层钢筋允许与非环氧树脂涂层钢筋联合使用，但是需要注意防止两者间形成电连接造成电腐蚀。另外，架立筋需要采用环氧树脂涂层钢筋进行固定。

⑬ 水性环氧涂层钢筋铺装就位后，需要做好相应的保护，以避免发生施工工具跌落等破坏涂层等的现象。

⑭ 涂层和钢筋间存在剥离现象时，在剔除剥离的涂层后，应对整个影响区域进行修补。

⑮ 混凝土浇筑前，需要检查涂层钢筋的涂层连续性，尤其是切割端头位置、钢筋连接位置。如果有损伤，则需要及时修补好。

⑯ 混凝土的浇筑过程，需要等环氧涂层与修补材料完全固化后才进行。

⑰ 采用插入式振捣棒振捣混凝土时，需要在金属振捣棒外套以橡胶套或采用非金属振捣棒，还应尽量避免振捣棒与水性环氧涂层钢筋直接碰撞。

> **一点通**
>
> 　　为了保证绑扎连接的牢固性以及不损坏涂层，对涂层钢筋的绑扎提出以下要求。
> 　　（1）对于直径小于 12mm 的涂层钢筋，宜采用直径为 0.8mm 的铅丝或包环氧铅丝绑扎。
> 　　（2）对于直径为 12 ～ 25mm 的涂层钢筋，宜采用直径为 1mm 的铅丝或包环氧铅丝绑扎。
> 　　（3）对于直径大于 25mm 的涂层钢筋，宜采用直径为 2.4mm 的铅丝或包环氧铅丝绑扎。
> 　　（4）对十字交叉钢筋，宜采用"×"形绑扣。

1.12　复合钢筋

1.12.1　碳素钢 - 纤维增强复合材料复合钢筋的特点

　　钢筋混凝土用碳素钢 - 纤维增强复合材料复合钢筋，是采用模压成型、黏结、高压喷射、高温处理等工艺进行复合，表层为纤维增强复合材料，芯部为热轧钢筋的复合钢筋。

　　复合钢筋的基材，主要为用于承受结构强度的热轧钢筋，一般可用光圆钢筋、带肋钢筋等。

　　碳素钢 - 纤维增强复合材料复合钢筋的覆层，一般为纤维增强复合材料层。

　　根据屈服强度特征值，复合钢筋分为 300 级、400 级、500 级。

　　根据表面形状，复合钢筋分为光圆复合钢筋（P）、带肋复合钢筋（R）。

　　复合钢筋一般根据覆层增强纤维的种类代号、表面形状、强度级别、公称直径标记，如图 1-22 所示。

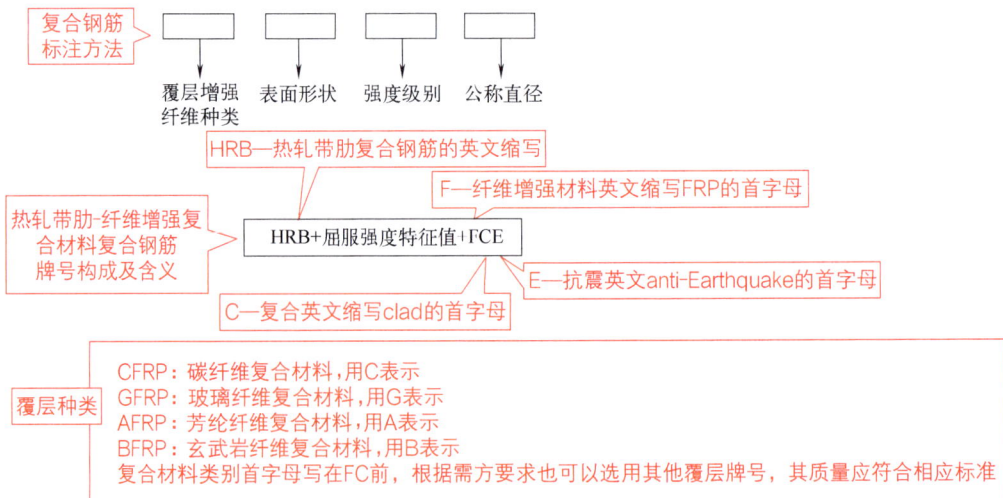

图 1-22　复合钢筋的标记

💡 **一点通**

C-R-4-12，表示公称直径为 12mm，基材钢筋为 400 MPa 热轧带肋复合钢筋，覆层为碳纤维复合材料筋。

1.12.2 复合钢筋的公称直径范围与标志

热轧光圆纤维增强复合材料复合钢筋的公称直径范围一般为 6 ～ 22mm。

热轧带肋纤维增强复合材料复合钢筋的公称直径范围一般为 6 ～ 50mm。

复合钢筋（钢筋混凝土用碳素钢 - 纤维增强复合材料复合钢筋）的常见公称直径为 6mm、8mm、10mm、12mm、14mm、16mm、18mm、20mm、22mm、25mm、28mm、32mm、36mm、40mm、50mm 等。

复合钢筋的覆层厚度尺寸范围一般为 0.07 ～ 1mm。直径不大于 10mm 的或覆层厚度小于 0.5mm 的复合钢筋（钢筋混凝土用碳素钢 - 纤维增强复合材料复合钢筋），可不轧制标志，可采用挂标牌标识的方法。

1.13 成型钢筋

1.13.1 成型钢筋的特点

成型钢筋，就是根据设计施工图纸规定的形状、尺寸、要求，采用机械加工成型的普通钢筋制品。

成型钢筋分为单件成型钢筋、组合成型钢筋等种类。单件成型钢筋，就是单个或单支成型钢筋制品。组合成型钢筋，就是由多个单件成型钢筋制品组合成的一种成型钢筋制品。

自动化钢筋加工设备，就是具备自动调直、定尺、切断、弯曲、焊接、螺纹加工等单一或组合功能的钢筋加工机械。

1.13.2 成型钢筋的尺寸、形状允许偏差

单件成型钢筋加工的尺寸、形状允许偏差应符合表 1-25 的规定。

表 1-25　单件成型钢筋加工的尺寸、形状允许偏差

项目	允许偏差	项目	允许偏差
调直后直线度 /（mm/m）	+4.0	弯起钢筋的弯折位置 /mm	±8
受力成型钢筋顺长度方向全长的净尺寸 /mm	±8	箍筋内净尺寸 /mm	±4
弯曲角度误差 /（°）	±1	箍筋对角线 /mm	±5

组合成型钢筋加工的尺寸、形状允许偏差应符合的规定见表 1-26。

表 1-26　组合成型钢筋加工的尺寸、形状允许偏差　　　　单位：mm

项目	允许偏差
钢筋网横纵钢筋间距	±10 和规定间距的 ±0.5% 的较大值
钢筋网网片长度和网片宽度	±25 和规定长度的 ±0.5% 的较大值
钢筋笼主筋间距	±5
钢筋桁架主筋间距	±5
箍筋（缠绕筋）间距	±5
钢筋桁架高度	+1，-3
钢筋桁架宽度	±7
钢筋笼直径	±10
钢筋笼总长度	±10
钢筋桁架长度	±0.3% 且不超过 ±20

1.14　钢筋焊接网

1.14.1　钢筋焊接网的特点

钢筋焊接网是由钢筋组合成的网状结构，可以有不同的钢筋级别、钢筋规格。钢筋焊接网的常见检验项目有网片尺寸、网片表面情况、重量偏差、弯曲试验、拉伸试验、抗剪力试验等。

钢筋焊接网的外形尺寸如图 1-23 所示。

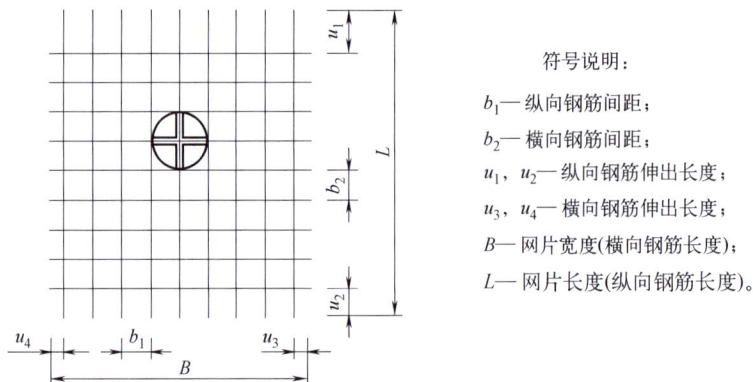

符号说明：
b_1—纵向钢筋间距；
b_2—横向钢筋间距；
u_1，u_2—纵向钢筋伸出长度；
u_3，u_4—横向钢筋伸出长度；
B—网片宽度(横向钢筋长度)；
L—网片长度(纵向钢筋长度)。

钢筋焊接网—纵向钢筋和横向钢筋分别以一定的间距排列且互成直角、全部交叉点均用电阻点焊方法焊接在一起的网片；

纵向钢筋—与焊接网制造方向平行排列的钢筋；

横向钢筋—与焊接网制造方向垂直排列的钢筋；

并筋—焊接网中并列紧贴在一起的同类型、同公称直径的两根或三根钢筋；

间距—焊接网中同一方向相邻钢筋中心线之间的距离，对于并筋，中心线为两根钢筋接触点的公切线；

伸出长度—纵向、横向钢筋超出焊接网片最外边横向、纵向钢筋中心线的长度；

网片长度—焊接网片平面长边的长度(与制造方向无关)；

网片宽度—焊接网片平面短边的长度(与制造方向无关)

图 1-23　钢筋焊接网的外形尺寸

1.14.2　混凝土预制板用钢筋焊接网的特点

混凝土预制板用钢筋焊接网应用于采用专用模具制作混凝土预制板。混凝土预制板用钢筋焊接网弯角，就是对于有折弯要求的网片沿纵向钢筋或横向钢筋所折弯的角度。混凝土预制板用钢筋焊接网网片对角线长度，就是网片最外侧的纵向钢筋和横向钢筋的对角焊点间的距离。

网片在自然状态下其平面度允许偏差为 ±20mm，安装定位后允许偏差为 ±3mm。网片的网格间距需要满足设计的要求，可采用变间距网片。单一网格间距的允许偏差取 ±3mm 和规定间距 ±2% 中的较大值；任意网格间距的允许偏差取 ±10mm 和规定长度的 ±0.5% 中的较大值。网片折弯位置允许偏差取 ±20mm；弯曲半径符合设计要求，弯角允许偏差取 ±5°。网片对角线的允许偏差取 ±20mm 和规定长度 ±0.5% 的较大值。钢筋的伸出长度不小于 25mm，双向板时钢筋伸出长度不小于 1/2 网片间距。网片纵向钢筋间距一般宜为 50mm 的整倍数，横向钢筋间距一般宜为 25mm 的整倍数。

1.15　其他钢筋

1.15.1　高强锚杆用热轧带肋钢筋的牌号与特点

高强锚杆用热轧带肋钢筋的牌号，一般是由"锚杆"的汉语拼音首字母"MG"、屈服强度特征值、肋的分类标识等组成，如图 1-24 所示。

图 1-24　高强锚杆用热轧带肋钢筋的牌号示例

高强锚杆用热轧带肋钢筋的公称直径范围一般为 16 ~ 30mm，推荐的公称直径一般为 18mm、20mm、22mm、25mm。

高强锚杆用热轧带肋钢筋的表面不得有影响使用的表面缺陷。

高强锚杆用热轧带肋钢筋表面标志的规定如下。

① 月牙肋钢筋一般是在表面轧上牌号标志，有的依次轧上厂名（或商标）、规格（公称直径，以 mm 计，只注数值）等。螺纹肋钢筋一般不轧标志，采用挂标牌、端部刷漆等方法。其中，MG700 一般涂绿色。

② 月牙肋钢筋牌号一般是以阿拉伯数字来表示的。例如，MG700 以 G7 表示。

③ 月牙肋钢筋厂名一般是用大写汉语拼音首位字母表示的，公称直径（以 mm 计，只注数值）一般是以阿拉伯数字表示的。

1.15.2　钢筋锚固用灌浆波纹钢管

钢筋锚固用灌浆波纹钢管，就是通过水泥基灌浆料的握裹传力，将钢筋锚固在混凝土结构中的预埋的波纹钢管。

波纹钢管是一种外形呈规则波浪状的钢管，可以分为直缝电焊钢管、无缝钢管。波纹钢管在运输过程中，应有防雨、防水、防腐、防挤压等措施，以避免污渍、油渍、泥土等的污染。波纹钢管应贮存在具有防雨、防水、防潮、防腐、防挤压措施的环境中，以避免油渍、污渍、泥土等的污染，并应根据规格型号分别码放。

波纹钢管的规格见表1-27。

表1-27 波纹钢管的规格

波纹钢管外径 D/mm	60		76					89			
钢筋公称直径 /mm	12	14	16	18	20	22	25	28	32	36	40
壁厚 t/mm	2										
波高 a/mm	3										
波谷处外径 d/mm	$d = D - 2 \times a$										
波谷处内径 d_1/mm	$d_1 = d - 2 \times t$										
封口板直径 d_2/mm	$d_2 = d + 10$										
封口板厚度 t_2/mm	3										
长度 L/mm	不小于24倍钢筋公称直径										
灌排浆孔距端部距离 c/mm	50										
波纹类型	I型（连续圆弧）					II型（圆弧加直线）					
波纹类型图示											
波距 p/mm	32					32					
波宽 b/mm	32					20～32					
波纹半径 r/mm	21					16～42					

注：波纹钢管内钢筋有效伸入长度不应小于24倍钢筋公称直径，波纹钢管内径与被连接钢筋公称直径的差不应小于35mm。

1.15.3 钢筋混凝土用锚固板钢筋

锚固板钢筋是一端或两端带有钢制锚固板的钢筋，用于锚固混凝土中的钢筋。锚固板是设置在钢筋端部用于锚固钢筋的承压板。

锚固板钢筋的锚固方式如图1-25所示。锚固板承压面就是钢筋受拉时锚固板承受压力的面。

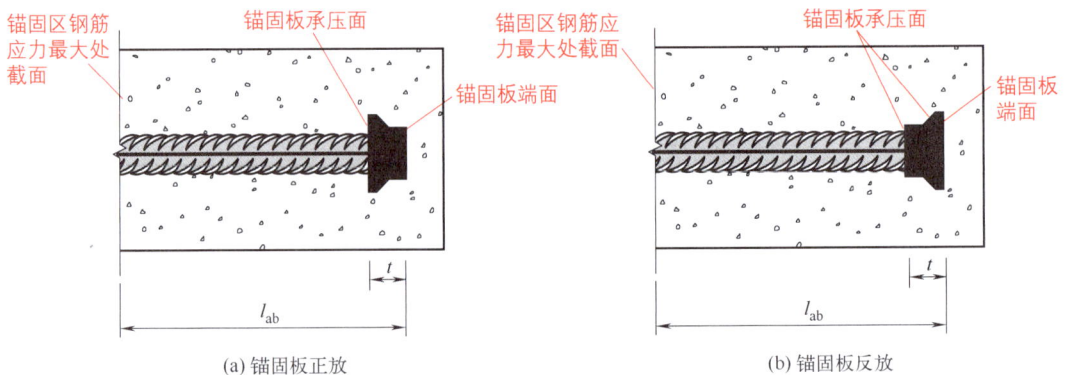

(a) 锚固板正放   (b) 锚固板反放

图1-25 锚固板钢筋的锚固方式

l_{ab}—锚固板钢筋的锚固长度；t—锚固板厚度

常用锚固板钢筋的术语、特点如下。

① 焊接连接锚固板钢筋是锚固板以焊接的形式连接到钢筋上的。

② 锻造锚固板钢筋是和锚固板整体锻造而成的锚固板钢筋。

③ 螺纹连接锚固板钢筋是通过锚固板内部的锥螺纹、直螺纹或带有内螺纹的螺母、套筒，将锚固板固定到带螺纹的钢筋端部。

④ 锻造或挤压锚固板钢筋是通过锻压或使用套筒挤压连接的方式将锚固板直接与钢筋连接起来。

⑤ 抗剪螺栓套筒型锚固板钢筋是钢筋上带有套筒的锚固板钢筋。

⑥ 后装式锚固板是锚固板在制造时，没有永久固定在钢筋上，在施工现场或钢筋车间再进行连接的锚固板。

锻造钢筋、螺纹连接锚固板钢筋、抗剪螺栓套筒型锚固板钢筋可用钢筋类型不限。锻造或挤压锚固板钢筋应使用带肋钢筋。

锚固板可以是任意形状。锚固板与混凝土的接触面积的尺寸用长径 $D_{H, max}$ 表征，并且短径与长径的比值为：$\alpha_A = D_{H, min}/D_{H, max}$，$\alpha_A \leqslant 1$。

锚固板的尺寸与锚固板的厚度变化如图 1-26 所示。

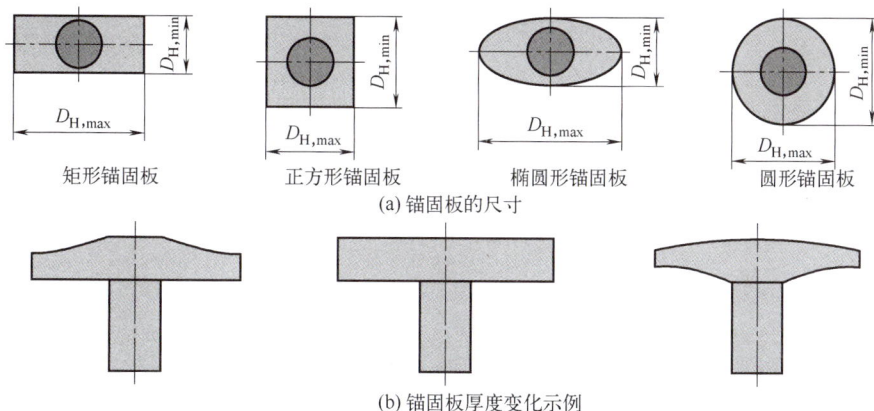

(a) 锚固板的尺寸

矩形锚固板　　正方形锚固板　　椭圆形锚固板　　圆形锚固板

(b) 锚固板厚度变化示例

图 1-26 锚固板的尺寸与锚固板的厚度变化

1.15.4 钢筋混凝土用不锈钢钢筋

不锈钢钢筋，就是以不锈、耐腐蚀性为主要特征的钢筋。

根据屈服强度特征值，不锈钢钢筋可以分为 300 级、400 级、500 级。

不锈钢钢筋牌号的构成及其含义如图 1-27 所示。光圆不锈钢钢筋的公称直径一般为 6～22mm，带肋不锈钢钢筋的公称直径一般为 6～50mm。

由HPB+屈服强度特征值+S构成

热轧光圆不锈钢钢筋 HPB300S

HPBS—热轧光圆不锈钢钢筋的英文(Hot rolled Plain Bars of Stainless steel)缩写

由HRB+屈服强度特征值+S构成

热轧带肋不锈钢钢筋 HRB400S

HRBS—热轧带肋不锈钢钢筋的英文(Hot rolled Ribbed Bars of Stainless steel)缩写

图 1-27 不锈钢钢筋牌号的构成及其含义

不锈钢钢筋的公称横截面积与理论重量见表 1-28。

表 1-28　不锈钢钢筋的公称横截面积与理论重量

公称直径/mm	公称横截面积/mm²	理论重量/(kg/m)								
		组织类型								
		奥氏体型				奥氏体-铁素体型				铁素体型
		GB/T 20878 序号								
		17	25	38	44	70	72	73	76	83
		GB/T 20878 统一数字代号								
		S30408	S30453	S31608	S31653	S22253	S23043	S22553	S25073	S11203
		钢号								
		06Cr19-Ni10	022Cr19-Ni10N	06Cr17Ni-12Mo2	022Cr17-Ni12Mo2N	022Cr22-Ni5Mo3N	022Cr23-Ni4MocUN	022Cr25-Ni6Mo2N	022Cr25-Ni7Mo4N	022Cr12
		密度/(g/cm³) 20 节								
		7.93	7.93	8.00	8.04	7.80	7.80	7.80	7.80	7.75
6	28.27	0.224	0.224	0.226	0.227	0.221	0.221	0.221	0.221	0.219
8	50.27	0.399	0.399	0.402	0.404	0.392	0.392	0.392	0.392	0.390
10	78.54	0.623	0.623	0.628	0.631	0.613	0.613	0.613	0.613	0.609
12	113.1	0.897	0.897	0.905	0.909	0.882	0.882	0.882	0.882	0.877
14	153.9	1.220	1.220	1.231	1.237	1.200	1.200	1.200	1.200	1.193
16	201.1	1.595	1.595	1.609	1.617	1.569	1.569	1.569	1.569	1.559
18	254.5	2.018	2.018	2.036	2.046	1.985	1.985	1.985	1.985	1.972
20	314.2	2.492	2.492	2.514	2.526	2.451	2.451	2.451	2.451	2.435
22	380.1	3.014	3.014	3.041	3.056	2.965	2.965	2.965	2.965	2.946
25	490.9	3.893	3.893	3.927	3.947	3.829	3.829	3.829	3.829	3.804
28	615.8	4.883	4.883	4.926	4.951	4.803	4.803	4.803	4.803	4.772
32	804.2	6.377	6.377	6.434	6.466	6.273	6.273	6.273	6.273	6.233
36	1018	8.073	8.073	8.144	8.185	7.940	7.940	7.940	7.940	7.890
40	1257	9.968	9.968	10.056	10.106	9.805	9.805	9.805	9.805	9.742
50	1964	15.575	15.575	15.712	15.791	15.319	15.319	15.319	15.319	15.221

钢筋的钢号及化学成分（熔炼成分）应符合的规定见表 1-29。经供需双方协商，并且在合同中注明，可供应表 1-29 规定以外钢号或化学成分的钢筋。

表 1-29　不锈钢钢筋的钢号及化学成分（熔炼成分）

组织类型	序号	GB/T 20878 序号	统一数字代号	钢号	化学成分（质量分数）/%										
					C	Si	Mn	P	S	Ni	Cr	Mo	Cu	N	其他元素
奥氏体型	1	17	S30408	06Cr19Ni10	0.08	1.00	2.00	0.045	0.030	8.00～11.00	18.00～20.00	—	—	—	—
	2	25	S30453	022Cr19Ni10N	0.030	1.00	2.00	0.045	0.030	8.00～11.00	18.00～20.00	—	—	0.10～0.16	—
	3	38	S31608	06Cr17Ni12Mo2	0.08	1.00	2.00	0.045	0.030	10.00～14.00	16.00～18.00	2.00～3.00	—	—	—
	4	44	S31653	022Cr17Ni12-Mo2N	0.030	1.00	2.00	0.045	0.030	10.00～13.00	16.00～18.00	2.00～3.00	—	0.10～0.16	—

续表

组织类型	序号	GB/T 20878		钢号	化学成分（质量分数）/%										
		序号	统一数字代号		C	Si	Mn	P	S	Ni	Cr	Mo	Cu	N	其他元素
奥氏体-铁素体型	5	70	S22253	022Cr22Ni5-Mo3N	0.030	1.00	2.00	0.030	0.020	4.50~6.50	21.00~23.00	2.50~3.50	—	0.08~0.20	—
	6	72	S23043	022Cr23Ni4-MocUN	0.030	1.00	2.50	0.035	0.030	3.00~5.50	21.50~24.50	0.05~0.60	0.05~0.60	0.05~0.20	—
	7	73	S22553	022Cr25Ni6-Mo2N	0.030	1.00	2.00	0.035	0.030	5.50~6.50	24.00~26.00	1.20~2.50		0.10~0.20	—
	8	76	S25073	022Cr25Ni7-Mo4N	0.030	0.80	1.20	0.035	0.020	6.00~8.00	24.00~26.00	3.00~5.00	0.50	0.24~0.32	—
铁素体型	9	83	S11203	022Cr12	0.030	1.00	1.00	0.040	0.030	(0.60)	11.00~13.50	—	—	N	—

注：表中所列成分除标明范围外，其余均为最大值。括号内的数值为允许添加的最大值。

钢筋的屈服强度、抗拉强度、断后伸长率、最大力下总延伸率等力学性能特征值需要符合的规定见表 1-30。

表 1-30　不锈钢钢筋力学性能

牌号	规定塑性延伸强度 $R_{p0.2}$/MPa	抗拉强度 R_m/MPa	断后伸长率 A/%	最大力总延伸率 A_{gt}/%
	不小于			
HPB300S	300	420	25	10.0
HRB400S	400	540	16	7.5
HRB500S	500	630	15	7.5

1.16　钢筋连接件

1.16.1　钢筋机械连接件的特点

钢筋机械连接是通过钢筋与连接件或其他介入材料的机械咬合作用，或者钢筋端面的承压作用，将一根钢筋中的力传递到另一根钢筋的连接方法。

钢筋机械连接接头是钢筋机械连接的全套装置。连接件是连接接头的各部件，包括套筒、其他相关组件。套筒是用于传递钢筋轴向拉力或压力的钢套管。

钢筋机械连接件的类型如图 1-28 所示。

钢筋机械连接件的结构如图 1-29 所示。机械连接接头长度就是接头连接件长度加连接件两端钢筋横截面变化区段的长度。螺纹接头的外露丝头与镦粗过渡段，属于截面变化区段。

连接件 —— 按用于不同用途的结构分为 —— 普通型、抗疲劳型、抗震型和抗震耐疲劳型

连接件 —— 按接头类型 ⟶
- 直螺纹连接件(包括镦粗直螺纹连接件、剥肋滚轧直螺纹连接件和直接滚轧直螺纹连接件)
- 锥螺纹连接件
- 挤压连接件

直螺纹连接件和锥螺纹连接件 —— 按结构形式 ⟶
- 单体式(用于连接的套管或套筒为单件)
- 组合型(用于连接的套管或套筒为两件或两件以上)

单体式直螺纹连接件 —— 分为 ⟶ 标准型、正反丝扣型、异径型、扩口型和可焊型

组合型直螺纹连接件 —— 分为 ⟶ 分体式、径向挤压型、轴向挤压型和摩擦焊型等

单体式锥螺纹连接件 —— 可分为 ⟶ 标准型、异径型和可调型

挤压连接件 —— 按结构形式可分为 ⟶ 单体式、标准型和异径型

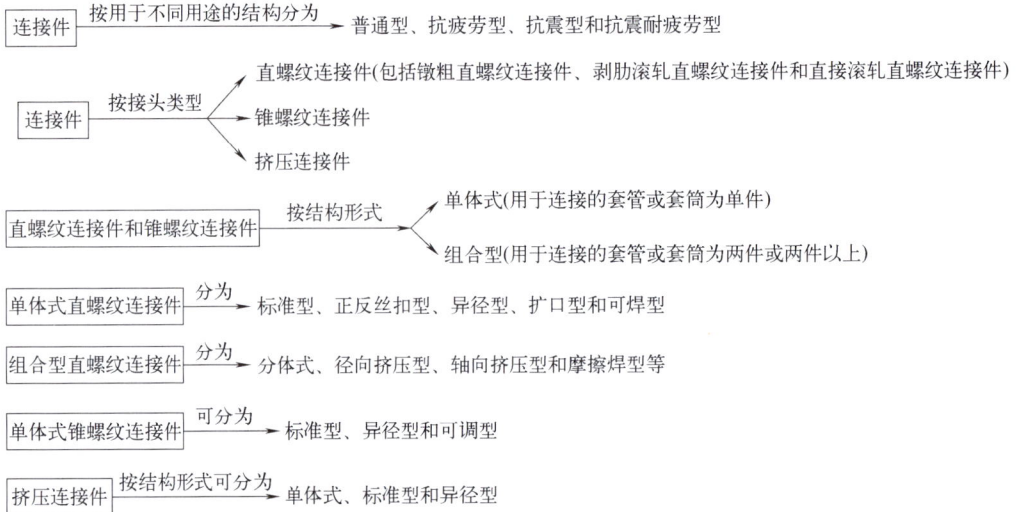

图 1-28　钢筋机械连接件的类型

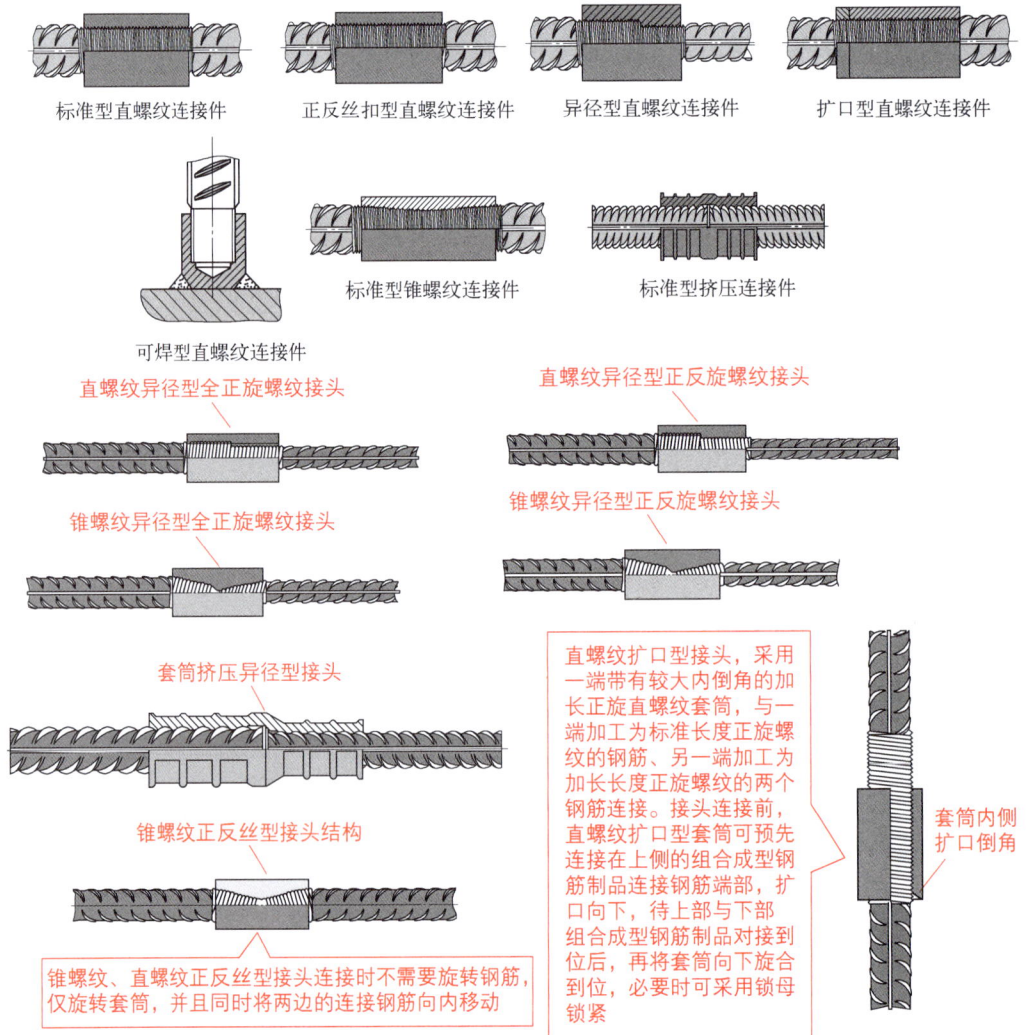

标准型直螺纹连接件　　正反丝扣型直螺纹连接件　　异径型直螺纹连接件　　扩口型直螺纹连接件

可焊型直螺纹连接件　　标准型锥螺纹连接件　　标准型挤压连接件

直螺纹异径型全正旋螺纹接头

直螺纹异径型正反旋螺纹接头

锥螺纹异径型全正旋螺纹接头

锥螺纹异径型正反旋螺纹接头

套筒挤压异径型接头

锥螺纹正反丝型接头结构

锥螺纹、直螺纹正反丝型接头连接时不需要旋转钢筋，仅旋转套筒，并且同时将两边的连接钢筋向内移动

直螺纹扩口型接头，采用一端带有较大内倒角的加长正旋直螺纹套筒，与一端加工为标准长度正旋螺纹的钢筋、另一端加工为加长长度正旋螺纹的两个钢筋连接。接头连接前，直螺纹扩口型套筒可预先连接在上侧的组合成型钢筋制品连接钢筋端部，扩口向下，待上部与下部组合成型钢筋制品对接到位后，再将套筒向下旋合到位，必要时可采用锁母锁紧

套筒内侧扩口倒角

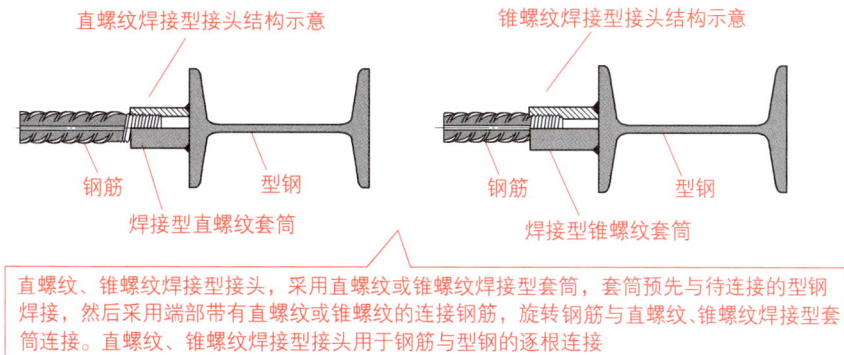

直螺纹、锥螺纹焊接型接头，采用直螺纹或锥螺纹焊接型套筒，套筒预先与待连接的型钢焊接，然后采用端部带有直螺纹或锥螺纹的连接钢筋，旋转钢筋与直螺纹、锥螺纹焊接型套筒连接。直螺纹、锥螺纹焊接型接头用于钢筋与型钢的逐根连接

图 1-29　钢筋机械连接件的结构

标准型接头是用于同直径钢筋连接的一种最常用的接头形式。各类型钢筋机械连接接头均有该形式接头。

锥螺纹标准型接头（包括普通锥螺纹接头、挤压强化锥螺纹接头），是采用锥螺纹标准型套筒用于同直径钢筋连接的一种接头形式。接头连接时，连接一端的钢筋可任意旋转、轴向移动，旋转待连接一端的钢筋。连接套筒内螺纹应与连接钢筋丝头相匹配的正旋（右旋）锥螺纹连接。锥螺纹标准型接头是锥螺纹接头中最常使用的一种接头形式。

套筒挤压标准型接头是采用具有较好延性，并且与连接钢筋直径相匹配的钢套筒套在连接钢筋端部，通过挤压工具及模具将钢套筒挤压变形后与连接钢筋表面的肋紧紧咬合而形成的一种接头形式。连接时需要钢套筒先与一端钢筋挤压连接后再挤压连接另一端钢筋。接头连接需要根据产品的生产操作规程要求实施。

异径型接头是用于不同直径钢筋连接的一种接头形式。各类型钢筋机械连接接头均有该形式接头。

螺纹正反丝型接头适用于连接钢筋不能旋转，可轴向移动的连接工况，并且适用于单根钢筋连接的场合。螺纹正反丝型接头包含直螺纹正反丝型接头、锥螺纹正反丝型接头等。

扩口型接头主要用于直螺纹接头。直螺纹扩口型接头常用于钢筋笼等组合成型钢筋制品的整体钢筋连接场合。

焊接型接头包括直螺纹、锥螺纹焊接型接头，其主要应用于钢筋与型钢间的连接。

钢筋机械连接件的标志与识读如图 1-30 所示。

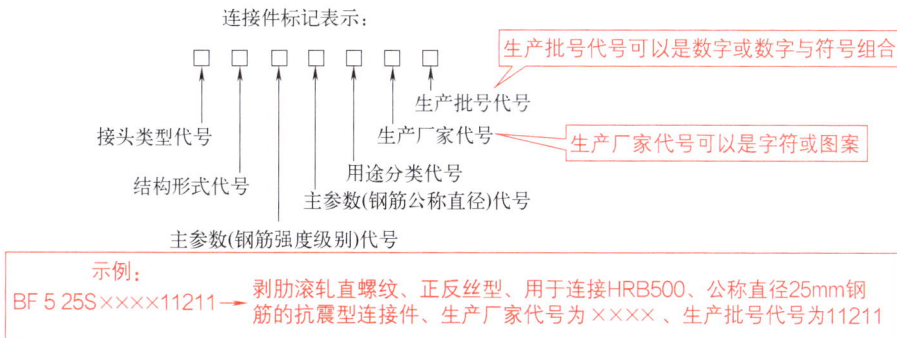

连接件标记表示：

生产批号代号可以是数字或数字与符号组合

生产厂家代号可以是字符或图案

接头类型代号
结构形式代号
主参数(钢筋公称直径)代号
主参数(钢筋强度级别)代号
用途分类代号
生产厂家代号
生产批号代号

示例：
BF 5 25S×××11211 → 剥肋滚轧直螺纹、正反丝型、用于连接HRB500、公称直径25mm钢筋的抗震型连接件、生产厂家代号为×××、生产批号代号为11211

图 1-30　钢筋机械连接件的标志与识读

1.16.2　钢筋连接用直螺纹套筒

钢筋连接用直螺纹套筒，就是直接或间接采用直螺纹方式将钢筋连接在一起的套筒。

根据连接钢筋端部加工方式，套筒可以分为镦粗切削、剥肋滚轧、镦粗剥肋滚轧、直接滚轧、挤压强化剥肋滚轧丝头连接的套筒、钢筋端部不加工丝头的套筒。

根据结构形式，套筒可以分为单体式直螺纹套筒、组合式直螺纹套筒。单体式直螺纹套筒又可以分为标准型套筒、正反丝扣型套筒、扩口型套筒、异径型套筒、加长型套筒、可焊型套筒。组合型直螺纹套筒又可以分为分体式套筒、径向挤压型套筒、轴向挤压型套筒、摩擦焊型套筒等。

根据连接钢筋的屈服强度级别，套筒可以分为 400 MPa 级套筒、500 MPa 级套筒、600 MPa 级套筒。

根据加工螺纹前原材料的类别，套筒可以分为圆钢加工套筒、钢管加工套筒、冷锻管坯加工套筒、热锻管坯加工套筒。原材料的分类规则如图 1-31 所示。

套筒采用圆钢经切削加工形成套筒的 ——→ 其原材料为圆钢
套筒采用钢管经切削加工形成套筒的 ——→ 其原材料为钢管
套筒采用冷锻管坯经切削加工形成套筒的 ——→ 其原材料为冷锻管坯
套筒采用热锻管坯经切削加工形成套筒的 ——→ 其原材料为热锻管坯

图 1-31　原材料的分类规则

各套筒的特点如图 1-32 ～图 1-35 所示。

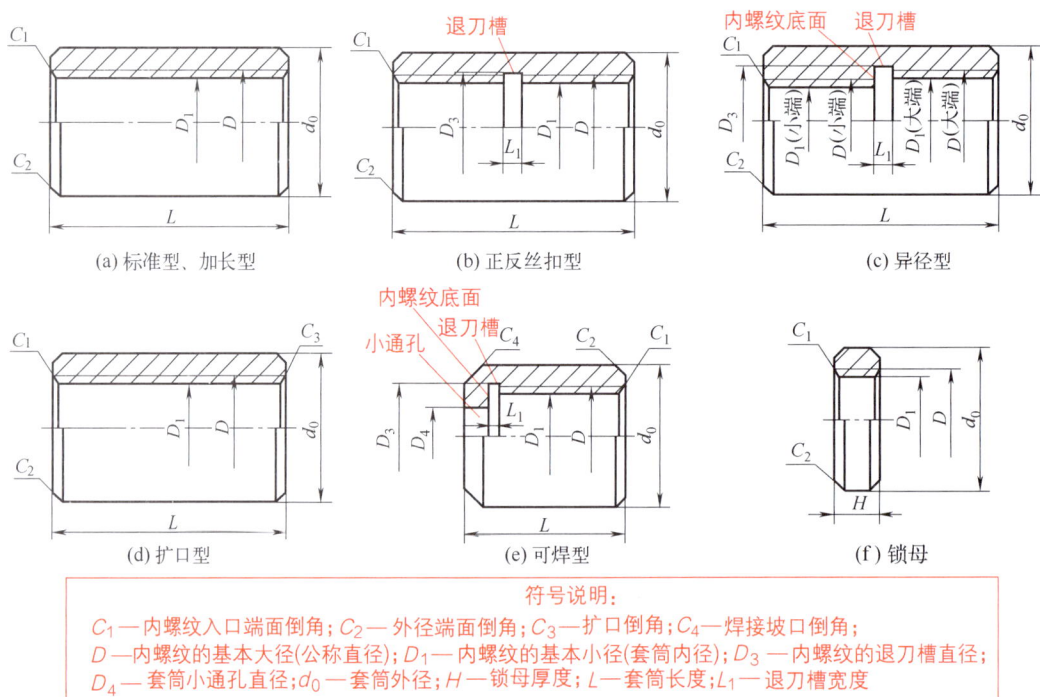

(a) 标准型、加长型　　(b) 正反丝扣型　　(c) 异径型

(d) 扩口型　　(e) 可焊型　　(f) 锁母

符号说明：
C_1—内螺纹入口端面倒角；C_2—外径端面倒角；C_3—扩口倒角；C_4—焊接坡口倒角；
D—内螺纹的基本大径(公称直径)；D_1—内螺纹的基本小径(套筒内径)；D_3—内螺纹的退刀槽直径；
D_4—套筒小通孔直径；d_0—套筒外径；H—锁母厚度；L—套筒长度；L_1—退刀槽宽度

单体式直螺纹套筒：内孔带直螺纹的单连接件套筒

图 1-32　单体式直螺纹套筒及锁母示意

半套筒　锁套　退刀槽

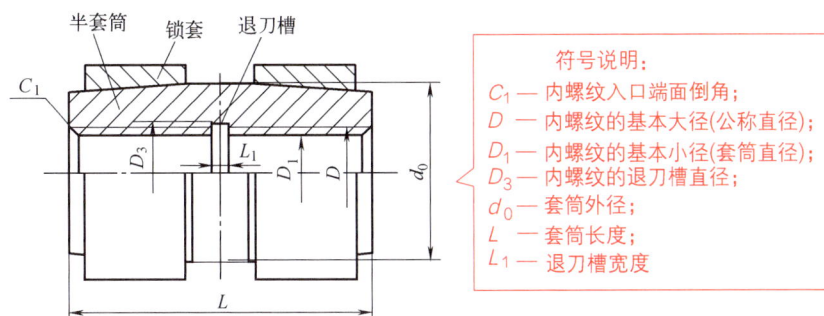

符号说明：
C_1 — 内螺纹入口端面倒角；
D — 内螺纹的基本大径(公称直径)；
D_1 — 内螺纹的基本小径(套筒直径)；
D_3 — 内螺纹的退刀槽直径；
d_0 — 套筒外径；
L — 套筒长度；
L_1 — 退刀槽宽度

分体式直螺纹套筒：由一个两端设有外圆锥面的直螺纹套筒沿轴线对称切分而成的两个半套筒与两个内孔为与半套筒外圆锥面相配合的内圆锥面的锥锁套组成的套筒

图 1-33　分体式套筒示意

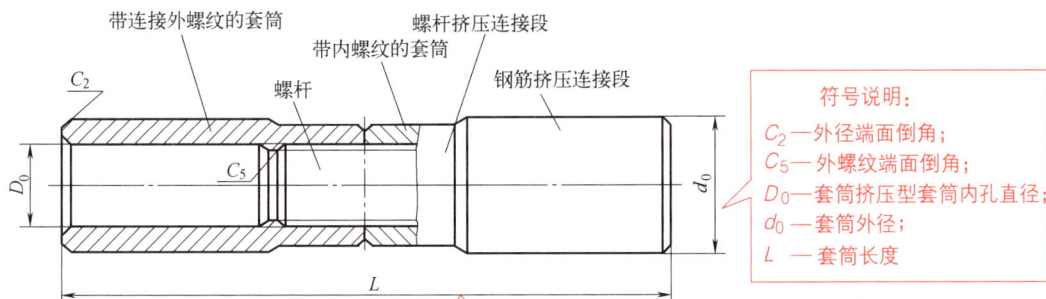

带连接外螺纹的套筒　　螺杆挤压连接段
带内螺纹的套筒　　钢筋挤压连接段
螺杆

符号说明：
C_2 — 外径端面倒角；
C_5 — 外螺纹端面倒角；
D_0 — 套筒挤压型套筒内孔直径；
d_0 — 套筒外径；
L — 套筒长度

径向套筒挤压型直螺纹套筒：由一个带直螺纹螺杆的挤压套筒连接件和一个设有与螺杆相配合连接内螺纹的挤压套筒连接件组成的套筒，挤压连接端通过径向挤压实现与钢筋的连接
轴向套筒挤压型直螺纹套筒：由一个带直螺纹螺杆的挤压套筒连接件和一个设有与螺杆相配合连接内螺纹的挤压套筒连接件组成的套筒，挤压连接端通过轴向挤压实现与钢筋的连接

图 1-34　挤压型套筒示意

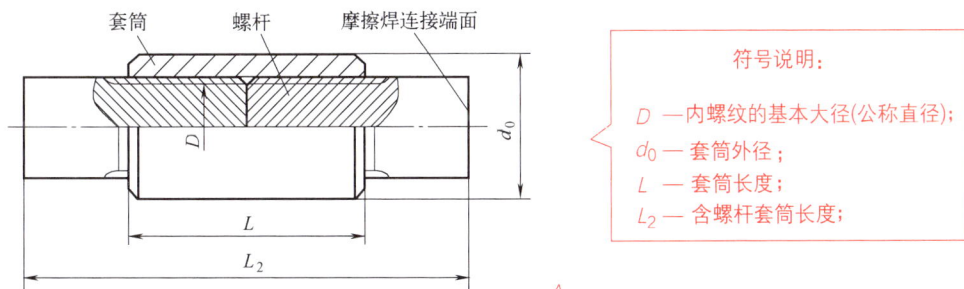

套筒　螺杆　摩擦焊连接端面

符号说明：
D — 内螺纹的基本大径(公称直径)；
d_0 — 套筒外径；
L — 套筒长度；
L_2 — 含螺杆套筒长度；

摩擦焊直螺纹套筒：由两个带有摩擦焊连接端面的螺杆连接件与一个直螺纹套筒连接件组成的组合式套筒，或一端为螺杆，另一端为带盲孔内螺纹的套筒

图 1-35　摩擦焊套筒示意

⚡ **一点通**

组合式直螺纹套筒：由两个或两个以上连接件组成的套筒。

可焊型直螺纹套筒：通过与钢结构、预埋件等待连接件焊接实现钢筋与待连接件连接的套筒。

挤压强化剥肋滚轧直螺纹套筒：用于连接钢筋端部经纵、横肋挤压强化后再剥肋滚轧加工形成的钢筋丝头的套筒。

1.16.3 套筒标记的识读

套筒标记的识读实例如图 1-36 所示。

表示钢筋不加工丝头连接的直螺纹套筒，径向套筒挤压型、圆钢加工，连接500MPa级、直径25mm的钢筋

NJY5-25

表示直接滚轧直螺纹套筒，异径型、圆钢加工，连接500MPa级、直径20mm/25mm的钢筋

ZYY5-20/25

表示镦粗切削直螺纹套筒，标准型、钢管加工，连接400MPa级、直径40mm的钢筋

DBG4-40

图 1-36 套筒标记的识读实例

套筒标记与代号如图 1-37 所示。

连接钢筋公称
直径主参数代号
连接钢筋屈服
强度级别代号
套筒原材料
类别代号
套筒结构
形式代号
连接钢筋端部
加工方式代号

套筒标记表示

套筒产品应根据连接钢筋端部加工方式代号、套筒结构形式代号、套筒原材料类别代号、连接钢筋屈服强度级别代号、连接钢筋公称直径主参数代号等顺序标记

连接钢筋端部加工方式代号						
连接钢筋端部加工方式	镦粗切削	剥肋滚轧	镦粗剥肋滚轧	直接滚轧	挤压强化剥肋滚轧	不加工丝头
代号	D	B	U	Z	Q	N

套筒结构形式代号									
套筒结构形式	标准型	正反丝型	异径型	扩口型	加长型	可焊型	分体式	径向套筒挤压型 轴向套筒挤压型	摩擦焊型
代号	B	F	Y	K	C	H	T	J Z	M

套筒原材料类别代号				
套筒原材料类别	圆钢	钢管	冷锻管坯	热锻管坯
代号	Y	G	L	R

连接钢筋屈服强度级别代号			
连接钢筋屈服强度级别	400MPa级	500MPa级	600MPa级
代号	4	5	6

连接钢筋公称直径主参数代号											
连接钢筋公称直径/mm	12	14	16	18	20	22	25	28	32	36	40	50
代号	12	14	16	18	20	22	25	28	32	36	40	50

注：异径型套筒的钢筋公称直径主参数代号为"小径/大径"。

图 1-37 套筒标记与代号

1.16.4 套筒消除螺纹间隙的典型结构

套筒消除螺纹间隙的典型结构如图 1-38 所示。

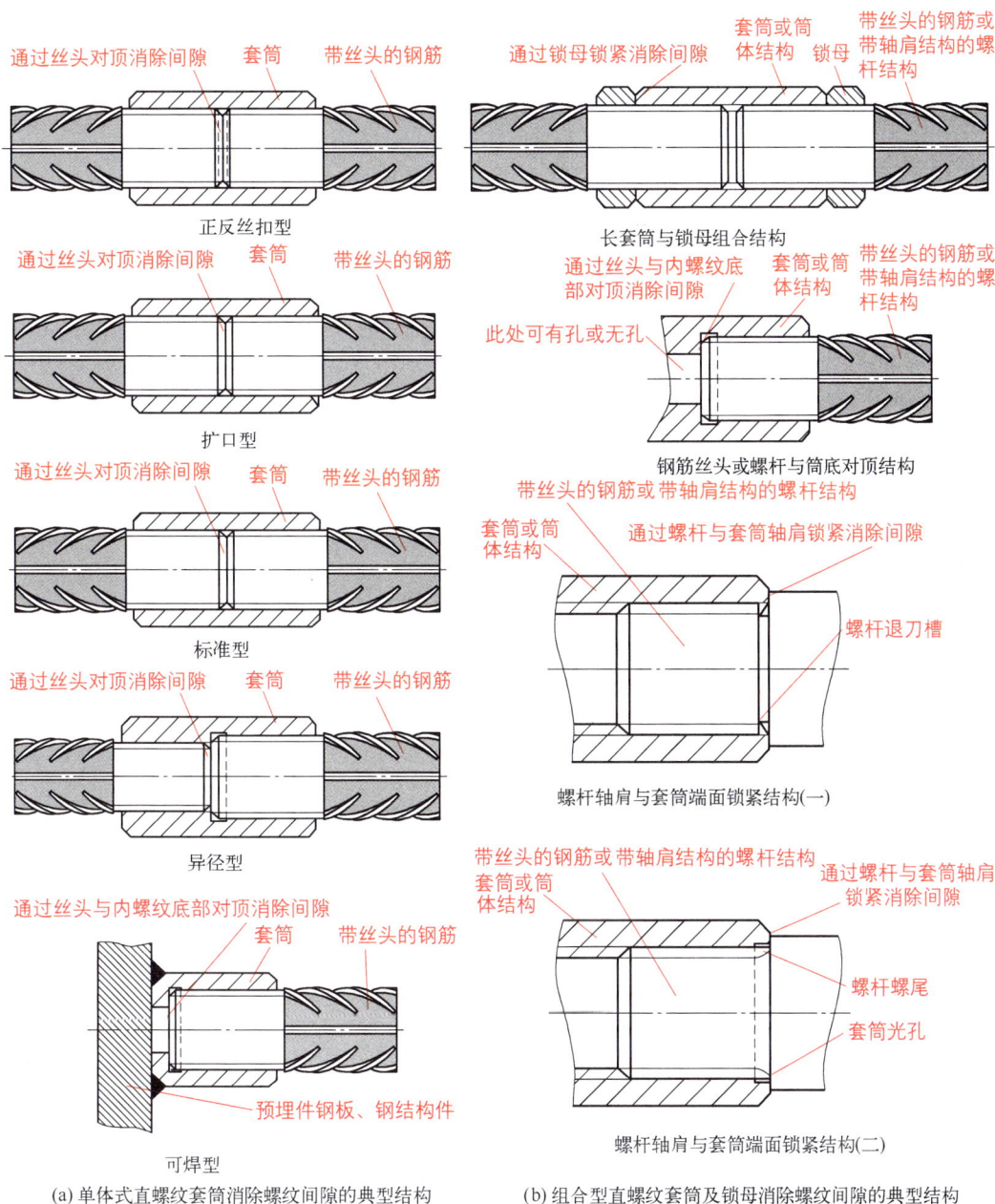

图 1-38 套筒消除螺纹间隙的典型结构

1.16.5 消除螺纹间隙常见错误结构示意

消除螺纹间隙常见错误结构示意如图 1-39 所示。

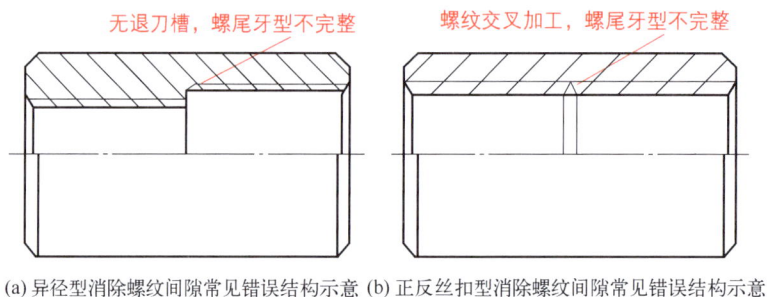

(a) 异径型消除螺纹间隙常见错误结构示意 (b) 正反丝扣型消除螺纹间隙常见错误结构示意

图 1-39 消除螺纹间隙常见错误结构示意

1.17 锥套锁紧钢筋连接接头

1.17.1 锥套锁紧钢筋连接接头特点与型号识读

锥套锁紧钢筋连接接头，就是采用外表面为锥面、内面带齿的多片锁片，将待连接的两根钢筋端头包裹住，沿钢筋轴向挤压两个套在锁片上的锥套，使锁片内齿与钢筋啮合，实现钢筋连接的接头。

锥套接头的结构如图 1-40 所示。锥套接头一般宜采用高于钢筋等级的材料，并且通过热处理提高材料强度。对于特殊型号接头或需方特殊工况需要，可以专门定制专用接头，并且做工艺检验，工艺检验合格后准予使用。

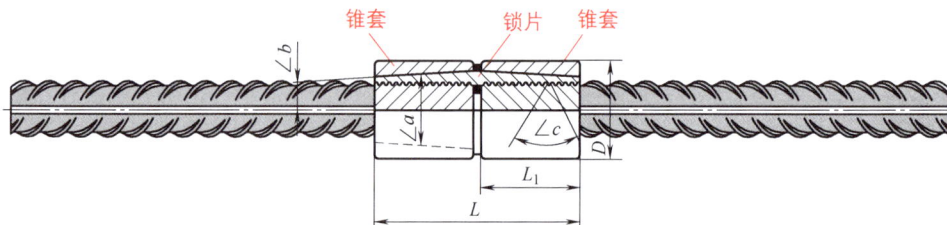

图 1-40 锥套接头的结构

∠a—锥套锥度；∠b—锁片斜度；∠c—牙型角；L_1—锥套长度；L—锁片长度；D—锥套外径

锥套接头基本参数见表 1-31。锥套锁紧钢筋接头连接件规格与被连接钢筋公称直径相对应，其适用的钢筋公称直径一般为 12～50mm，也适用于经型式试验验证合格的其他型号钢筋和其他标准中的钢筋。

表 1-31 锥套接头基本参数

钢筋公称直径 /mm			12	14	16	18	20	22	25	28	32	36	40	50
锁片	长度	L/mm	69	77	85	93	101	109	117	125	133	141	149	173
		允许偏差 /mm	±1											
	直段。厚度	厚度 /mm	4.2	4.5	4.8	5.4	5.9	6.6	7.4	8.2	9	10	11.4	14
		允许偏差 /mm	±0.5											
	牙型角	∠c	55°～60°											
	斜度	∠b 斜度	（1：10）～（1：24）											
	硬度	HRC	40～50											

锥套	长度	L_1/mm	32	36	40	44	48	52	56	60	64	68	72	84
		允许偏差	±1											
	外径	D/mm	24	27	31	35	38.5	43	49	54	61	69	76.5	96
		允许偏差 /mm	±1											
	大端内径	内径 /mm	19.5	22	25	28	31	34.5	39	43.5	49	55	61.5	76.5
		允许偏差 /mm	±0.5											
	锥度	∠a 锥度	（1：5）～（1：12）											
	硬度	HRC	30～40											

注：生产单位如对以上参数进行修改，需进行型式试验。

根据连接钢筋的直径，锥套一般分为标准型（B）、异径型（Y）两种，如图 1-41 所示。也有供需双方协商定制的类型。

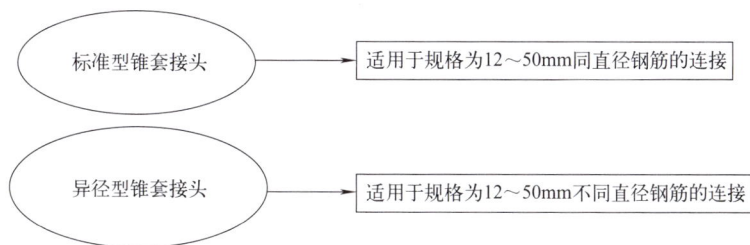

标准型锥套接头 ──→ 适用于规格为12～50mm同直径钢筋的连接

异径型锥套接头 ──→ 适用于规格为12～50mm不同直径钢筋的连接

图 1-41　锥套的类型

锥套接头的标记，一般由名称代号、形式代号、钢筋屈服强度特征值代号、钢筋公称直径代号等部分组成，如图 1-42 所示。

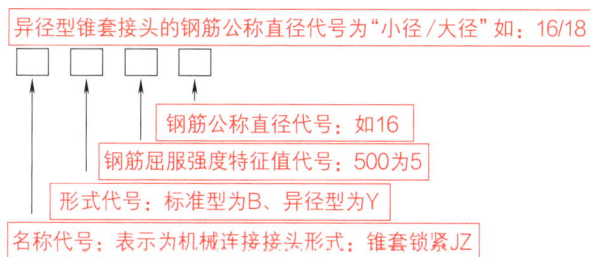

异径型锥套接头的钢筋公称直径代号为"小径／大径"如：16/18

钢筋公称直径代号：如16

钢筋屈服强度特征值代号：500为5

形式代号：标准型为B、异径型为Y

名称代号：表示为机械连接接头形式；锥套锁紧JZ

图 1-42　锥套接头的标记

锥套接头标记的识读如图 1-43 所示。

JZ B 5 25

表示为锥套锁紧接头，标准型，用于连接500MPa级、直径为25mm的钢筋

JZ Y 5 32/40

表示为锥套锁紧接头，异径型，用于连接500MPa级、直径为32mm/400mm的钢筋

图 1-43　锥套接头标记的识读

1.17.2　锥套锁紧钢筋连接接头的选用

锥套锁紧钢筋连接接头的选用要点如下。

① 锥套接头可以适用于规定的单根钢筋的机械连接，也可以适用于钢筋部品或结构部品间的钢筋机械连接。

② 主筋外侧的箍筋需要避开接头位置。

③ 满足有关要求的锥套接头在有抗震设防要求的框架的梁端、柱端箍筋加密区或直接承受重复荷载的构件上，需要在同一截面内错开布设，接头面积百分率不应大于 50%。其他部位接头面积百分率不受限制。

④ 锥套接头的钢筋切割，需要采用专用钢筋切断机切割。切割后的钢筋端面，不应有明显马蹄形。

⑤ 安装时，接头的规格需要与钢筋规格一致。

⑥ 安装时，接头安装误差需要符合施工规范，如图 1-44 所示。

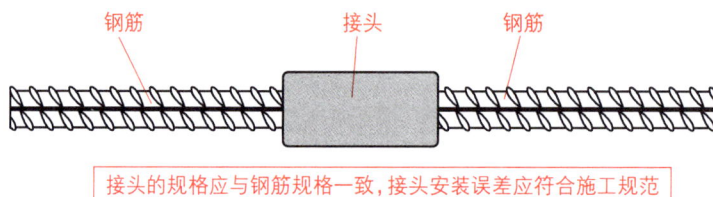

钢筋　　　　　　接头　　　　　钢筋

接头的规格应与钢筋规格一致，接头安装误差应符合施工规范

图 1-44　接头安装误差需要符合施工规范

⑦ 接头连接前钢筋的径向、轴向允许误差范围需要符合规定，见表 1-32。

表 1-32　锥套接头连接前钢筋位置允许误差参数

钢筋强度等级 /MPa	钢筋径向最大允许误差范围 /mm	钢筋轴向间隙最大允许误差范围 /mm
400	$\leqslant d$	$\leqslant 20$
500	$\leqslant d$	$\leqslant 15$
600	$\leqslant d$	$\leqslant 10$

注：表中 d 表示为钢筋公称直径。

第2章

钢筋常识

2.1 钢筋的标签与标志

2.1.1 钢筋的标签

钢筋的标签，就是固定在包装件或产品上的纸质或其他材料制品，上面标有产品名称、炉/批号、牌号、规格、生产厂家等内容。

钢筋的吊牌是用铁丝、U形钉、平头钉等固定在包装件或产品上的一种活动标签。钢筋的吊牌常用纸质、硬质塑料、金属等材料等制造。

钢筋的标志应至少包括如下内容：制造厂名称或商标、产品名称、产品标准号、牌号、炉/批号、产品规格或型号、长度、重量或每捆根数等。根据需求，也可以增加主要性能指标、尺寸精度级别、条码或二维码等内容。钢筋的标志可以采用喷印、盖印、热轧印、打印、贴（挂）标签、挂吊牌等方法。供方可以选择一种或多种标志方法。单根交货的型钢（冷拉钢除外），应在型钢端面或靠端部处做上标志。

钢筋需方应在拆捆前根据型钢每捆的标志检查该捆型钢的长度、重量、每捆根数等内容，对上述内容有质量异议时不应拆捆。

成捆型钢应保持端部平齐，采用捆扎材料捆扎牢固。根据需方要求，为保护型钢不受损坏和捆扎材料不被切断，可在型钢间、型钢与捆扎材料间使用捆扎保护材料。

根据需方要求，钢筋包装可使用防护包装材料。常用的防护包装材料有牛皮纸、塑料薄膜、气相防锈纸、防油纸等。

根据情况，成捆交货的型钢也可以先捆扎成小捆，再将数小捆捆成大捆，如图2-1所示。

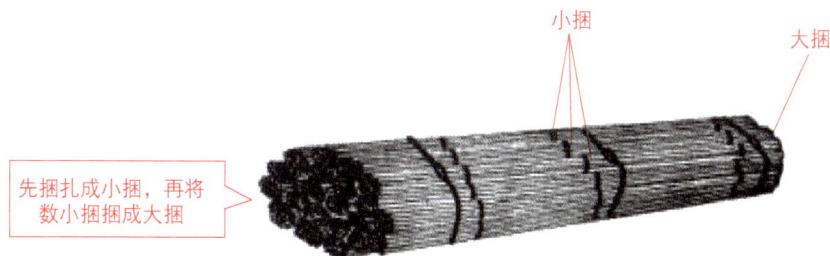

图2-1 由小捆捆成大捆钢筋型钢包装示意

成捆交货的工字钢、角钢、槽钢、方钢、扁钢等，需要采用咬合法或堆垛法包装，如

图 2-2、图 2-3 所示。

热轧盘条应成盘或成捆（可由数盘组成）交货。盘和捆均用铁丝、盘条或钢带捆扎牢固，不应少于 4 道。

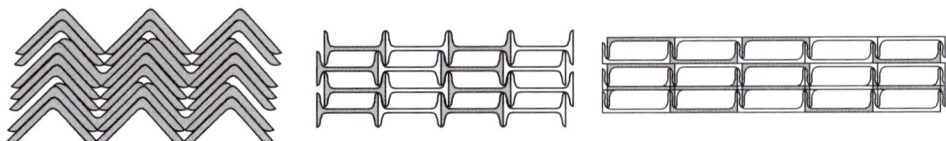

图 2-2　型钢咬合法包装

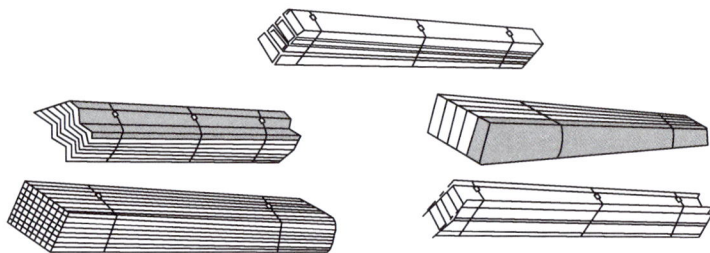

图 2-3　型钢堆垛法包装

型钢应贮存在干燥、清洁、通风的地方。型钢附近不得有腐蚀性化学物品。运输过程中需要避免碰撞，并且需要进行防水防潮的有效保护，以及采用适当的方法和吊具装卸。

2.1.2　带肋钢筋的表面标志

带肋钢筋一般会在其表面轧上表面标志。带肋钢筋的表面标志，往往是由强度级别、经注册的厂名或商标、公称直径等部分组成。热轧带肋抗震钢筋，一般还会在强度级别后加字母"E"，如图 2-4 所示。

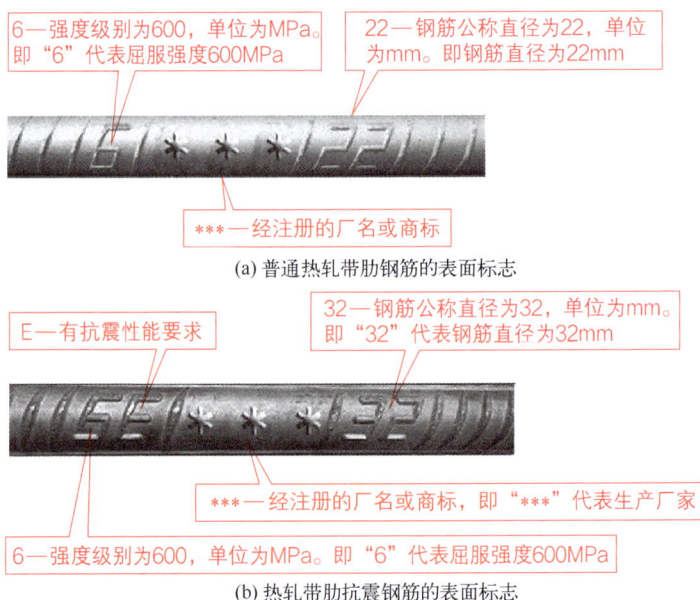

6—强度级别为600，单位为MPa。即"6"代表屈服强度600MPa

22—钢筋公称直径为22，单位为mm。即钢筋直径为22mm

***—经注册的厂名或商标

(a) 普通热轧带肋钢筋的表面标志

E—有抗震性能要求

32—钢筋公称直径为32，单位为mm。即"32"代表钢筋直径为32mm

—经注册的厂名或商标，即""代表生产厂家

6—强度级别为600，单位为MPa。即"6"代表屈服强度600MPa

(b) 热轧带肋抗震钢筋的表面标志

图 2-4　钢筋的表面标志

2.2 钢筋加工设备

2.2.1 钢筋冷拔机

钢筋冷拔机，就是在常温下，通过拔丝模多次强力拉拔，使光圆钢筋强度提高、直径减小的一种机械。

根据卷筒工作位置不同，冷拔机可以分为立式钢筋冷拔机、卧式钢筋冷拔机、串联式钢筋冷拔机等类型。钢筋冷拔机主参数为钢筋最大进料直径，单位一般为毫米（mm）。钢筋冷拔机主参数系列为：6.5mm、8mm、10mm、12mm 等。

钢筋冷拔机基本参数应符合的规定见表 2-1。

表 2-1 冷拔机基本参数应符合的规定

项目	基本参数			
钢筋最大进料直径 /mm	6.5	8	10	12
钢筋抗拉强度 R_m/MPa	≤ 1200	≤ 1100		
拉拔力 /kN	≥ 16	≥ 25	≥ 40	≥ 63
卷筒直径 /mm	550	650	750	800
	600	700	800	900
	650	750	—	—

钢筋冷拔机的应用要求如下。

① 钢筋冷拔机在运输时，需要放置平稳、固定可靠，以防止重叠重压与剧烈震动，并且需要有防雨措施。

② 钢筋冷拔机需要存放在通风良好，有防潮、防雨措施的库房内。

③ 钢筋冷拔机的型号一般由制造商自定义代号、名称代号、特性代号、主参数等组成。钢筋冷拔机的型号表示如图 2-5 所示。

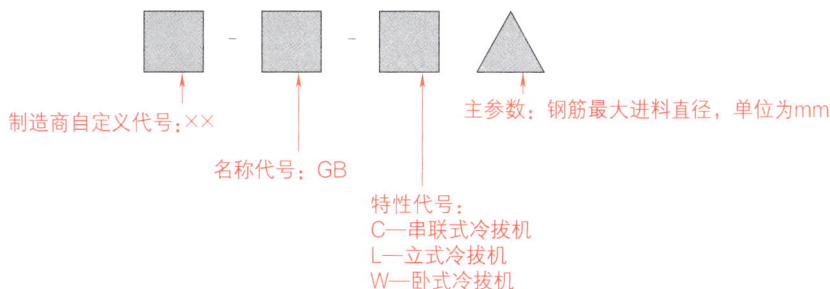

制造商自定义代号：××

名称代号：GB

特性代号：
C—串联式冷拔机
L—立式冷拔机
W—卧式冷拔机

主参数：钢筋最大进料直径，单位为mm

图 2-5 钢筋冷拔机的型号表示

2.2.2 钢筋螺纹成型机

钢筋螺纹成型机是将钢筋端部加工成螺纹的专用设备。

钢筋滚轧螺纹成型机是将钢筋端部滚轧加工成螺纹的专用设备。

钢筋直接滚轧螺纹成型机是钢筋的横纵肋不经过处理直接进行滚轧螺纹的螺纹机。

钢筋剥肋滚轧螺纹成型机是将钢筋的横纵肋剥掉后再滚轧螺纹的螺纹机。

钢筋切削螺纹成型机是将钢筋端部切削加工成螺纹的专用设备。

根据螺纹成型工艺，钢筋螺纹成型机可以分为钢筋滚轧螺纹成型机、钢筋切削螺纹成型机。其中钢筋滚轧螺纹成型机又可分为钢筋剥肋滚轧螺纹成型机、钢筋直接滚轧螺纹成型机。

钢筋螺纹机一般是以能够加工钢筋丝头对应的钢筋最大公称直径为主参数，并且单位一般为毫米（mm）。钢筋螺纹成型机主参数系列为：25mm、32mm、40mm、50mm 等。

钢筋螺纹机的型号一般由制造商自定义代号、名称代号、特性代号、主参数等组成。钢筋螺纹机的型号表示如图 2-6 所示。

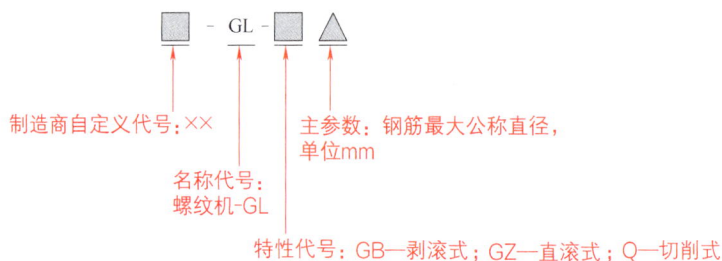

图 2-6 钢筋螺纹机型号表示

2.2.3　钢筋网成型机

钢筋网成型机，就是将纵向钢筋、横向钢筋或纵向钢丝、横向钢丝分别以一定间距排列且互成直角，用电阻焊方法将交叉点焊接在一起形成焊接网的设备。

根据自动化程度，钢筋网成型机可以分为自动钢筋网成型机、普通钢筋网成型机。

自动钢筋网成型机可将原材直接自动加工成焊接网，即具有钢筋的上料、布料、焊接、剪网、焊接网收集与输出等自动功能的钢筋网成型机。

普通钢筋网成型机，就是钢筋矫直切断、布料、焊接网收集与输出等功能的一项或多项需要人工辅助进行的钢筋网成型机。

标准焊接网，就是所有横向钢筋的直径与长度均为一个尺寸，并且所有纵向钢筋的直径与长度均为一个尺寸的焊接网。

钢筋焊网机主参数为焊接网最大宽度，主参数系列有 1250mm、1650mm、2400mm、3300mm、4000mm 等。

2.3　混凝土结构与混凝土钢筋工程

2.3.1　混凝土结构相关术语

混凝土结构是以混凝土构件为主制成的结构。混凝土结构可以分为现浇混凝土结构、装配式混凝土结构。

现浇混凝土结构是在现场支模并且整体浇筑而成的混凝土结构。现浇混凝土结构简称现浇结构。

装配式混凝土结构是由预制混凝土构件或部件装配、连接而成的混凝土结构。装配式混凝土结构简称装配式结构。

自密实混凝土是无需外力振捣，能够在自重作用下流动并且密实的混凝土。

先张法是在台座或模板上先张拉预应力筋并用夹具临时固定，再浇筑混凝土，待混凝土达到一定强度后，放张预应力筋，通过预应力筋与混凝土的黏结力，使混凝土产生预压应力的施工方法。

后张法是在混凝土达到一定强度的构件或结构中，张拉预应力筋并用锚具永久固定，使混凝土产生预压应力的施工方法。

施工缝是因设计要求或施工需要分段浇筑而在先、后浇筑的混凝土之间所形成的接缝。

后浇带是考虑环境温度变化、混凝土收缩、结构不均匀沉降等因素，将梁、板（包括基础底板）、墙划分为若干部分，经过一定时间后再浇筑的具有一定宽度的混凝土带。

一点通

气膜钢筋混凝土结构是以充气膜为模板、钢筋混凝土为结构的新型大跨度结构体系。施工时，将膜充气成设计形状并满足一定的保压时间要求，以作混凝土的模板，再设置钢筋并喷射一定厚度的混凝土，以满足设计所需的荷载，从而形成一个完整的钢筋混凝土结构。其中，气膜就是由高强度纤维织成的基材与聚合物涂层构成的复合材料膜体，通过对膜体进行恒压充气，形成具有张力的球形膜结构，或具有支撑系统作用的可永久保持的球形结构外模板。气膜钢筋混凝土球形储粮仓，就是以气膜为模板构成穹顶的球冠状钢筋混凝土结构，一般用于长期储存粮食。

2.3.2 混凝土结构钢筋工程材料

混凝土结构钢筋工程材料的要求如下。

① 钢筋的规格、性能需要符合国家现行有关标准的规定。

② 对有抗震设防要求的结构，其纵向受力钢筋的性能要满足设计要求；当设计无具体要求时，对根据一级、二级、三级抗震等级设计的框架与斜撑构件（含梯段）中的纵向受力钢筋应采用 HRB400E、HRB500E、HRBF400E 或 HRBF500E 钢筋，其强度与最大力下总伸长率的实测值需要符合下列规定：

a. 钢筋的抗拉强度实测值与屈服强度实测值的比值不应小于 1.25；

b. 钢筋的屈服强度实测值与屈服强度标准值的比值不应大于 1.30；

c. 钢筋的最大力下总伸长率不应小于 9%。

③ 钢筋在运输、存放时，不得损坏包装与标志，并且应根据牌号、规格、炉批分别堆放。

④ 钢筋室外堆放时，需要采用避免钢筋锈蚀的措施。

⑤ 当发现钢筋脆断、焊接性能不良或力学性能显著不正常等现象时，则应停止使用该批钢筋，并且对该批钢筋进行化学成分检验或其他专项检验。

> **💡 一点通**
>
> 混凝土结构钢筋工程的一般规定如下。
> 钢筋工程宜采用高强钢筋；
> 在运输、存放、施工过程中，应采取避免钢筋混淆的措施；
> 当需要进行钢筋代换时，应办理设计变更文件。

2.3.3　混凝土结构钢筋加工

混凝土结构钢筋加工要求如下。

① 钢筋加工宜在专业化加工厂进行。

② 钢筋的表面需要清洁、无损伤，油渍、漆污、铁锈应在加工前清除干净。

③ 带有颗粒状或片状老锈的钢筋不得使用。

④ 钢筋除锈后如有严重的表面缺陷，应重新检验该批钢筋的力学性能及其他相关性能指标。

⑤ 钢筋加工宜在常温状态下进行，加工过程中不应加热钢筋。钢筋弯折应一次完成，不得反复弯折。

⑥ 钢筋宜采用无延伸功能的机械设备进行调直，也可以采用冷拉方法调直。当采用冷拉方法调直时：

a. HPB235、HPB300 光圆钢筋的冷拉率不宜大于 4%；

b. HRB400、HRB500、HRBF400、HRBF500 及 RRB400 带肋钢筋的冷拉率不宜大于 1%；

c. 钢筋调直过程中不应损伤带肋钢筋的横肋，调直后的钢筋应平直，不应有局部弯折。

⑦ 受力钢筋的弯折需要符合的规定如下。

a. 光圆钢筋末端应做 180° 弯钩，弯钩的弯后平直部分长度不应小于钢筋直径的 3 倍。作受压钢筋使用时，光圆钢筋末端可不做弯钩。

b. 光圆钢筋的弯弧内直径，不应小于钢筋直径的 2.5 倍。

c. 335MPa 级、400MPa 级带肋钢筋的弯弧内直径，不应小于钢筋直径的 5 倍。

d. 直径为 28mm 以下的 500MPa 级带肋钢筋的弯弧内直径，不应小于钢筋直径的 6 倍。直径为 28mm 及以上的 500MPa 级带肋钢筋的弯弧内直径，不应小于钢筋直径的 7 倍。

e. 框架结构的顶层端节点，对梁上部纵向钢筋、柱外侧纵向钢筋在节点角部弯折处，当钢筋直径为 28mm 以下时，弯弧内直径不宜小于钢筋直径的 12 倍。钢筋直径为 28mm 及以上时，弯弧内直径不宜小于钢筋直径的 16 倍。

f. 箍筋弯折处的弯弧内直径不应小于纵向受力钢筋直径。

⑧ 除焊接封闭箍筋外，箍筋、拉筋的末端需要根据设计要求做弯钩。当设计无具体要求时，需要符合的规定如下。

a. 对一般结构构件，箍筋弯钩的弯折角度不应小于 90°，弯折后平直部分长度不应小于箍筋直径的 5 倍；对有抗震设防及设计有专门要求的结构构件，箍筋弯钩的弯折角度不应小于 135°，弯折后平直部分长度不应小于箍筋直径的 10 倍和 75mm 的较大值。

b. 圆柱箍筋的搭接长度不应小于钢筋的锚固长度，两末端均应做 135° 弯钩，弯折后平直部分长度对一般结构构件不应小于箍筋直径的 5 倍，对有抗震设防要求的结构构件不应小于箍筋直径的 10 倍。

c.拉筋两端弯钩的弯折角度均不应小于 135°，弯折后平直部分长度不应小于拉筋直径的 10 倍。

⑨ 焊接封闭箍筋宜采用闪光对焊，也可以采用气压焊或单面搭接焊，并且宜采用专用设备进行焊接。焊接封闭箍筋下料长度和端头加工方式，需要根据不同的焊接工艺确定。多边形焊接封闭箍筋的焊点设置应符合的规定如下：

a.每个箍筋的焊点数量应为 1 个，焊点宜位于多边形箍筋中的某边中部，并且距箍筋弯折处的位置不宜小于 100mm；

b.矩形柱箍筋焊点宜设在柱短边，等边多边形柱箍筋焊点可设在任一边；不等边多边形柱箍筋应加工成焊点位于不同边上的两种类型；

c.梁箍筋焊点应设置在顶边或底边。

2.3.4 混凝土结构钢筋安装施工

混凝土结构钢筋安装施工要求如下。

① 构件交接位置的钢筋位置需要符合设计要求。当设计无要求时，则应优先保证主要受力构件与构件中主要受力方向的钢筋位置。框架节点处梁纵向受力钢筋宜于柱纵向钢筋内侧；次梁钢筋宜放在主梁钢筋内侧；剪力墙中水平分布钢筋宜放在外部，并且在墙边弯折锚固。

② 钢筋安装应采用定位件固定钢筋的位置，并且宜采用专用定位件。定位件需要具有足够的承载力、刚度、稳定性、耐久性。定位件的数量、间距、固定方式需要能保证钢筋的位置偏差符合国家现行有关标准的规定。

③ 混凝土框架梁、柱保护层内，不宜采用金属定位件。

④ 钢筋安装过程中，设计未允许的部位不宜焊接。如果因施工操作原因需对钢筋进行焊接时，焊接质量需要符合现行行业标准《钢筋焊接及验收规程》（JGJ 18）等有关规定。

⑤ 采用复合箍筋时，箍筋外围需要封闭。梁类构件复合箍筋内部宜选用封闭箍筋，单数肢也可采用拉筋；柱类构件复合箍筋内部可部分采用拉筋。当拉筋设置在复合箍筋内部不对称的一边时，沿纵向受力钢筋方向的相邻复合箍筋需要交错布置。

⑥ 钢筋安装需要采取可靠措施防止钢筋受模板、模具内表面的脱模剂污染。

2.3.5 独立基础钢筋排布图的要求和特点

（1）普通独立基础的钢筋排布图的要求和特点
平面图中排布底部双向钢筋、顶部双向钢筋、基础梁的纵筋与箍筋。

① 一般会标注柱插筋、与之对应的箍筋等。

② 一般应设置通过柱的基础竖向剖面以及排布所见钢筋。

③ 一般应设置柱水平剖面以及给出柱插筋及与之对应的箍筋。

（2）杯口独立基础的钢筋排布图的要求和特点

① 一般会在平面图中排布底部双向钢筋。

② 一般会设置基础竖向剖面以及排布所见钢筋。

③ 一般在杯口顶部设置水平剖面以及会绘出焊接钢筋网。

（3）高杯口独立基础的钢筋排布图的要求和特点

① 一般会在立面图中排布基础底部钢筋、短柱钢筋，会标注杯口顶部焊接钢筋网。

② 一般分别在基础底板、短柱中部、杯口中部、杯口顶部设置四个水平剖面，排布基础底板钢筋、短柱钢筋、杯口钢筋、杯口顶部焊接钢筋网等。

（4）带短柱独立基础的钢筋排布图的要求和特点

① 一般会在立面图中排布基础底板钢筋、短柱钢筋、柱插筋及与之对应的箍筋。

② 一般会分别在基础底板、短柱中部设置两个水平剖面排布基础底板钢筋、短柱钢筋、柱插筋及与之对应的箍筋。

2.3.6　条形基础钢筋排布图的要求和特点

（1）柱下板式条形基础钢筋排布图的要求和特点

① 一般会在平面图中排布底板受力钢筋、分布钢筋，并且会注写柱插筋及与之对应的箍筋。

② 一般会设置通过柱的基础竖向剖面，并且排布所见钢筋。

③ 一般会设置柱水平剖面，并且排布插筋及与之对应的箍筋。

（2）墙下板式条形基础钢筋排布图的要求和特点

① 一般会在平面图中排布底板受力钢筋、分布钢筋，并且会注写墙插筋及与之对应的水平分布筋和拉筋。

② 一般会设置通过墙的基础竖向剖面，排布所见钢筋。

③ 一般会设置墙水平剖面图，排布墙插筋及与之对应的水平分布筋、拉筋。

2.3.7　梁板式筏形基础钢筋排布图的要求和特点

梁板式筏形基础的基础平板钢筋排布图的要求和特点如下。

① 板底钢筋、板顶钢筋，一般宜分别在不同的平面图中排布。

② 一般会设置通过柱（墙）的基础竖向剖面，排布所见钢筋。

③ 一般会设置柱（墙）水平剖面，排布插筋及与之对应的箍筋或水平分布筋和拉筋。

④ 一般会以索引图方式在平面图中排布下柱墩钢筋。

2.3.8　平板式筏形基础钢筋排布图的要求和特点

平板式筏形基础钢筋排布图的要求和特点如下。

① 板底钢筋、平板中部水平构造钢筋、板顶钢筋，一般宜分别在不同的平面图中排布。

② 一般宜设置通过柱（墙）的基础竖向剖面，排布所见插筋及与之对应的箍筋或水平分布筋和拉筋。

③ 一般宜设置柱（墙）水平剖面，排布插筋及与之对应的箍筋或水平分布筋和拉筋。

④ 一般宜以索引图方式在平面图中排布上、下柱墩钢筋。

2.3.9　桩基础钢筋排布图的要求和特点

桩基础钢筋排布图的要求和特点如下。

（1）预制桩钢筋排布图的要求和特点

① 一般宜在立面图上部横向绘制桩轮廓、箍筋加密区与非加密区箍筋排布、桩顶与桩尖钢筋网片排布以及吊环排布。

② 一般宜在立面图下部排布桩纵筋。

③ 一般至少设置一个剖面排布纵筋、箍筋。

④ 一般以索引图方式排布钢筋网片钢筋、桩尖钢筋。

（2）灌注桩钢筋排布图的要求和特点

① 一般宜在立面图上部横向绘制桩轮廓、箍筋加密区与非加密区螺旋箍筋排布、焊接加劲箍排布以及定位钢片排布。

② 一般宜在立面图下部排布桩纵筋。

③ 一般至少设置一个剖面排布纵筋、螺旋箍筋、焊接加劲箍等。

④ 一般宜以索引图方式排布试桩桩顶钢筋网片钢筋。

（3）桩基承台钢筋排布图的要求和特点

① 一般宜在平面图中排布承台的底部钢筋、顶部钢筋，标注柱（墙）插筋及与之对应的箍筋或水平分布筋和拉筋。

② 一般宜设置通过柱（墙）的桩基承台竖向剖面，排布所见钢筋。

③ 一般宜设置柱（墙）水平剖面，排布插筋及与之对应的箍筋或水平分布筋和拉筋。

2.3.10 柱钢筋排布图的要求和特点

柱钢筋排布图的要求和特点如下。

（1）柱钢筋排布图的要求和特点

① 一般宜在立面图左侧绘制梁、柱轮廓和每层柱下部箍筋加密区、箍筋非加密区、上部箍筋加密区、节点区的箍筋排布，标注楼层标高等。

② 一般宜在立面图右侧绘制每根柱纵筋，并且标注连接位置。可以分别对高位、低位纵筋依据钢筋编号进行分组，用一根纵筋表示一组纵筋。

③ 一般每层至少设置一个水平剖面，排布高低位纵筋与箍筋。

（2）芯柱钢筋排布图的要求

一般芯柱宜以索引图方式根据柱绘制钢筋排布图。

（3）柱纵筋间距要求

柱纵筋间距要求如图 2-7 所示。

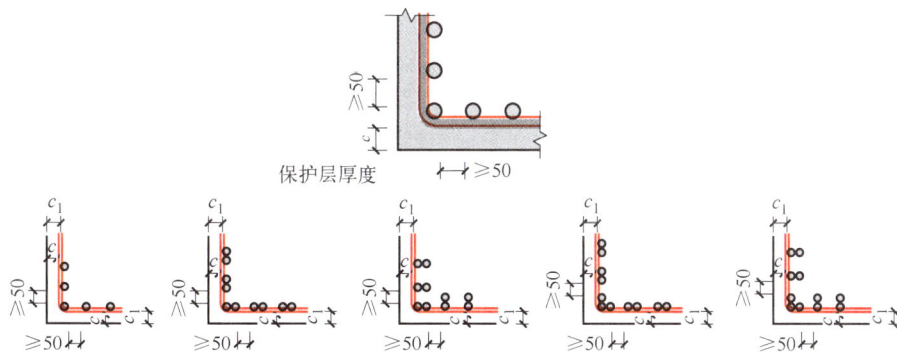

图 2-7　柱纵筋间距要求

2.3.11 剪力墙钢筋排布图的要求和特点

剪力墙钢筋排布图的要求和特点如下。

① 墙身钢筋、连梁钢筋一般宜一并在立面图中排布，并且往往每层宜至少设置一个墙身水平剖面与连梁竖向剖面。

② 边缘构件与墙立面图的投视方向，一般应与钢筋工绑扎剪力墙钢筋时的视向一致。

③ 约束边缘构件非阴影区箍筋，一般会绘制在约束边缘构件钢筋排布图中，约束边缘构件非阴影区拉筋一般宜绘制在墙身、连梁钢筋排布图中。

④ 连梁拉筋一般会绘在墙身、连梁钢筋排布图中。约束边缘构件非阴影区以外的墙身拉筋一般可用文字标注在排布图右侧。

剪力墙拉结筋的构造如图 2-8 所示。

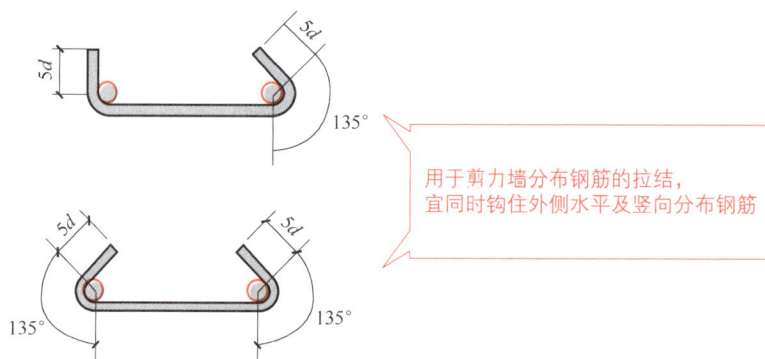

用于剪力墙分布钢筋的拉结，宜同时钩住外侧水平及竖向分布钢筋

图 2-8   剪力墙拉结筋的构造

梁钢筋排布图的要求和特点

扫码观看视频

2.3.12 梁钢筋排布图的要求和特点

（1）梁钢筋排布图的要求和特点

① 一般宜在立面图上部绘制梁、柱轮廓，相交的主、次梁轮廓、轴线、轴号，每跨梁箍筋加密区、箍筋非加密区的箍筋排布，吊筋与附加箍筋排布，支座处纵筋与相交主梁纵筋的上下位置关系，跨中纵筋与相交次梁纵筋的上下位置关系。

② 一般宜在立面图下部自上而下排布梁顶部通长筋与非通长筋、腰部构造钢或扭筋、梁底部纵筋。

③ 一般每跨应至少设置一个剖面排布纵筋、箍筋。

（2）弧形梁钢筋排布图的要求和特点

① 一般宜在平面图上绘制梁、柱轮廓，相交的主、次梁轮廓，轴线及轴号，每跨梁箍筋加密区、箍筋非加密区的箍筋排布。

② 一般宜自上而下设置各钢筋层平面图排布同层纵筋。

③ 一般每跨应至少设置一个剖面排布纵筋、箍筋。

（3）梁上部纵向钢筋间距

梁上部纵向钢筋间距如图 2-9 所示。

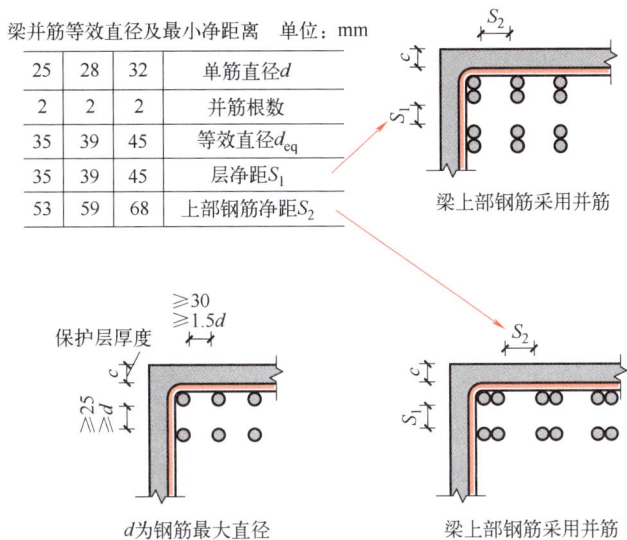

梁并筋等效直径及最小净距离　单位：mm

25	28	32	单筋直径d
2	2	2	并筋根数
35	39	45	等效直径d_{eq}
35	39	45	层净距S_1
53	59	68	上部钢筋净距S_2

梁上部钢筋采用并筋

d为钢筋最大直径

梁上部钢筋采用并筋

图 2-9　梁上部纵向钢筋间距

（4）梁下部纵向钢筋间距

梁下部纵向钢筋间距如图 2-10 所示。

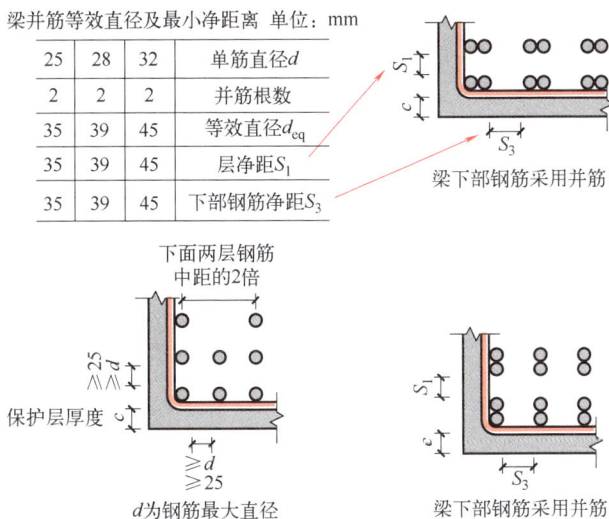

梁并筋等效直径及最小净距离　单位：mm

25	28	32	单筋直径d
2	2	2	并筋根数
35	39	45	等效直径d_{eq}
35	39	45	层净距S_1
35	39	45	下部钢筋净距S_3

梁下部钢筋采用并筋

下面两层钢筋中距的2倍

d为钢筋最大直径

梁下部钢筋采用并筋

图 2-10　梁下部纵向钢筋间距

2.3.13　楼板钢筋排布图的要求和特点

楼板钢筋排布图的要求、特点如下。

① 每一施工段的底筋、顶筋、分布筋宜分别在不同的平面图中排布，顶筋与分布筋也可以在同一个平面图中排布。

② 阳台、空调板钢筋一般宜以索引图方式在平面图中排布。

③ 暗梁一般宜以索引图方式根据梁绘制钢筋排布图。

2.3.14　楼梯钢筋排布图的要求和特点

（1）楼梯钢筋排布图的要求和特点

① 一般宜对梯板、梯柱、梯梁、平台板归类，确定标准层个数，并且会绘出楼梯间剖面示意图。

② 一般宜在平面图中排布梯板钢筋，并且设置一个剖面，排布所见钢筋。

③ 一般宜在立面图中排布梯柱纵筋、箍筋，并且设置一个剖面，排布所见钢筋。

④ 一般宜在立面图中排布梯梁纵筋、箍筋，并且设置一个剖面，排布所见钢筋。

⑤ 一般宜在平面图中排布平台板钢筋。

（2）同类楼梯构件的归并

不同梯板、梯柱、梯梁或平台板对应部位钢筋根数、牌号、直径、编号、间距相同，只是长度不同时，可以将同类构件归并后绘制钢筋排布图，并在图名中列出归并的各构件名称。

2.3.15　矩形箍筋复合形式

矩形箍筋复合形式如图 2-11 所示。

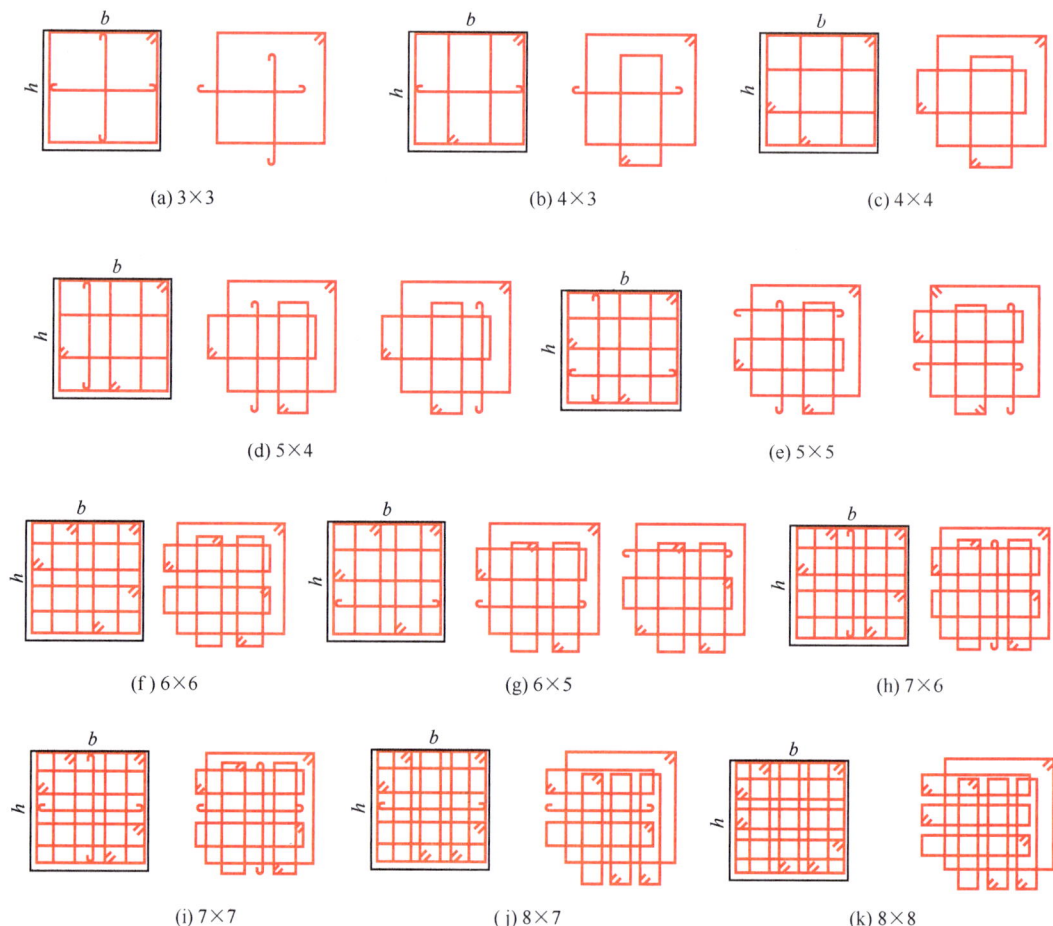

图 2-11　矩形箍筋复合形式

2.3.16　封闭箍筋与拉筋弯钩构造

封闭箍筋与拉筋弯钩构造如图 2-12 所示。

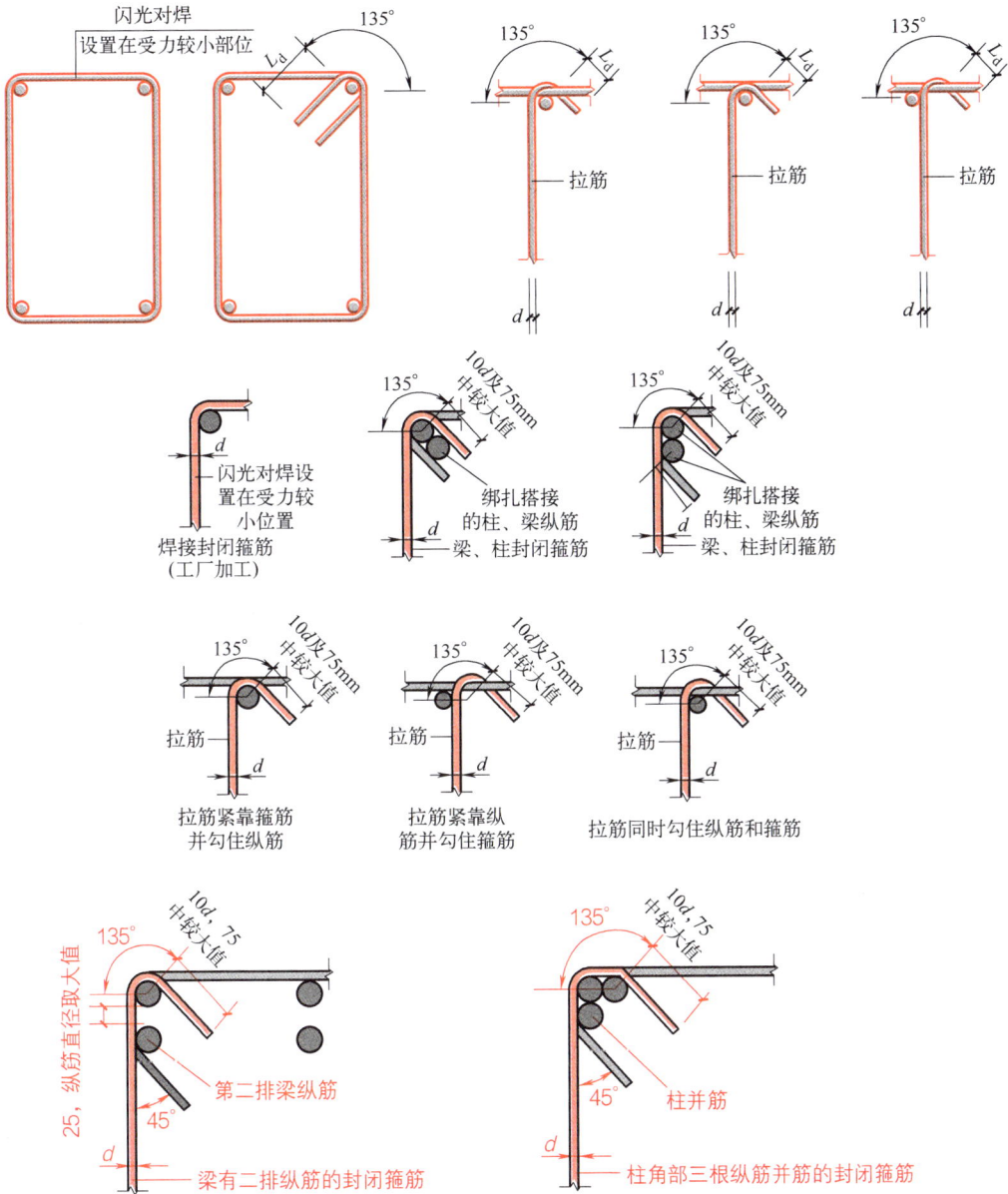

图 2-12　封闭箍筋与拉筋弯钩构造

d—钢筋最大直径

2.3.17　纵向受拉钢筋的最小搭接长度

当纵向受拉钢筋的绑扎搭接接头面积百分率为 25% 时，其最小搭接长度需要符合表 2-2 的规定。

表 2-2　纵向受拉钢筋的最小搭接长度

钢筋类型		混凝土强度等级								
		C20	C25	C30	C35	C40	C45	C50	C55	≥ C60
光面钢筋	235 级	37d	33d	29d	27d	25d	23d	23d	—	—
	300 级	49d	41d	37d	35d	31d	29d	29d	—	—
带肋钢筋	400 级	55d	49d	43d	39d	37d	35d	33d	31d	31d
	500 级	67d	59d	53d	47d	43d	41d	39d	39d	37d

注：两根直径不同的钢筋的搭接长度，以较细钢筋的直径计算。

当纵向受拉钢筋搭接接头面积百分率大于 25%，但不大于 50% 时，其最小搭接长度需要根据表 2-2 中的数值乘以系数 1.2 取用。当接头面积百分率大于 50% 时，则应根据表 2-2 中的数值乘以系数 1.35 取用。

纵向受拉钢筋的最小搭接长度根据上述要求确定后，可以根据下列规定进行修正。

① 当带肋钢筋的直径大于 25mm 时，其最小搭接长度可以根据相应数值乘以系数 1.1 取用。

② 对环氧树脂涂层的带肋钢筋，其最小搭接长度可以根据相应数值乘以系数 1.25 取用。

③ 当在混凝土凝固过程中受力钢筋易受扰动时，其最小搭接长度应根据相应数值乘以系数 1.1 取用。

④ 对末端采用机械锚固措施的带肋钢筋，其最小搭接长度可根据相应数值乘以系数 0.6 取用。

⑤ 当带肋钢筋的混凝土保护层厚度大于搭接钢筋直径的 3 倍，并且配有箍筋时，其最小搭接长度可根据相应数值乘以系数 0.8 取用。

⑥ 对有抗震要求的受力钢筋的最小搭接长度，对一级、二级抗震等级应根据相应数值乘以系数 1.15 采用；对三级抗震等级应根据相应数值乘以系数 1.05 采用。

💡 **一点通**

混凝土强度等级的规定如下。
低强度——C7.5、C10、C15。
结构混凝土——C15、C20、C25、C30。
高强度——C30、C35、C40、C45。
超高强度——C45、C50、C55、C60。

2.3.18　钢筋的计算截面面积及理论重量

钢筋的计算截面面积及理论重量需要符合的规定见表 2-3。

表2-3 钢筋的计算截面面积及理论重量

公称直径/mm	不同根数钢筋的计算截面面积/mm²									单根钢筋理论重量/(kg/m)
	1	2	3	4	5	6	7	8	9	
6	28.3	57	85	113	142	170	198	226	255	0.222
6.5	33.2	66	100	133	166	199	232	265	299	0.260
8	50.3	101	151	201	252	302	352	402	453	0.395
10	78.5	157	236	314	393	471	550	628	707	0.617
12	113.1	226	339	452	565	678	791	904	1017	0.888
14	153.9	308	461	615	769	923	1077	1231	1385	1.21
16	201.1	402	603	804	1005	1206	1407	1608	1809	1.58
18	254.5	509	763	1017	1272	1527	1781	2036	2290	2.00
20	314.2	628	942	1256	1570	1884	2199	2513	2827	2.47
22	380.1	760	1140	1520	1900	2281	2661	3041	3421	2.98
25	490.9	982	1473	1964	2454	2945	3436	3927	4418	3.85
28	615.8	1232	1847	2463	3079	3695	4310	4926	5542	4.83
32	804.2	1609	2413	3217	4021	4826	5630	6434	7238	6.31
36	1017.9	2036	3054	4072	5089	6107	7125	8143	9161	7.99
40	1256.6	2513	3770	5027	6283	7540	8796	10053	11310	9.87
50	1964	3928	5892	7856	9820	11784	13748	15712	17676	15.42

钢绞线公称直径、公称截面面积及理论重量需要符合的规定见表2-4。

表2-4 钢绞线公称直径、公称截面面积及理论重量

种类	公称直径/mm	公称截面面积/mm²	理论重量/(kg/m)
1×3	8.6	37.4	0.295
	10.8	59.3	0.465
	12.9	85.4	0.671
1×7标准型	9.5	54.8	0.432
	11.1	74.2	0.580
	12.7	98.7	0.774
	15.2	139	1.101

钢丝公称直径、公称截面面积及理论重量需要符合的规定见表2-5。

表2-5 钢丝公称直径、公称截面面积及理论重量

公称直径/mm	公称截面面积/mm²	理论重量/(kg/m)
5.0	19.63	0.154
6.0	28.27	0.222
7.0	38.48	0.302
8.0	50.26	0.394
9.0	63.62	0.499

2.3.19 钢筋定位件命名规则的识读

（1）水泥基类、塑料类钢筋定位件的命名

水泥基类、塑料类钢筋定位件的命名，一般由材料名称、编号、间隔尺寸等组成，其间

宜用下划线隔开，并且需要符合的规定如下。

① 材料名称一般用英文字母缩写，M 代表砂浆，C 代表混凝土，P 代表塑料。

② 同种材料钢筋定位件的编号，可以用数字 01 ～ 99 表示。

③ 间隔尺寸一般以 mm 为单位。

（2）金属类钢筋定位件的命名

金属类钢筋定位件命名一般由英文字母 W、编号、间隔尺寸、防锈等级等组成，其间一般用下划线隔开，并且需要符合的规定如下。

① 编号可以用数字 01 ～ 99 表示。

② 间隔尺寸一般是以 mm 为单位。

③ 防锈等级的规定取值见表 2-6。

表 2-6　防锈等级的规定取值

防锈等级	防锈措施	用途
1	与混凝土表面接触部位浸塑或加装塑料套	1. 表面处于露天环境的混凝土构件； 2. 清水混凝土构件
1A	整体采用环氧涂层、乙烯基涂层或塑料涂层	1. 配置环氧涂层钢筋的混凝土构件； 2. 配置镀锌铝合金 - 环氧树脂复合涂层钢筋的混凝土构件
2	与混凝土表面接触部位采用不锈钢材料	清水混凝土构件
3	—	1. 定位件与外露面无接触的混凝土构件； 2. 对外露面无防锈要求的混凝土构件

2.3.20　混凝土保护层最小厚度要求

混凝土保护层最小厚度要求见表 2-7。

表 2-7　混凝土保护层最小厚度要求　　　　　　　单位：mm

环境类别	板、墙	梁、柱	条件
一	15	20	室内干燥环境； 无侵蚀性静水浸没环境
二 a	20	25	室内潮湿环境； 非严寒和非寒冷地区的露天环境； 非严寒和非寒冷地区与无侵蚀性的水或土壤直接接触的环境； 严寒和寒冷地区的冰冻线以下与无侵蚀性的水或土壤直接接触的环境
二 b	25	35	干湿交替环境； 水位频繁变动环境； 严寒和寒冷地区的露天环境； 严寒和寒冷地区冰冻线以上与无侵蚀性的水或土壤直接接触的环境
三 a	30	40	严寒和寒冷地区冬季水位变动区环境； 受除冰盐影响环境； 海风环境
三 b	40	50	盐渍土环境； 受除冰盐作用环境； 海岩环境

注：1. 表中混凝土保护层厚度指最外层钢筋外边缘至混凝土表面的距离，适用于设计使用年限为 50 年的混凝土结构。

2. 构件中受力钢筋的保护层厚度不应小于钢筋的公称直径。

3. 设计工作年限为 100 年的混凝土结构，一类环境中，最外层钢筋的保护层厚度不应小于表中数值的 1.4 倍；二、三类环境中，应采取专门的有效措施。

4. 混凝土强度等级不大于 C25 时，表中保护层厚度数值应增加 5mm。

5. 基础底面钢筋的保护层厚度，有混凝土垫层时应从垫层顶面算起，且不应小于 40mm。

为了确保混凝土保护层最小厚度要求，施工时，需要采用恰当的钢筋塑料保护层、保护件等，如图 2-13 所示。

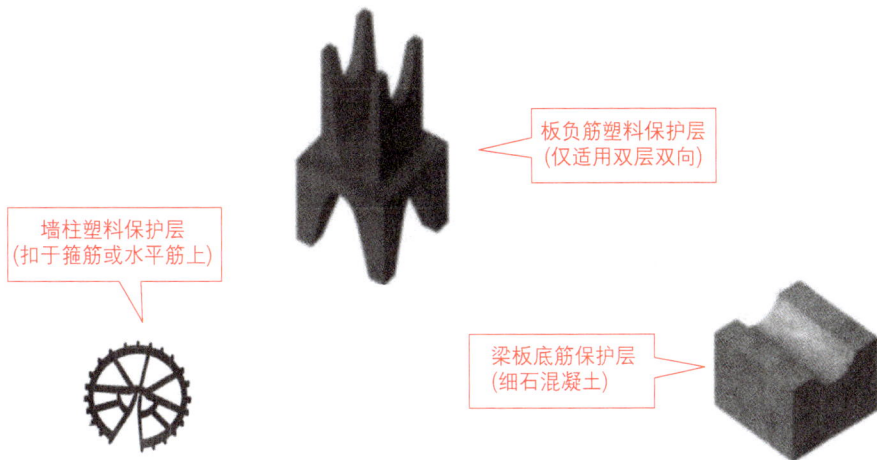

板负筋塑料保护层
(仅适用双层双向)

墙柱塑料保护层
(扣于箍筋或水平筋上)

梁板底筋保护层
(细石混凝土)

图 2-13　钢筋的塑料保护层

2.3.21　钢筋定位件表与钢筋定位件排布图

钢筋定位件排布图，一般在轴测图上示意排布各类钢筋定位件和不同分组的钢筋，钢筋定位件可用图例表示。钢筋定位件排布图一般用文字说明各类钢筋定位件、不同分组钢筋的先后放置顺序。

钢筋定位件表常包含的内容如下：

① 构件示意图，用 a、b、h 等字母标注构件的长、宽、高。用 1、2、3、4 等数字对构件截面的各个角点编号。

② 构件编号。

③ 需要布置钢筋定位件的构件表面的面编号、面宽度、面高度。

④ 钢筋定位件名称。

⑤ 钢筋定位件中心点坐标：对表层钢筋定位件，以构件表面左下角点为坐标原点。对内部钢筋定位件，梁构件以底面左下角点为坐标原点，墙构件以近面左下角点为坐标原点。

钢筋定位件表见表 2-8。

表 2-8　钢筋定位件表

钢筋定位件表

工程名称：　　　　　　　　　　　　　　　　　　　　　　　　　第　页
构件类别：　　　　　　　　　　　　　　　　　　　　　　　　　共　页

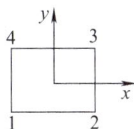

续表

构件编号	钢筋定位件排布面			定位件名称	中心点坐标		个数	合计
	编号	宽（mm）	高（mm）		x（mm）	y（mm）		

编制单位：　　　　　审核：　　　　　编制：　　　　　　　　　　　年　月　日

一点通

钢筋定位件排布的一般规定如下。

① 钢筋定位件的选型、规格、间距、固定方式，需要根据钢筋定位件施工方案来确定。

② 内部定位件宜直接支撑于模板或垫层上，当需放在被定位钢筋上时，宜与被定位钢筋下面的定位件在同一垂直平面内。

③ 独立基础、条形基础、桩基础、柱、墙、梁、楼梯宜编制钢筋定位件表。筏形基础、楼板宜绘制钢筋定位件排布图。

2.3.22　钢筋质量检查

钢筋质量检查要求如下。

① 钢筋进场时，需要根据下列规定检查性能及重量。

a. 应检查生产企业的生产许可证证书、钢筋的质量证明书。

b. 应根据国家现行有关标准的规定抽样检验屈服强度、抗拉强度、伸长率、单位长度重量偏差。单位长度重量偏差需要符合的规定见表 2-9。

表 2-9　钢筋单位长度重量偏差要求

公称直径 /mm	实际重量与理论重量的偏差
≤ 12	± 7%
14 ～ 20	± 5%
≥ 22	± 4%

c. 经产品认证符合要求的钢筋，其检验批量可扩大一倍。同一工程项目中，同一厂家、同一牌号、同一规格的钢筋连续三次进场检验均合格时，其后的检验批量可扩大一倍。

d. 钢筋的表面质量，需要符合国家现行有关标准的规定。

e. 当无法准确判断钢筋品种、牌号时，需要增加化学成分、晶粒度等检验项目。

② 成型钢筋进场时，需要质量证明书、所用材料的检验合格报告以及需要抽样检验成型钢筋的屈服强度、抗拉强度、伸长率。检验批量可由合同约定，并且同一工程、同一原材料来源、同一组生产设备生产的成型钢筋，检验批量不应大于 100t。

③ 盘卷供货的钢筋调直后，需要抽样检验力学性能、单位长度重量偏差，其强度需要符合国家现行有关产品标准的规定。断后伸长率、单位长度重量偏差，需要符合现行国家标准《混凝土结构工程施工质量验收规范》（GB 50204）等的有关规定。

④ 钢筋的加工尺寸偏差和安装位置偏差应符合现行国家标准《混凝土结构工程施工质量验收规范》（GB 50204）等的有关规定。

⑤ 施工现场，需要根据现行行业标准《钢筋机械连接通用技术规程》（JGJ 107）、《钢筋焊接及验收规程》（JGJ 18）等有关规定抽取钢筋机械连接接头、焊接接头试件做力学性能检验，其质量需要符合国家现行有关标准的规定。

一点通

混凝土结构的施工质量与安全要求如下。

① 混凝土结构工程各工序的施工，需要在前一道工序质量检查合格后进行。

② 混凝土结构工程施工使用的材料、产品、设备，需要符合国家现行有关标准、设计文件、施工方案的规定。

③ 钢筋试件、预应力筋试件的抽样方法、抽样数量、制作要求、试验方法等需要符合国家现行有关标准的规定。

2.4　预应力工程

2.4.1　预应力工程一般规定

预应力工程一般规定要求如下。

① 预应力工程，需要编制专项施工方案。必要时，专业施工单位需要根据施工图设计文

件进行深化设计。

② 工程所处环境温度低于 -15℃ 时，不宜进行预应力筋张拉。

③ 工程所处环境温度高于 35℃或连续 5 日环境日平均温度低于 5℃时，不宜进行灌浆施工。冬期灌浆施工时，需要对预应力构件采取保温措施或采用抗冻水泥浆。

④ 预应力工程材料的性能需要符合国家现行有关标准的规定。

⑤ 预应力筋的品种、级别、规格、数量必须符合设计要求。预应力筋需要代换时，需要进行专门计算，并且应经原设计单位确认。

⑥ 预应力工程材料在运输、存放过程中，需要采取防止其损伤、锈蚀、污染的保护措施。

⑦ 预应力筋的下料长度，需要经计算来确定，并且应采用砂轮锯或切断机等机械方法切断。

⑧ 预应力筋制作或安装时，需要避免焊渣或接地电火花损伤预应力筋。

⑨ 无黏结预应力筋在现场搬运、铺设过程中，不应损伤其塑料护套。如果出现轻微破损时，则应及时封闭。

⑩ 钢绞线挤压锚具，需要采用配套的挤压机制作，并且要符合使用说明书等规定。

⑪ 采用的摩擦衬套，需要沿挤压套筒全长均匀分布。挤压完成后，预应力筋外端应露出挤压套筒不少于 1mm。

⑫ 钢绞线压花锚具，需要采用专用的压花机制作成型，梨形头尺寸和直线锚固段长度不应小于设计值。

> ### 💡 一点通
>
> 钢丝镦头与下料长度偏差选择的规定如下。
>
> ① 镦头的头形直径，需要为钢丝直径的 1.4 ～ 1.5 倍，高度需要为钢丝直径的 95% ～ 105%。
>
> ② 镦头不应出现横向裂纹。
>
> ③ 当钢丝束两端均采用镦头锚具时，同一束中各根钢丝长度的极差不应大于钢丝长度的 1/5000，并且不应大于 5mm。当成组张拉长度不大于 10m 的钢丝时，同组钢丝长度的极差不得大于 2mm。

2.4.2 预应力筋或成孔管道的定位要求

预应力筋或成孔管道的定位需要符合的规定如下。

① 预应力筋或成孔管道，需要与定位钢筋绑扎牢固，定位钢筋直径不宜小于 10mm，间距不宜大于 1.2m，板中无黏结预应力筋的定位间距可适当放宽，扁形管道、塑料波纹管或预应力筋曲线曲率较大处的定位间距宜适当缩小。

② 施工时需要预先起拱的构件，预应力筋或成孔管道宜随构件同时起拱。

③ 预应力筋或成孔管道竖向位置偏差需要符合的规定见表 2-10。

表 2-10　预应力筋或成孔管道竖向位置允许偏差

构件截面高（厚）度 /mm	≤ 300	300 ～ 1500	＞ 1500
允许偏差 /mm	± 5	± 10	± 15

💡 **一点通**

孔道成型用管道的连接要密封，并且需要符合的规定如下。

① 圆形金属波纹管接长时，可以采用大一规格的同波形波纹管作为接头管，接头管长度可取其直径的 3 倍，并且不宜小于 200mm。两端旋入长度宜相等，并且两端要采用防水胶带密封。

② 塑料波纹管接长时，可以采用塑料焊接机热熔焊接或采用专用连接管。

③ 钢管连接可采用焊接连接或套筒连接。

2.4.3　预应力筋和预应力孔道的间距、保护层厚度

预应力筋和预应力孔道的间距和保护层厚度需要符合的规定如下。

① 先张法预应力筋间的净间距不应小于预应力筋的公称直径或等效直径的 2.5 倍和混凝土粗骨料最大粒径的 1.25 倍，并且对预应力钢丝、三股钢绞线、七股钢绞线分别不应小于15mm、20mm、25mm。当混凝土振捣密实性有可靠保证时，净间距可放宽到粗骨料的最大粒径。

② 对后张法预制构件，孔道间的水平净间距不宜小于 50mm，并且不宜小于粗骨料最大粒径的 1.25 倍。孔道到构件边缘的净间距不宜小于 30mm，并且不宜小于孔道外径的 1/2。

③ 现浇混凝土梁中，曲线孔道在竖直方向的净间距不应小于孔道外径，水平方向的净间距不宜小于孔道外径的 1.5 倍，并且不得小于粗骨料最大粒径的 1.25 倍。从孔道外壁到构件边缘的净间距，梁底不宜小于 50mm，梁侧不宜小于 40mm。裂缝控制等级为三级的梁，从孔道外壁到构件边缘的净间距，梁底不宜小于 70mm，梁侧不宜小于 50mm。

④ 混凝土振捣密实性有可靠保证时，预应力筋孔道可水平并列贴紧布置，但是并列的数量不应超过 2 束。

⑤ 板中单根无黏结预应力筋的间距不宜大于板厚的 6 倍，并且不宜大于 1m。带状束的无黏结预应力筋根数不宜多于 5 根，束间距不宜大于板厚的 12 倍，并且不宜大于 2.4m。

⑥ 梁中集束布置的无黏结预应力筋，束的水平净间距不宜小于 50mm，束到构件边缘的净距不宜小于 40mm。

💡 **一点通**

预应力孔道需要根据工程特点设置排气孔、泌水孔、灌浆孔，排气孔可兼作泌水孔或灌浆孔，并且需要符合如下规定。

① 当曲线孔道波峰与波谷的高差大于 300mm 时，需要在孔道波峰设置排气孔，排气孔间距不宜大于 30m。

② 排气孔兼作泌水孔时，其外接管道伸出构件顶面长度不宜小于 300mm。

2.4.4　锚垫板和连接器的安装要求

锚垫板和连接器的位置、方向需要符合设计要求，并且其安装需要符合的规定如下。

① 锚垫板的承压面需要与预应力筋或孔道曲线末端的切线垂直。预应力筋曲线起始点与张拉锚固点间的直线段最小长度需要符合的规定见表 2-11。

表 2-11　预应力筋曲线起始点与张拉锚固点间直线段最小长度

预应力筋张拉力 /kN	< 1500	1500 ～ 6000	> 6000
直线段最小长度 /mm	400	500	600

②采用连接器接长预应力筋时，应全面检查连接器的所有零件，并且需要根据产品技术手册要求操作。

③内埋式固定端锚垫板不应重叠，锚具与锚垫板需要贴紧。

💡 一点通

预应力筋等安装完成后，需要做好成品保护工作。采用减摩材料降低孔道摩擦阻力时，需要符合的规定如下。

① 减摩材料不应对预应力筋、管道及混凝土产生不利影响。

② 灌浆前，需要将减摩材料清除干净。

2.4.5　预应力工程质量检查

（1）预应力工程材料进场检查的规定

① 应检查规格、外观、尺寸及其产品合格证、出厂检验报告、进场复验报告等。

② 应根据国家现行有关标准的规定抽样检验力学性能。

③ 经产品认证符合要求的产品，其检验批量可扩大一倍。同一工程项目中，同一厂家、同一品种、同一规格的产品连续三次进场检验均合格时，其后的检验批量可以扩大一倍。

（2）预应力筋的制作质量检查的内容

① 采用镦头锚时的钢丝下料长度。

② 钢丝镦头的外观、尺寸、头部裂纹。

③ 挤压锚具制作时的挤压记录、挤压锚具成型后锚具外钢绞线的外露长度。

④ 钢绞线压花锚具的梨形头尺寸。

（3）预应力筋、预留孔道、锚垫板和锚固区加强钢筋的安装质量检查内容

① 预应力筋品种、级别、规格、数量、位置等。

② 预留孔道的规格、数量、位置、形状以及灌浆孔、排气兼泌水孔等。

③ 锚垫板与局部加强钢筋的品种、级别、规格、数量、位置等。

④ 预应力筋锚具与连接器的品种、规格、数量、位置等。

（4）预应力筋张拉或放张质量检查的内容

① 预应力筋张拉或放张时的同条件养护混凝土试块的强度。

② 预应力筋张拉记录。

③ 预应力筋张拉过程中断裂或滑脱的数量。

④ 锚固阶段张拉端预应力筋的内缩量。

⑤ 先张法预应力筋张拉后与设计位置的偏差。

⑥ 锚固后夹片的状态。

> **一点通**
>
> 后张法有黏结预应力筋穿入孔道及其防护，需要符合的规定如下。
>
> ① 对采用蒸汽养护的预制构件，预应力筋需要在蒸汽养护结束后穿入孔道。
>
> ② 预应力筋穿入孔道后到灌浆的时间间隔：当环境相对湿度大于 60% 或近海环境时，不宜超过 14d。环境相对湿度不大于 60% 时，不宜超过 28d。

2.5　钢筋、钢筋定位件汇总

2.5.1　钢筋汇总

钢筋汇总，一般宜按普通钢筋、普通钢筋连接件、预应力筋、预应力筋连接器、预应力筋锚具的排列顺序进行。

（1）普通钢筋、连接件的汇总

① 普通钢筋一般根据 HPB300、HRB400、HRB400E、HRBF400、HRBF 400E、RRB400、HRB500、HRB500E、HRB600、CRB550、CRB600H 等牌号顺序对钢筋及其连接件分组，如图 2-14 所示。

② 直钢筋排序一般根据直径先大后小排列。同一直径钢筋中，一般根据长度先长后短排列。

③ 多直段钢筋排序一般根据直径先大后小排列。同一直径钢筋中，一般根据弯折点数先多后少排列。有相同数量弯折点的钢筋中，一般根据断料长度先长后短排列。

普通钢筋及连接件的汇总顺序
① 直钢筋
② 多直段钢筋，包括纵筋、箍筋、拉筋
③ 曲线形钢筋
④ 螺旋箍筋
⑤ 多边形连续箍筋
⑥ 钢筋连接件

图 2-14　普通钢筋及连接件的汇总顺序

④ 曲线形钢筋排序一般根据直径先大后小排列。同一直径钢筋中，一般根据断料长度先长后短排列。

⑤ 螺旋箍筋排序一般根据箍筋直径先大后小排列。同一直径箍筋中，一般根据缠绕内直径先大后小排列。相同缠绕内直径的箍筋中，一般根据非加密区螺距先大后小排列。非加密区螺距相同的箍筋中，一般根据断料长度先长后短排列。

⑥ 多边形连续箍筋排序一般根据箍筋直径先大后小排列。同一直径箍筋中，一般根据边数先多后少排列。相同边数的箍筋中，一般根据非加密区螺距先大后小排列。非加密区螺距

相同的箍筋中，一般根据断料长度先长后短排列。

⑦ 钢筋连接件排序一般根据连接件类型分组，并且根据外径先大后小排列。一般将焊点、锚固板、灌浆套筒接头作为钢筋连接件进行汇总。

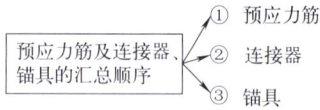

（2）预应力筋及连接器、锚具的汇总

① 一般根据中强度预应力钢丝、预应力螺纹钢筋、消除应力钢丝、钢绞线顺序对预应力筋及其连接器、锚具分组顺序分组，如图 2-15 所示。

图 2-15　预应力筋及连接器、锚具的汇总顺序

② 连接器排序一般根据连接器类型分组并且根据连接的预应力筋直径先大后小排列。连接的预应力筋直径相同时，一般根据连接的预应力筋根数由多到少排列。

③ 锚具排序一般根据锚具类型分组并且根据锚固的预应力筋直径先大后小排列。锚固的预应力筋直径相同时，一般根据锚固的预应力筋根数由多到少排列。

钢筋汇总表样式如图 2-16 所示。

(a) 样式一

(b) 样式二

图 2-16　钢筋汇总表样式

2.5.2　钢筋定位件汇总

钢筋定位件汇总宜对不同材料制作的钢筋定位件分组，如图 2-17 所示。钢材制作的钢筋定位件应汇总钢材用量。

图 2-17　钢筋定位件汇总顺序

第3章
钢筋技术

3.1 钢筋连接技术

3.1.1 钢筋连接方式分类

钢筋连接分为焊接连接、机械连接、绑扎搭接连接等。钢筋连接方式如图 3-1 所示。

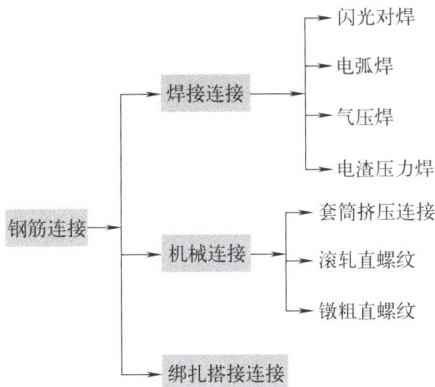

图 3-1 钢筋连接方式

电弧焊接头形式如图 3-2 所示。

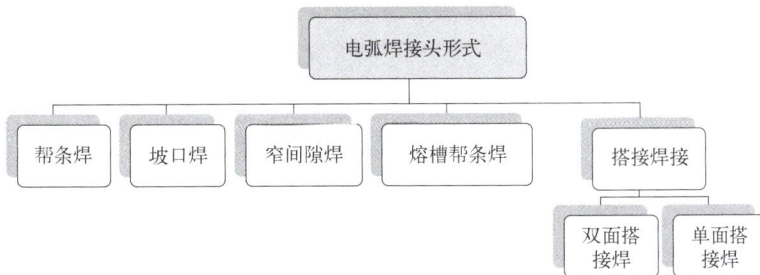

图 3-2 电弧焊接头形式

钢筋连接之闪光对焊的实例及验收要求如图 3-3 所示。

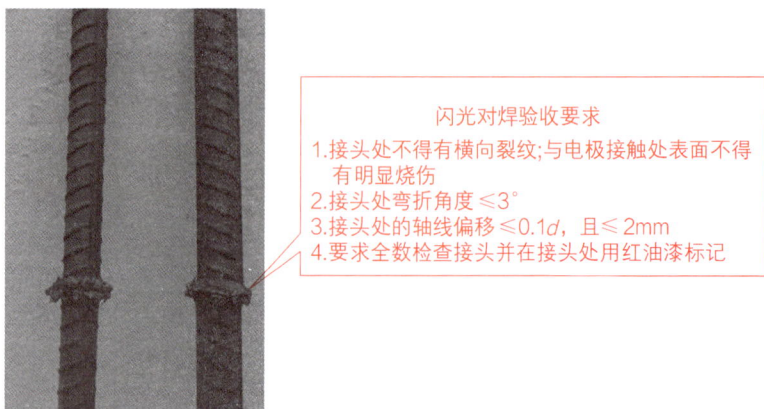

闪光对焊验收要求

1. 接头处不得有横向裂纹;与电极接触处表面不得有明显烧伤
2. 接头处弯折角度≤3°
3. 接头处的轴线偏移≤0.1d，且≤2mm
4. 要求全数检查接头并在接头处用红油漆标记

图 3-3　钢筋连接之闪光对焊实例及验收要求

3.1.2　钢筋焊接与验收相关术语

钢筋电阻点焊是将两钢筋安放成交叉叠接形式，压紧于两电极间，运用电阻热熔化母材金属，加压形成焊点的压焊措施。

钢筋闪光对焊是将两钢筋安放成对接形式，运用电阻热使接触点金属熔化，产生强烈飞溅，形成闪光，迅速施加顶锻力完成的压焊措施。

钢筋电弧焊是以焊条作为一极，钢筋为另一极，利用焊接电流通过产生的电弧热进行焊接的熔焊措施。

钢筋窄间隙电弧焊是将两钢筋安放成水平对接形式，并且置于铜模内，中间留有少许间隙，用焊条从接头根部引弧，持续向上焊接完毕的电弧焊措施。

钢筋电渣压力焊是将两钢筋安放成竖向对接形式，运用焊接电流通过两钢筋端面间隙，在焊剂层下形成电弧过程和电渣过程，产生电弧热与电阻热，熔化钢筋，加压完成的压焊措施。

钢筋气压焊是采用氧乙炔火焰或其他火焰对两钢筋对接处加热，使其到达塑性状态（固态）或熔化状态（熔态）后，加压完成的压焊措施。

预埋件钢筋埋弧压力焊是将钢筋与钢板安放成 T 形接头形式，运用焊接电流通过，在焊剂层下产生电弧，形成熔池，加压完成的压焊措施。

压入深度是在焊接骨架或焊接网的电阻点焊中，两钢筋互相压入的深度。

焊缝余高是焊缝表面焊趾连线上的那部分金属的高度。

熔合区是焊接接头中，焊缝与热影响区相互过渡的区域。

热影响区，即焊接或热切割过程中，钢筋母材因受热的影响（但是未熔化），使金属组织和力学性能发生变化的区域。若进一步区分，热影响区又可以分成晶粒长大的粗晶区、混晶区（不完重结晶区）、细晶区（重结晶区）等。

延性断裂，即伴随明显塑性变形而形成延性断口（断裂面与拉应力垂直或倾斜，其上具有细小的凹凸，呈纤维状）的断裂。

脆性断裂，即几乎不伴随塑性变形而形成脆性断口（断裂面通常与拉应力垂直，宏观上由具有光泽的亮面组成）的断裂。

3.1.3　混凝土结构钢筋连接安装技术

混凝土结构钢筋连接安装技术如下。

① 钢筋连接方式需要根据设计要求与施工条件选用。

② 钢筋的接头宜设置在受力较小的位置。同一纵向受力钢筋，不宜设置两个或两个以上的接头。接头末端到钢筋弯起点的距离，不应小于钢筋公称直径的 10 倍。

③ 钢筋机械连接接头的混凝土保护层厚度，宜符合现行国家标准中受力钢筋最小保护层厚度的规定，并且不得小于 15mm。接头间的横向净距不宜小于 25mm。

④ 当纵向受力钢筋采用机械连接接头或焊接接头时，设置在同一构件内的接头宜相互错开。每层柱第一个钢筋接头位置距楼地面高度不宜小于 500mm，且不宜小于柱高的 1/6 及柱截面长边（或直径）的较大值；连续梁、板的上部钢筋接头位置宜设置在跨中 1/3 跨度范围内，下部钢筋接头位置宜设置在梁端 1/3 跨度范围内。

⑤ 纵向受力钢筋机械连接接头、焊接接头连接区段的长度应为 $35d$（其中的 d 为纵向受力钢筋的较大直径）并且不应小于 500mm，凡接头中点位于该连接区段长度内的接头均应属于同一连接区段。同一连接区段内，纵向受力钢筋接头面积百分率为该区段内有接头的纵向受力钢筋截面面积与全部纵向受力钢筋截面面积的比值。

⑥ 同一连接区段内，纵向受力钢筋的接头面积百分率需要符合的规定如下。

a. 在受拉区不宜超过 50%，但是装配式混凝土结构构件连接位置可根据实际情况适当放宽。注意，受压接头可不受限制。

b. 接头不宜设置在有抗震要求的框架梁端、柱端的箍筋加密区。如果无法避开时，则对等强度高质量机械连接接头，不得超过 50%。

c. 直接承受动力荷载的结构构件中，不宜采用焊接接头。采用机械连接接头时，则不应超过 50%。

⑦ 同一构件中相邻纵向受力钢筋的绑扎搭接接头宜相互错开。绑扎搭接接头中钢筋的横向净距不应小于钢筋直径且不应小于 25mm。

⑧ 纵向受力钢筋绑扎搭接接头连接区段的长度应为 $1.3l_l$（l_l 表示搭接长度），凡搭接接头中点位于该连接区段长度内的搭接接头，均应属于同一连接区段。同一连接区段内，纵向受力钢筋接头面积百分率为该区段内有接头的纵向受力钢筋截面面积与全部纵向受力钢筋截面面积的比值，如图 3-4 所示。

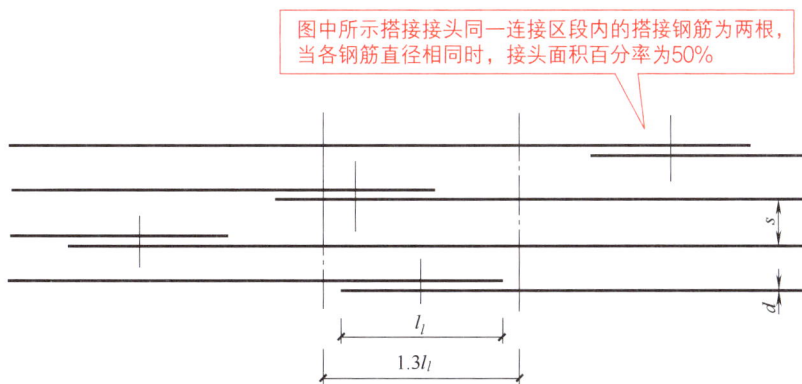

图中所示搭接接头同一连接区段内的搭接钢筋为两根，当各钢筋直径相同时，接头面积百分率为50%

图 3-4　钢筋绑扎搭接接头连接区段及接头面积百分率

⑨ 同一连接区段内，纵向受拉钢筋绑扎搭接接头面积百分率需要符合的规定如下。

a. 梁、板类构件不宜超过 25%，基础筏板不宜超过 50%。

b. 柱类构件不宜超过 50%。

c. 当工程中确有必要增大接头面积百分率时，对梁类构件，不应大于 50%。对其他构件，可根据实际情况适当放宽。

⑩ 梁、柱类构件的纵向受力钢筋搭接长度范围内，需要根据设计要求配置箍筋。当设计无具体要求时，需要符合的规定如下。

a. 箍筋直径不应小于搭接钢筋较大直径的 25%。

b. 受拉搭接区段，箍筋间距不应大于搭接钢筋较小直径的 5 倍，并且不应大于 100mm。

c. 受压搭接区段，箍筋间距不应大于搭接钢筋较小直径的 10 倍，并且不应大于 200mm。

d. 当柱中纵向受力钢筋直径大于 25mm 时，应在搭接接头两个端面外 100mm 范围内各设置两根箍筋，其间距宜为 50mm。

⑪ 钢筋绑扎的细部构造需要符合的规定如下。

a. 钢筋的绑扎搭接接头，应在接头中心与两端用铁丝扎牢。

b. 墙、柱、梁钢筋骨架中各垂直面钢筋网交叉点，需要全部扎牢。

c. 板上部钢筋网的交叉点，应全部扎牢。底部钢筋网除边缘部分外，可间隔交错扎牢。

d. 梁、柱的箍筋弯钩及焊接封闭箍筋的对焊点，需要沿纵向受力钢筋方向错开设置。构件同一表面，焊接封闭箍筋的对焊接头面积百分率不宜超过 50%。

e. 填充墙构造柱纵向钢筋宜与框架梁钢筋共同绑扎。

f. 梁及柱中箍筋、墙中水平分布钢筋、暗柱箍筋、板中钢筋距构件边缘的距离宜为 50mm。

> **注意**
>
> 对于轴心受拉或小偏心受拉柱，其纵向受力钢筋不得采用绑扎搭接，设计应在平法施工图中注明其平面位置及层数。
>
> 当柱纵向受力钢筋采用并筋时，设计应采用截面注写方式绘制柱平法施工图。

3.1.4　钢筋焊接材料

电弧焊焊条的选择
扫码观看视频

钢筋焊接材料如下。

① 预埋件接头、熔槽帮条焊接头、坡口焊接头中的钢板与型钢，宜采用低碳钢或低合金钢，其力学性能和化学成分应分别符合现行国标《碳素构造钢》（GB 700）或《低合金高强度构造钢》（GB/T 1591）的规定。

② 电弧焊所采用的焊条，需要符合现行国标规定，其型号需要根据设计确定。如果设计无规定时，则可以根据表 3-1 来选用。

③ 在电渣压力焊、预埋件钢筋埋弧压力焊、预埋件钢筋埋弧螺柱焊中，可采用 HJ431 焊剂。

④ 钢筋进场时，需要根据现行国标中的规定，抽取试件做力学性能检查，其质量必须符合有关原则规定。

表 3-1　钢筋电弧焊焊接材料匹配推荐表

钢筋牌号	电弧焊接头形式			
	帮条焊 搭接焊	坡口焊 熔槽帮条焊 预埋件穿孔塞焊	窄间隙焊	钢筋与钢板搭接焊 预埋件 T 形角焊
HPB235	GB/T 5117：E43×× GB/T 8110：ER49、50-×	GB/T 5117：E43×× GB/T 8110：ER49、50-×	GB/T 5117：E43×× GB/T 8110：ER49、50-×	GB/T 5117：E43×× GB/T 8110：ER49、50-×
HPB300	GB/T 5117：E43×× GB/T 8110：ER49、50-×	GB/T 5117：E43×× GB/T 8110：ER49、50-×	GB/T 5117：E43×× GB/T 8110：ER49、50-×	GB/T 5117：E43×× GB/T 8110：ER49、50-×
HRB335 HRBF335	GB/T 5117：E43××、 E50×× GB/T 5118：E50××-× GB/T 8110：ER49、50-×	GB/T 5117：E50×× GB/T 5118：E50××-× GB/T 8110：ER49、50-×	GB/T 5117：E5015、16 GB/T 5118：E5015、16-× GB/T 8110：ER49、50-×	GB/T 5117：E43××、 E50×× GB/T 5118：E50××-× GB/T 8110：ER49、50-×
HRB400 HRBF400	GB/T 5117：E50×× GB/T 5118：E50××-× GB/T 8110：ER 50-×	GB/T 5118：E55××-× GB/T 8110：ER 50、55-×	GB/T 5118：E5515、16-× GB/T 8110：ER50、55-×	GB/T 5117：E50×× GB/T 5118：E50××-× GB/T 8110：ER50-×
HRB500 HRBF500	GB/T 5118：E55、60××-× GB/T 8110：ER55-×	GB/T 5118：E60××-×	GB/T 5118：E6015、16-×	GB/T 5118：E55、60××-× GB/T 8110：ER55-×
KL400	GB/T 5118：E55××-× GB/T 8110：ER55-×	GB/T 5118：E55××-×	GB/T 5118：E5515、16-×	GB/T 5118：E55××-× GB/T 8110：ER55-×

⑤ 多种焊接材料需要分类保存，妥善管理。

⑥ 凡施焊的各种钢筋、钢板，均需要有质量证明书。

⑦ 焊条、焊丝、氧气、乙炔、液化石油气、二氧化碳、焊剂等，均需要有产品合格证。

3.1.5　钢筋焊接

钢筋焊接的要求如下。

① 钢筋焊接时，各种焊接方法的适用范围规定见表 3-2。

表 3-2　钢筋焊接方法的适用范围

焊接方法	接头形式	适用范围	
		钢筋牌号	钢筋直径 /mm
电阻点焊		HPB300	6 ～ 16
		HRB335　HRBF335	6 ～ 16
		HRB400　HRBF400	6 ～ 16
		CRB550	5 ～ 12
闪光对焊		HPB300	8 ～ 22
		HRB335　HRBF335	8 ～ 32
		HRB400　HRBF400	8 ～ 32
		HRB500　HRBF500	10 ～ 32
		RRB400	10 ～ 32
箍筋闪光对焊		HPB300	6 ～ 16
		HRB335　HRBF335	6 ～ 16
		HRB400　HRBF400	6 ～ 16

续表

焊接方法			接头形式	适用范围	
				钢筋牌号	钢筋直径/mm
电弧焊	帮条焊	双面焊		HPB300	6～22
				HRB335　HRBF335	6～40
				HRB400　HRBF400	6～40
				HRB500　HRBF500	6～40
		单面焊		HPB300	6～22
				HRB335　HRBF335	6～40
				HRB400　HRBF400	6～40
				HRB500　HRBF500	6～40
	搭接焊	双面焊		HPB300	6～22
				HRB335　HRBF335	6～40
				HRB400　HRBF400	6～40
				HRB500　HRBF500	6～40
		单面焊		HPB300	6～22
				HRB335　HRBF335	6～40
				HRB400　HRBF400	6～40
				HRB500　HRBF500	6～40
	熔槽帮条焊			HPB300	20～22
				HRB335　HRBF335	20～40
				HRB400　HRBF400	20～40
				HRB500　HRBF500	20～40
	坡口焊	平焊		HPB300	18～40
				HRB335　HRBF335	18～40
				HRB400　HRBF400	18～40
				HRB500　HRBF500	18～40
		立焊		HPB300	18～40
				HRB335　HRBF335	18～40
				HRB400　HRBF400	18～40
				HRB500　HRBF500	18～40
	钢筋与钢板搭接焊			HPB300	8～40
				HRB335　HRBF335	8～40
				HRB400　HRBF400	8～40
				HRB500　HRBF500	8～40
	窄间隙焊			HPB300	16～40
				HRB335　HRBF335	16～40
				HRB400　HRBF400	16～40
	预埋件钢筋	角焊		HPB300	6～25
				HRB335　HRBF335	6～25
				HRB400　HRBF400	6～25
				HRB500　HRBF500	6～25
		穿孔塞焊		HPB300	20～25
				HRB335　HRBF335	20～25
				HRB400　HRBF400	20～25
				HRB500　HRBF500	20～25

续表

焊接方法			接头形式	适用范围	
				钢筋牌号	钢筋直径 /mm
电弧焊	预埋件钢筋	埋弧压力焊		HPB300	6 ～ 25
				HRB335　HRBF335	6 ～ 25
		埋弧螺柱焊		HRB400　HRBF400	6 ～ 25
				HRB500　HRBF500	6 ～ 25
电渣压力焊				HPB300	12 ～ 32
				HRB335　HRBF335	12 ～ 32
				HRB400　HRBF400	12 ～ 32
				HRB500　HRBF500	12 ～ 32
气压焊	固态			HPB300	12 ～ 40
				HRB335　HRBF335	12 ～ 40
	熔态			HRB400　HRBF400	12 ～ 40
				HRB500　HRBF500	12 ～ 40

注：1. 电阻点焊时，适用范围的钢筋直径指两根不同直径钢筋交叉叠接中较小钢筋的直径。

2. 电弧焊包含焊条电弧焊和 CO_2 气体保护电弧焊。

3. 在生产中，对于有较高要求的抗震结构用钢筋，在牌号后加 E，可参照同级别钢筋施焊。

4. 生产中，如果有 HPB235 钢筋需要进行焊接时，可参考采用 HPB300 钢筋的焊接工艺参数。

② 细晶粒热轧钢筋 HRBF335、HRBF400、HRBF500 施焊时，可以采用与 HRB335、HRB400、HRB500 钢筋相同的或者近似的，并且经试验确认的焊接工艺参数。

③ 电渣压力焊适用于柱、墙、构筑物等现浇混凝土结构中竖向受力钢筋的连接。不得在竖向焊接后横置于梁、板等构件中作水平钢筋使用。

④ 工程开工正式焊接前，参与该项施焊的焊工需要进行现场条件下的焊接工艺试验，并且经试验合格后，才可以正式生产。试验结果需要符合质量检验与验收的要求。

⑤ 钢筋焊接施工前，需要清除钢筋、钢板焊接部位以及钢筋与电极接触处表面上的锈斑、油污、杂物等。

⑥ 钢筋焊接施工前，当钢筋端部有弯折、扭曲时，则应予以矫直或切除。

⑦ 带肋钢筋进行闪光对焊、电弧焊、电渣压力焊、气压焊时，宜将纵肋对纵肋安放、焊接。

⑧ 焊剂需要存放在干燥的库房内，如果受潮，在使用前应经 250 ～ 350℃烘烤 2h。

⑨ 使用中回收的焊剂，需要清除熔渣、杂物，并且应与新焊剂混合均匀后使用。

⑩ 两根同牌号、不同直径的钢筋可进行闪光对焊、电渣压力焊或气压焊，闪光对焊时其径差不得超过 4mm。电渣压力焊或气压焊时，其径差不得超过 7mm。焊接工艺参数可在大、小直径钢筋焊接工艺参数间偏大选用，两根钢筋的轴线需要在同一直线上。对接头强度的要求需要根据较小直径的钢筋计算。

⑪ 两根同直径、不同牌号的钢筋可进行电渣压力焊或气压焊，焊接工艺参数根据较高牌号钢筋选用，对接头强度的要求根据较低牌号钢筋的强度计算。

⑫ 进行电阻点焊、闪光对焊、埋弧压力焊时，需要随时观察电源电压的波动情况。如果电源电压下降大于 5%、小于 8% 时，则应采取提高焊接变压器级数的措施。如果大于或等于 8% 时，则不得进行焊接。

⑬ 在环境温度低于 -5℃条件下施焊时，焊接工艺需要符合的要求如下。

a. 闪光对焊，宜采用预热闪光焊或闪光 - 预热闪光焊。可增加调伸长度，采用较低的变压器级数，增加预热次数和间歇时间。

b. 电弧焊时，宜增大焊接电流，降低焊接速度。

⑭ 电弧帮条焊或搭接焊时，第一层焊缝应从中间引弧，向两端施焊。以后各层控温施焊，层间温度控制在 150 ～ 350℃。多层施焊时，可采用回火焊道施焊。

⑮ 环境温度低于 -20℃时，不宜进行各种焊接。

⑯ 雨天、雪天不宜在现场进行施焊。如果必须施焊时，需要采取有效遮蔽措施。焊后没有冷却，则接头不得触碰冰雪。

⑰ 在现场进行闪光对焊或电弧焊，当超过四级风力时，则应采取挡风措施。进行气压焊，当超过三级风力时，则应采取挡风措施。

⑱ 焊机需要经常维护保养与定期检修，以确保正常使用。

焊接骨架的允许偏差见表 3-3。

表 3-3　焊接骨架的允许偏差

项目		允许偏差 /mm
焊接骨架	长度	± 10
	宽度	± 5
	高度	± 5
骨架钢筋间距		± 10
受力主筋	间距	± 15
	排距	± 5

3.2　轴向冷挤压钢筋连接技术

3.2.1　轴向冷挤压钢筋连接技术术语

轴向冷挤压钢筋连接，就是在两根同轴线钢筋的轴线方向设置连接套筒，使用连接工具在轴线方向对连接套筒施加压力，将连接套筒压紧，以实现钢筋等强连接的方式。轴向冷挤压钢筋连接套筒是用于传递钢筋轴向力的钢筋机械连接用套管或套管组。轴向冷挤压钢筋连接工具，简称连接工具，是用于压紧钢筋连接套筒的工具，通常包括手持式挤压设备、连接线缆和配备控制系统的液压动力输出端等。

内套是经压紧后直接与待连接钢筋密贴，传递钢筋轴向力的内层套管。

外套是由两根套管组成，分别置于两根待连接钢筋一侧，挤压时钢筋连接工具将挤压力直接作用在两根外套管上的外层套管组。

3.2.2　轴向冷挤压钢筋连接套筒分类与形式

根据不同的应用场合，轴向冷挤压钢筋连接套筒分为 Y 型、E 型、S 型等，每个型号的套筒又分为普通型、加长型。

Y 型套筒包括 1 件内套和 2 件外套，可用在钢筋布置较密集、钢筋间距较小、施工场地狭窄或预制结构的连接部位，如图 3-5 所示。

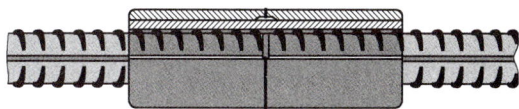

图 3-5　Y 型套筒

E 型套筒包括 1 件内套，内套内侧设置锯齿状波纹，用于连接大直径钢筋，如图 3-6 所示。

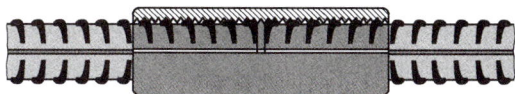

图 3-6　E 型套筒

S 型套筒包括 1 件内套，内套内侧不设置波纹，用于连接小直径钢筋，如图 3-7 所示。

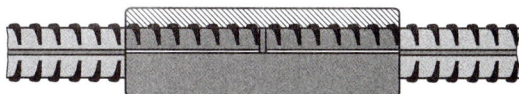

图 3-7　S 型套筒

不同内套规格及壁厚宜符合表 3-4 的规定。

表 3-4　不同内套规格及壁厚的规定　　　　　　　　单位：mm

Y 型		E 型		S 型	
规格	壁厚	规格	壁厚	规格	壁厚
16	4	16	4.75	16	4.5
18	4.75	18	5.25	18	5
20	5	20	5.75	20	6
22	5.25	22	6.25	22	6.25
25	5.75	25	7	25	7
28	6.25	28	8	28	8
32	7	32	9	32	9
36	8.25	36	9.5	36	10.25
40	8.75	40	10.75	40	11.5
50	10.25	50	13.25	50	13.5

注：表中规格的数字代表套筒连接的钢筋的直径。

💡 一点通

① 轴向冷挤压钢筋连接套筒的材质及强度宜与钢筋的材质及强度一致。

② 套筒连接的两根钢筋强度不同时，连接套筒的强度宜与强度较高的钢筋一致。

③ 内套壁厚宜满足钢筋连接接头抗拉强度的要求。

④ 内套内径宜大于钢筋的直径。

3.2.3 轴向冷挤压钢筋连接要求

轴向冷挤压钢筋连接要求如下。

① 套筒与钢筋的最小搭接长度 L_{min} 宜满足钢筋连接抗拉强度的要求，如图 3-8 所示。

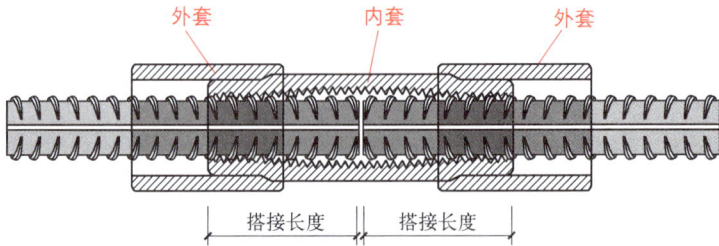

图 3-8   最小搭接长度

② 外套外缘间、外套外缘与相邻钢筋间的间距宜满足现行规范对钢筋最小间距的要求。错位布置接头率宜为 50%，如图 3-9 所示。

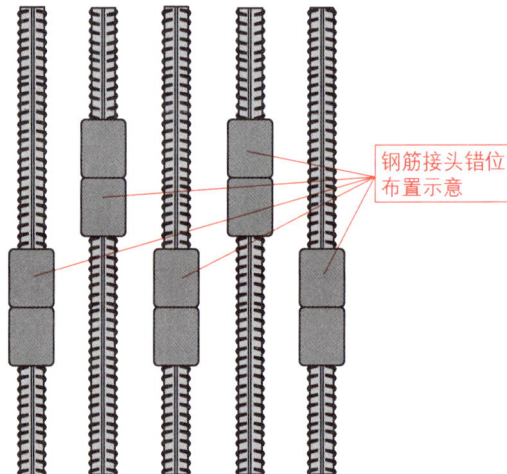

图 3-9   钢筋接头错位布置示意

③ 轴向冷挤压钢筋连接最小操作空间宜符合的规定见表 3-5、表 3-6。

表 3-5   最小操作空间（Y型）   单位：mm

钢筋直径	钢筋理论净间距	钢筋中心距	钢筋净间距建议值
16	30	55	40
18	30	55	40
20	30.5	56.5	40
22	33.5	60	45
25	37	65	50
28	43	73	55
32	44	80	55
36	49	89	60
40	53.5	97	65
50	68	115	80

表 3-6 最小操作空间（E 型、S 型）　　　　　单位：mm

钢筋直径	钢筋理论净间距	钢筋中心距	钢筋净间距建议值
16	55	72	65
18	68	85	80
20	70	89	80
22	90	111	100
25	105	129	120
28	110	137	120
32	120	151	130
36	135	170	150
40	140	178	150
50	160	210	170

④ 钢筋连接套筒内径宜符合的规定见表 3-7。

表 3-7 钢筋连接套筒内径　　　　　单位：mm

钢筋直径	连接套筒内径	钢筋直径	连接套筒内径
16	19	28	32
18	21	32	37
20	24	36	41
22	25.5	40	44.5
25	29	50	55

3.2.4 轴向冷挤压钢筋施工要求

轴向冷挤压钢筋的施工要求如下。

① 施工前宜对接头提供单位提交的相关技术资料进行审查、验收。

② 接头安装前，宜先对钢筋端头进行调直清理。

③ 连接工具宜先在现场试运行，并且监测液压系统运行是否异常。只有各项数据正常，并且检验钳口干净无污物后，才可以进行施工操作。

④ 对不同直径钢筋，表 3-8 列出了连接工具液压机所需压力值与匹配的液压机油缸缸径宜符合的规定。

表 3-8 连接工具液压机压力值与选用油缸缸径

| 钢筋直径 /mm | 压力 / 压强值范围 | | 选用液压机缸径 /mm |
	压力 /kN	压强 /MPa	
16	70 ～ 100	45 ～ 90	50
18	80 ～ 120	45 ～ 90	50
20	110 ～ 150	45 ～ 90	55
22	120 ～ 160	45 ～ 90	55
25	130 ～ 170	40 ～ 90	63
28	150 ～ 190	45 ～ 90	63
32	180 ～ 220	45 ～ 90	70
36	200 ～ 300	60 ～ 90	70
40	220 ～ 280	50 ～ 90	80
50	240 ～ 320	60 ～ 90	100

⑤ 钢筋端部有可检查钢筋插入深度的标记，并且需采用无损式钢筋连接数据管理系统，对两端钢筋插入深度进行检验、测量。

⑥ 钢筋端部宜有可检查钢筋插入深度的明显标记。

⑦ 钢筋端头间距宜控制在 10mm 内，超出该间距的宜采用加长型套筒，以保证套筒与钢筋的最小搭接长度满足钢筋连接抗拉强度的要求。

⑧ 接头安装完成后，宜及时进行目测检验，并且保证接头处无异物、无异常变形、无破损。

⑨ 施工完成后宜及时对连接工具进行回收、清理、保养。

一点通

套筒外观宜符合的规定如下。

① 套筒表面为加工表面或无缝钢管、圆钢的自然表面。

② 套筒表面无肉眼可见裂痕。

③ 套筒表面无明显起皮的严重锈蚀。

④ 套筒外圆与内孔有倒角。

⑤ 套筒表面有清晰可辨的产品出厂标识，包括名称、生产批号、生产厂家、型号、钢筋强度级别、钢筋公称直径等。

3.3 钢筋套筒灌浆连接技术

3.3.1 钢筋套筒灌浆连接技术的特点

钢筋连接用灌浆套筒，简称灌浆套筒，就是通过灌浆料的锚固作用将钢筋对接连接所用的金属套筒，常采用机械加工或铸造工艺制造。灌浆套筒可以分为半灌浆套筒、全灌浆套筒，如图 3-10 所示。

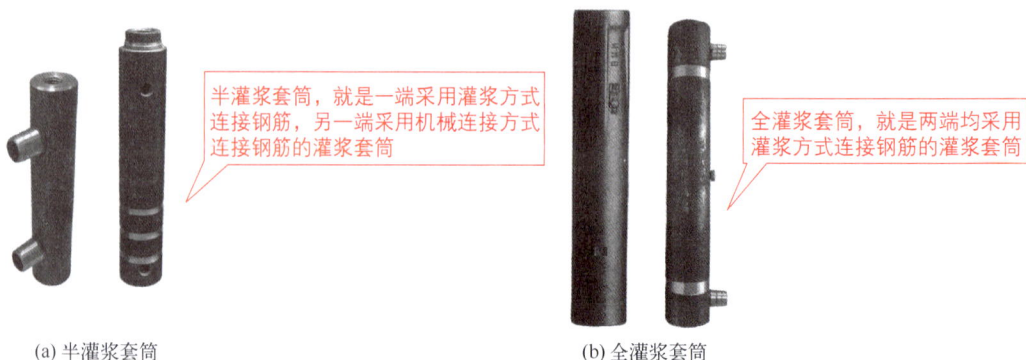

半灌浆套筒，就是一端采用灌浆方式连接钢筋，另一端采用机械连接方式连接钢筋的灌浆套筒

全灌浆套筒，就是两端均采用灌浆方式连接钢筋的灌浆套筒

(a) 半灌浆套筒　　　　　　　(b) 全灌浆套筒

图 3-10　灌浆套筒

钢筋连接用套筒灌浆料，简称灌浆料，是一种以水泥、细骨料、混凝土外加剂、其他材料组成的干混料，加水搅拌后具有流动度大、早强、高强、微膨胀等性能。

钢筋套筒灌浆连接，就是通过硬化后的灌浆料分别与钢筋和灌浆套筒的锚固作用，将钢筋中的力传递到套筒的连接方法。

钢筋套筒灌浆接头简称灌浆接头，就是用灌浆料充填在钢筋与灌浆套筒间隙，经硬化后形成的钢筋连接接头。

封浆料是一种以水泥、细骨料、混凝土外加剂、其他材料组成的干混料，加水搅拌后具有可塑、早强、微膨胀等性能。

坐浆料是一种以水泥、细骨料、混凝土外加剂、其他材料组成的干混料，加水搅拌后具有一定流动度，具有早强、微膨胀等性能。

3.3.2　钢筋套筒灌浆连接技术的材料、组件要求

钢筋套筒灌浆连接技术的材料、组件要求如下。

① 灌浆接头要采用 400 级、500 级公称直径为 12 ～ 40mm 的热轧带肋钢筋。

② 用于钢筋套筒灌浆连接的钢筋，要符合有关现行国家标准。

③ 全灌浆套筒宜采用优质碳素结构钢、低合金高强度结构钢、球墨铸铁加工制造。

④ 半灌浆套筒要采用优质碳素结构钢机械加工制造。

⑤ 灌浆套筒要符合的规定如下。

a. 套筒螺纹连接端，宜选用直螺纹连接，连接螺纹的尺寸精度、公差带要符合现行国家标准《普通螺纹公差》（GB/T 197）中 6H 级精度规定。

b. 套筒灌浆连接钢筋在套筒中的灌浆锚固长度，连接直径 12 ～ 32mm 的钢筋不应小于 $8d$，连接直径 36 ～ 40mm 的钢筋不宜小于 $10d$。

c. 套筒内应留有一定的钢筋安装调整长度，灌浆连接预制端不应小于 10mm，现场装配端不应小于 20mm，调整长度段内径要满足偏心钢筋安装需要。

d. 套筒内灌浆锚固段剪力槽两侧环形凸起部分内径最小值与所连接钢筋的公称直径差，连接直径 12 ～ 22mm 的钢筋不应小于 10mm，连接直径 25 ～ 40mm 的钢筋不应小于 15mm。

e. 套筒内套筒灌浆锚固段剪力槽两侧凸起绕套筒轴线形成等高度完整圆环的数量，连接直径 12 ～ 20mm、22 ～ 32mm、36 ～ 40mm 的钢筋分别不应少于 3 个、4 个、5 个。

f. 套筒内灌浆锚固段剪力槽两侧环形凸起部分径向高度，连接直径 12 ～ 22mm 的钢筋不应小于 1mm，连接直径 25 ～ 40mm 的钢筋不应小于 2mm；高度 1/2 处轴向宽度，连接直径 12 ～ 22mm 的钢筋不应小于 2mm，连接直径 25 ～ 40mm 的钢筋不应小于 4mm。

g. 套筒灌浆端端部距剪力槽距离不要大于 30mm。剪力槽的轴向宽度不宜小于连接钢筋直径。

h. 半灌浆套筒螺纹端的螺纹孔底部设有钢筋丝头限位凸台，该凸台形成半灌浆套筒螺纹端与灌浆端连接处的通孔，螺纹小径与通孔直径差不应小于 1mm，通孔的长度不应小于 3mm。

i. 套筒内、外表面，端面，不应有影响接头性能的缺陷。

⑥ 球墨铸铁、优质碳素结构钢、低合金高强度结构钢的套筒材料性能的规定见表 3-9。

表 3-9   球墨铸铁、优质碳素结构钢、低合金高强度结构钢的套筒材料性能的规定

套筒材料	屈服强度 f_{sltk}/MPa	抗拉强度 f_{slstk}/MPa	断后伸长率 A/%	硬度（HBW）	球化率 /%
球墨铸铁	—	≥ 550	≥ 5	180～250	≥ 85
结构钢	≥ 335	≥ 470	≥ 14	—	—

⑦ 套筒尺寸偏差的规定见表 3-10。

表 3-10   套筒尺寸偏差的规定   单位：mm

项目	铸造灌浆套筒		机械加工灌浆套筒	
	$D \leqslant 50$	$D > 50$	$D \leqslant 50$	$D > 50$
长度允许偏差	0, +2.0	0, +2.0	0, +1.0	0, +1.0
外径允许偏差	0, +0.8	0, +0.016D	0, +0.5	0, +0.01D
内径允许偏差	± 0.8	± 0.016D	± 0.4	± 0.08D

注：D 为套筒外径。

3.3.3   钢筋套筒灌浆连接技术灌浆料的要求

钢筋套筒灌浆连接技术灌浆料的要求如下。

① 灌浆料用于钢筋套筒灌浆接头，也可以用于填充预制构件间隙，封闭构件间隙，传递构件受力。

② 灌浆料根据适用的灌浆施工环境温度不同，可以分为常温灌浆料、低温灌浆料。

③ 灌浆料根据 28d 抗压强度，可以分为不同强度等级。选用强度较高等级值的灌浆料，可提高灌浆接头受力性能。

④ 套筒灌浆施工开始与养护过程 24h 内，常温灌浆料适用于作业面与灌浆部位环境温度为 5～35℃的场景中，低温灌浆料适用于作业面与灌浆部位环境温度为 -5～10℃的场景中。

⑤ 常温灌浆料试块，应在温度 20℃ ±2℃、相对湿度大于 50% 的环境下制作成型，并且在温度 20℃ ±2℃、相对湿度大于 90% 的标准条件下养护 28d。

⑥ 低温灌浆料试块，要在温度 -5℃ ±2℃的环境下制作成型，并且在温度 -5℃ ±1℃的条件下养护 1d、3d、7d，7d 后转标准条件养护 21d。

3.3.4   钢筋套筒灌浆连接技术辅料的要求

钢筋套筒灌浆连接技术辅料的要求如下。

① 套筒连接辅材包括：套筒固定件（图 3-11）、进出浆管、进出浆管接头。套筒固定件要与构件端面模板配合选用。

② 封浆料可以用于分组灌浆快速封边，以形成灌浆的封闭区域。

③ 封浆料用于灌浆分仓时，分隔垄宽度不应大于 40mm。

④ 根据适用温度不同，封浆料分为常温封浆料、低温封浆料。

⑤ 坐浆料用于单套筒灌浆时，摊铺在竖向预制构件与主体结构结合面，封闭间隙并传递构件受力。

⑥ 坐浆料可用于分组灌浆分仓与封边。

⑦ 根据适用温度不同，坐浆料分为常温坐浆料、低温坐浆料。

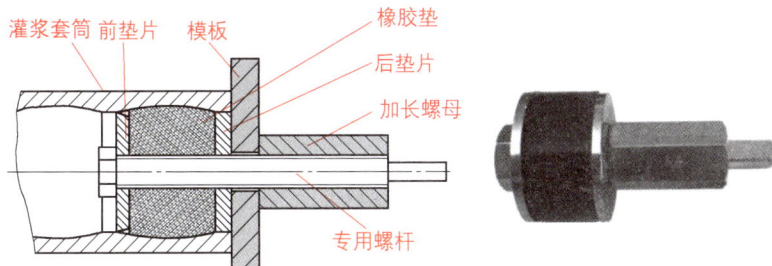

图 3-11　螺杆橡胶塞式套筒固定件

3.3.5　钢筋套筒灌浆连接技术的设计要求

钢筋套筒灌浆连接技术的设计要求如下。

① 灌浆接头要满足构件连接对承载力、变形的性能要求。

② 采用灌浆接头的预制构件混凝土强度等级不应低于 C30。

③ 框架柱、梁和剪力墙纵向受力 500 级或公称直径大于 22mm 的 400 级钢筋采用灌浆接头时，灌浆料强度等级值不宜低于 110 MPa。

④ 灌浆接头不应作为导电、传热件使用。

⑤ 框架柱、框架梁中纵向受力钢筋连接用灌浆套筒的混凝土保护层厚度不宜小于 30mm。

⑥ 剪力墙中纵向受力钢筋连接用灌浆套筒的混凝土保护层厚度不宜小于 25mm，竖向分布钢筋连接用灌浆套筒的混凝土保护层厚度不宜小于 20mm。

⑦ 连接钢筋的强度等级，不应高于灌浆接头规定的钢筋强度等级。

⑧ 连接钢筋的插入长度，不应小于灌浆接头规定的插入钢筋长度。

⑨ 灌浆连接钢筋的直径规格，不应大于灌浆接头的规定，也不宜小于规定一级以上。

⑩ 框架柱连接钢筋的直径规格差异不宜超过二级。剪力墙连接钢筋的直径规格差异，不宜超过一级。

⑪ 现浇与预制转换层套筒灌浆连接可选用高于连接钢筋一个规格的灌浆套筒进行灌浆连接。

3.3.6　钢筋套筒灌浆连接技术的施工要求

钢筋套筒灌浆连接技术的施工要求如下。

① 灌浆连接施工，灌浆接头的灌浆套筒、灌浆料应由接头提供单位根据接头型式检验报告成套提供。

② 灌浆连接施工，灌浆接头的加工与安装需要根据接头提供单位的操作规程进行。

③ 灌浆连接施工前，施工方需要制订专项施工方案。

④ 钢筋切断面需要平齐，并且垂直于钢筋轴线。钢筋端部横肋、基圆要饱满，不得有明显损伤，如图 3-12 所示。

⑤ 凡不符合要求的套筒，不得在工程中使用。

⑥ 灌浆接头连接施工前，需要检查封浆料、坐浆料、灌浆料的产品合格证、产品包装表面标识。凡不符合要求的封浆料、坐浆料、灌浆料，不得在工程中使用。

⑦ 钢筋直螺纹丝头加工要求如图 3-13 所示。

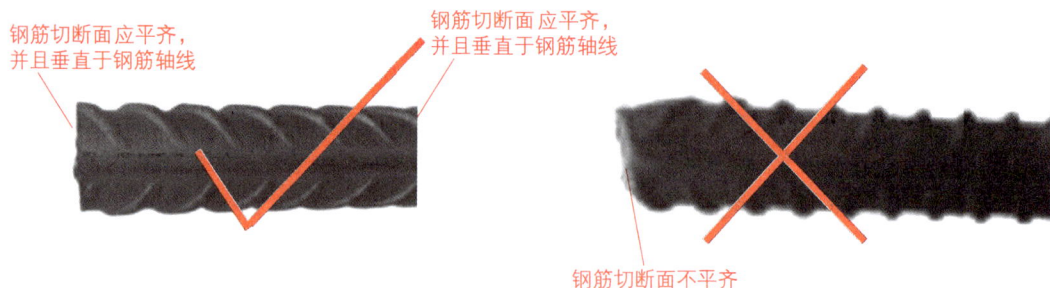

图 3-12 钢筋切断面要求

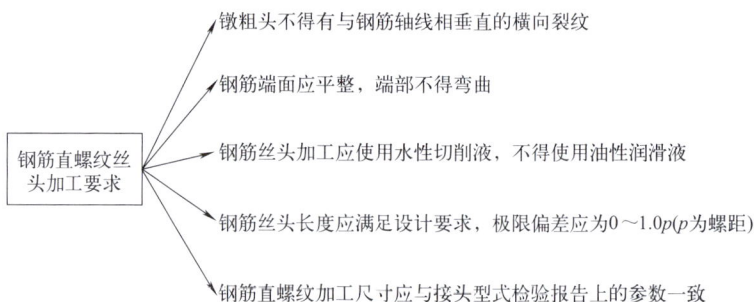

图 3-13 钢筋直螺纹丝头加工要求

⑧ 校核用扭力扳手的准确度级别可选用 10 级。

⑨ 钢筋直螺纹安装时的最小拧紧扭矩值见表 3-11。

表 3-11 钢筋直螺纹安装时的最小拧紧扭矩值

钢筋直径 /mm	拧紧扭矩 /（N·m）	钢筋直径 /mm	拧紧扭矩 /（N·m）
≤ 14	80	22 ~ 25	260
16	100	28 ~ 32	320
18 ~ 20	200	36 ~ 40	360

⑩ 灌浆接头试件检验合格后，才可以进行钢筋套筒灌浆连接施工。

⑪ 灌浆施工宜采用强制搅拌设备与具有二次搅拌功能的灌浆设备，不得人工手动搅拌。

⑫ 预制构件灌浆套筒的位置与外露钢筋的位置、长度允许偏差要求见表 3-12。

表 3-12 预制构件灌浆套筒的位置与外露钢筋的位置、长度允许偏差要求

项目		允许偏差 /mm	检验方法
灌浆套筒中心位置		2 0	尺量
外露钢筋	中心位置	2 0	
	外露长度	+10 0	

⑬ 现浇结构施工后外露连接钢筋的位置、长度允许偏差要求见表 3-13。

表 3-13 现浇结构施工后外露连接钢筋的位置、长度允许偏差要求

项目	允许偏差 /mm	检验方法
中心位置	3 0	尺量
外露长度、顶点标高	+15 0	

3.4 高强钢筋网活性粉末混凝土薄层加固混凝土结构技术

3.4.1 高强钢筋网活性粉末混凝土薄层加固混凝土结构技术术语

活性粉末混凝土，就是以水泥、矿物掺合料等活性粉末材料、细骨料、外加剂、高强度微细钢纤维、水等原料生产的一种超高强增韧混凝土。

薄层加固法是先紧贴被加固的原构件表面配置高强钢筋网，再浇筑、抹压或喷射活性粉末混凝土面层的加固方法。

高强钢筋网是采用 HRB400 或 HRB500 热轧带肋钢筋在原构件表面绑扎或焊接而成的网片或环箍。

原构件是需要实施加固的目标构件。

销钉是通过钻孔并采用结构胶黏剂植入原构件混凝土，以增强加固薄层与原构件间的抵抗剪切变形、滑移或剥离能力的直钩或弯钩形带肋短钢筋。

3.4.2 高强钢筋网活性粉末混凝土薄层加固混凝土结构技术钢筋和焊条

① 加固用的钢筋品种、规格、力学性能，需要满足设计文件的要求，并且还要符合的规定如下。

a. 应采用 HRB400、HRB500 级热轧带肋钢筋。

b. 钢筋的质量、钢筋强度设计值，需要符合现行国家标准等有关规定。

c. 对有抗震设防要求的结构，其受力钢筋力学性能复验实测值需要符合现行国家标准等有关规定。

d. 钢筋需要平直、无损伤，表面不应有裂纹、油污或有颗粒状或片状锈蚀层。

② 加固用焊条的型号与质量需要符合的规定如下。

a. 焊条型号需要与被焊接钢筋的强度相适应。

b. 焊条的质量需要符合现行国家标准等有关规定。

③ 销钉需要采用 HRB400 级钢筋制作，销钉的规格、型号、性能需要符合设计文件的要求。销钉的力学性能需要符合现行国家标准等有关规定。

3.4.3 高强钢筋网活性粉末混凝土薄层加固混凝土结构技术的构造要求

高强钢筋网活性粉末混凝土薄层加固混凝土结构技术的构造要求如下。

① 采用高强钢筋网活性粉末混凝土薄层加固混凝土结构时，加固层中钢筋的最小保护层

厚度、加固层中钢筋与原构件的锚固构造，需要符合现行国家标准等有关规定。

②在原构件混凝土表面植入销钉的深度需要符合的规定如下。

a.在侧面或顶面施工时，植入深度不应小于5倍销钉直径，并且不应小于40mm。

b.在底面施工时，植入深度不应小于8倍销钉直径，并且不应小于70mm。

③销钉与构件边缘的距离不应小于60mm。

④销钉植入混凝土后外露的部分，应弯折并与加固层中的钢筋拉结，销钉与加固层中的钢筋之间应采用焊接的方式连接。

⑤非抗震设计时，销钉直径不应小于8mm，销钉的间距不应小于销钉植入深度的2倍，并且不应大于250mm，销钉植入混凝土后外露并弯折的长度不应小于35mm。

⑥抗震设计时，销钉的布置要求见表3-14。

表3-14　抗震设计销钉的布置要求　　　　　　　　　　　　　单位：mm

抗震等级	销钉最小直径	销钉最大间距	销钉外露并弯折的最小长度
一级	12	150	50
二级	10	150	45
三级	10	200	40
四级	8	250	40

3.4.4　高强钢筋网活性粉末混凝土薄层加固混凝土结构技术梁、柱和节点

设计无特殊要求时，加固层新增钢筋的布置方式应符合的规定如下。

①矩形截面角部需要布置纵向钢筋。

②异形截面转角部位需要布置纵向钢筋。

③圆形截面沿圆周方向布置的纵向钢筋间距不宜大于250mm。

④被加固构件截面的腹板或翼缘高度大于或等于450mm时，纵向钢筋的布置位置除应满足上述规定外，沿高度方向每隔200mm需要设置一根纵向钢筋，如图3-14所示。

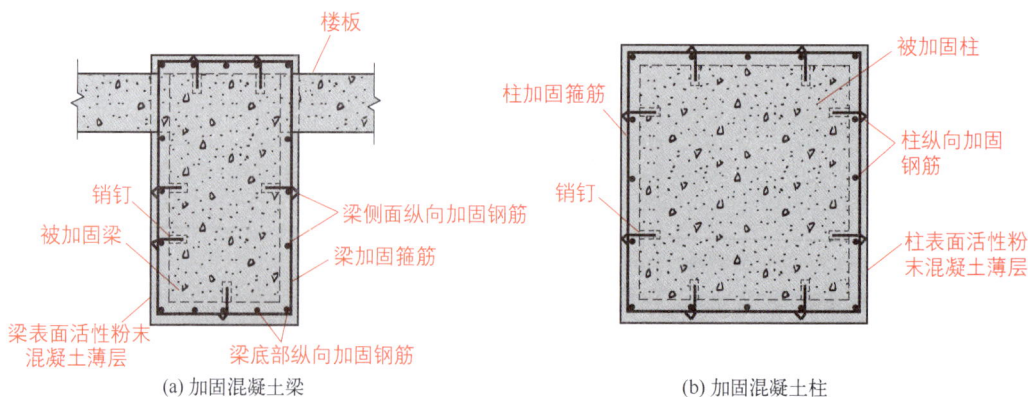

(a) 加固混凝土梁　　　　　　　　　　　　(b) 加固混凝土柱

图3-14　高强钢筋网活性粉末混凝土薄层四面环套加固示意

⑤梁柱构件加固层中的纵向钢筋与横向箍筋之间，可以采用焊接或绑扎的方式进行连

接。当结构承受动力疲劳荷载或地震作用时，加固层中的钢筋需要采用焊接方式连接。

3.4.5　高强钢筋网活性粉末混凝土薄层加固混凝土结构技术板和剪力墙

高强钢筋网活性粉末混凝土薄层加固混凝土板时，加固层中不同方向的钢筋宜采用同种类型、同种规格。

板、剪力墙加固层中不同方向的钢筋，可以采用焊接或绑扎的方式进行连接。当结构承受动力疲劳荷载或地震作用时，加固层中的钢筋应采用焊接方式连接。

抗震设计时，板和剪力墙加固层中钢筋的设置要求见表 3-15。

表 3-15　抗震设计板和剪力墙加固层中钢筋的设置要求　　　单位：mm

抗震等级	相邻钢筋最大间距	钢筋最小直径
一级	100	12
二级	100	10
三级	150	10
四级	150	8

剪力墙宜采用双面加固。端部设有混凝土柱的剪力墙加固时，水平钢筋应植入端部柱内（图 3-15）；端部无混凝土柱的剪力墙加固时，水平钢筋应绕过剪力墙端部（图 3-16）。

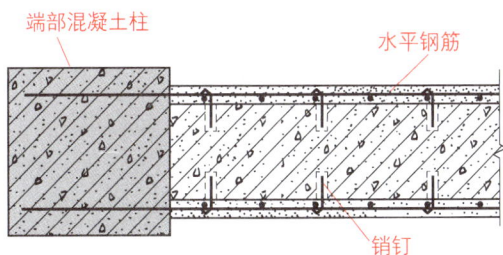

图 3-15　端部有混凝土柱的剪力墙加固构造示意

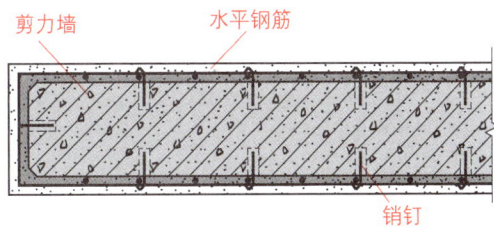

图 3-16　端部无混凝土柱的剪力墙加固构造示意

3.5　装配式钢筋桁架薄型混凝土楼承板应用技术

3.5.1　装配式钢筋桁架薄型混凝土楼承板应用技术术语

装配式钢筋桁架薄型混凝土楼承板，就是钢筋桁架与薄型混凝土通过埋置连接成整体的装配式楼板，简称为薄型混凝土桁架板。薄型混凝土桁架板构造如图 3-17 所示。

钢筋桁架混凝土板，就是由薄型混凝土桁架板作为底板，现场绑扎设计要求的其他钢筋并浇筑混凝土后形成的共同受力的楼面板或屋面板。钢筋桁架是以钢筋为上弦、下弦及腹杆，通过电阻点焊连接而成的桁架，分为三角钢筋桁架、平面钢筋桁架。底板连接钢筋是埋置于薄型混凝土板内与钢筋桁架腹杆下端焊接，连接底板和钢筋桁架的钢筋或钢丝网片。支座钢筋是焊接于钢筋桁架两端的横向和竖向支承钢筋。薄型混凝土板是板底设有玻纤网格布，连接于钢筋桁架底部，并且能够承受施工荷载的混凝土板。

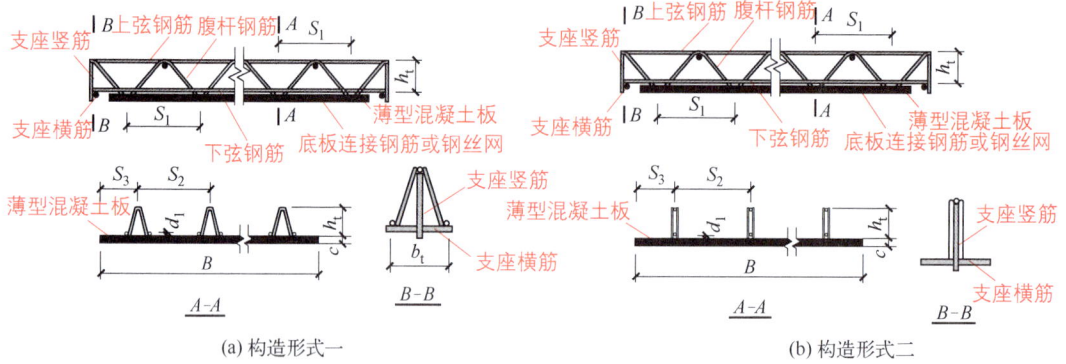

(a) 构造形式一   (b) 构造形式二

薄型混凝土桁架板的规格与外形尺寸

项目	规格/mm
薄型混凝土桁架板宽度B	600~1200
钢筋桁架高度h_t	70~270
钢筋桁架宽度b_t	80
钢筋桁架腹杆节点间距S_1	200
钢筋桁架间距S_2	200~300
沿宽度方向最外边缘的钢筋桁架上弦中心至底板外边缘的水平距离S_3	100~150
底板厚度	18~22
钢筋桁架下弦钢筋下表面至板底的距离c	≥23
钢筋桁架下弦钢筋下表面至底板上表面距离d_1	≥3
钢筋桁架腹杆下边缘至底板下表面的距离	≥10

图 3-17 薄型混凝土桁架板构造

3.5.2 装配式钢筋桁架薄型混凝土楼承板应用技术钢筋要求

装配式钢筋桁架薄型混凝土楼承板应用技术钢筋要求如下。

① 钢筋桁架上弦钢筋、下弦钢筋宜采用 HRB400 或 CRB550 钢筋，也可以采用 HRB500、CRB600H 钢筋；腹杆钢筋宜采用 CPB550 钢筋；支座钢筋宜采用 HPB300 或 HRB400 钢筋；底板连接钢筋宜采用 CPB550 钢筋或钢丝网。

② 热轧钢筋、冷轧带肋钢筋、焊接用焊条等需要符合国家现行标准等有关规定。

③ 钢筋的公称直径宜符合的规定见表 3-16。

表 3-16 钢筋的公称直径宜符合的规定　　单位：mm

类别		钢筋直径
桁架板上弦纵向筋		8～14
桁架板下弦纵向筋		6～14
桁架板腹杆筋		4.5～8
桁架板支座钢筋		10～14
底板连接钢筋	钢筋	4.5
	钢丝网	0.9～2.5

④ 钢筋强度标准值应具有不小于 95% 的保证率。钢筋强度标准值的规定取值见表 3-17。

⑤ 钢筋抗拉强度设计值和抗压强度设计值的规定取值见表 3-18。

⑥ 钢筋弹性模量 E_s 的规定取值，见表 3-19。

表 3-17　钢筋强度标准值　　　　　　　　单位：N/mm²

种类		钢筋强度标准值 f_{yk}
热轧钢筋	HPB300	300
	HRB400	400
	HRB500	500
冷拔光面钢筋	CPB550	500
冷轧带肋钢筋	CRB550	500
	CRB600H	540

表 3-18　钢筋抗拉强度设计值和抗压强度设计值　　　　单位：N/mm²

种类		钢筋抗拉强度设计值 f_y	抗压强度设计值 f_y'
热轧钢筋	HPB300	270	270
	HRB400	360	360
	HRB500	435	435
冷拔光面钢筋	CPB550	360	360
冷轧带肋钢筋	CRB550	400	380
	CRB600H	430	380

表 3-19　钢筋弹性模量　　　　　　　　单位：× 10⁵N/mm²

种类		钢筋弹性模量 E_s
热轧钢筋	HPB300	2.1
	HRB400、HRB500	2.0
冷拔光面钢筋	CPB550	2.0
冷轧带肋钢筋	CRB550、CRB600H	1.9

3.5.3　装配式钢筋桁架薄型混凝土楼承板应用技术钢筋桁架

装配式钢筋桁架薄型混凝土楼承板应用技术钢筋桁架要求如下。

① 腹杆钢筋与上下弦钢筋和底板连接钢筋焊接，需要采用电阻点焊的方式。

② 钢筋桁架节点焊点的承载力需要符合的规定如下。

钢筋桁架节点焊点的受剪承载力不应小于表 3-20 的规定。支座钢筋之间及支座钢筋与下弦钢筋焊点的受剪承载力不应小于 6kN，支座钢筋与上弦钢筋焊点的受剪承载力不应小于 13kN。

表 3-20　钢筋桁架节点焊点的受剪承载力

腹杆钢筋直径 /mm	4.5	5.0	5.5	6.0	6.5	7.0	8.0
单个焊点抗剪极限承载力 /kN	5.68	7.02	8.49	10.1	11.8	13.8	18.2

③ 钢筋桁架尺寸允许偏差与检验方法见表 3-21。

表 3-21 钢筋桁架尺寸允许偏差与检验方法

项目	允许偏差 /mm	检验法
长度	总长度的 ±0.3% 且不超过 ±20	尺量上弦和下弦钢筋长度
相邻焊点中心距	±3	尺量上弦钢筋连续 5 个中心距，取平均值
支座钢筋位置	±3	尺量支座钢筋至下弦钢筋端部的距离
设计高度	±3	尺量钢筋桁架两端，取平均值
设计宽度	±4	尺量钢筋桁架两端，取平均值

3.6 装配式与现浇技术

3.6.1 装配式混凝土结构钢筋错位连接技术

钢筋错位连接装配整体式混凝土结构，就是采用钢筋错位连接技术的装配整体式混凝土结构，简称钢筋错位连接结构。钢筋错位连接，就是相邻预制构件对应位置的纵向钢筋在横向错开连接。

预制剪力墙的边缘构件与墙身一体预制时的要求如图 3-18 所示。

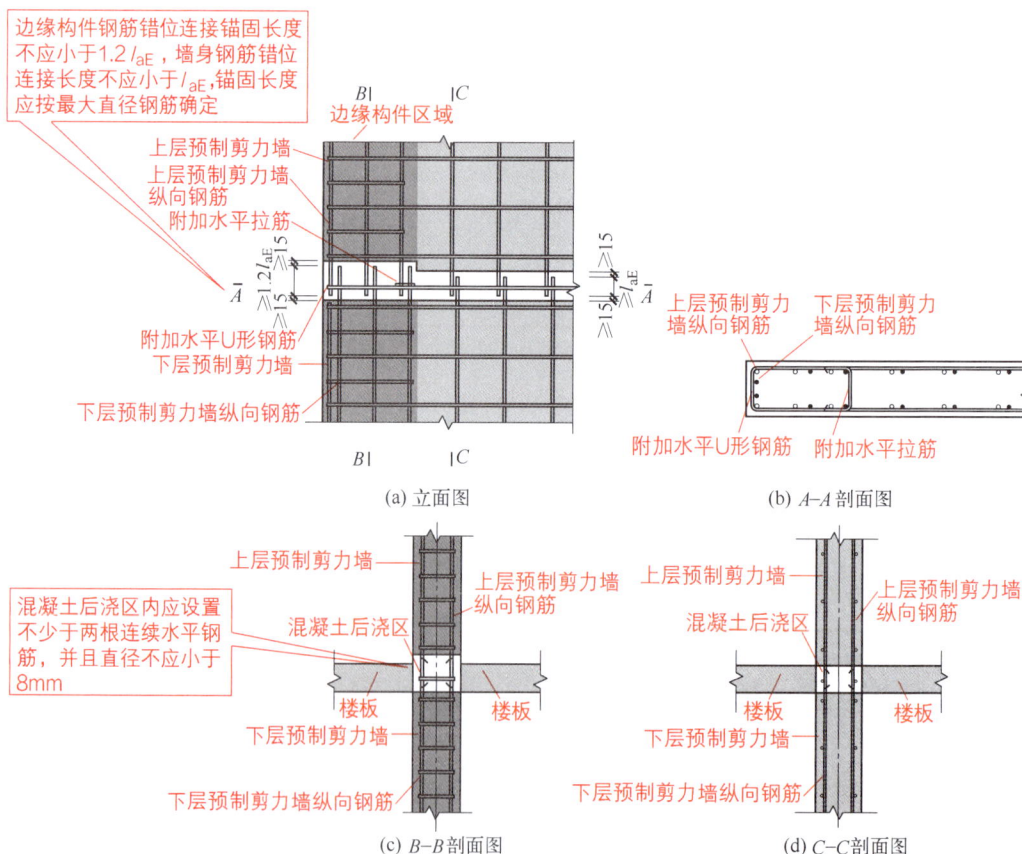

图 3-18 预制剪力墙的边缘构件与墙身一体预制时的要求

3.6.2　预制墙与叠合梁在平面内的连接节点

预制墙与叠合梁在平面内的连接节点如图 3-19 所示。

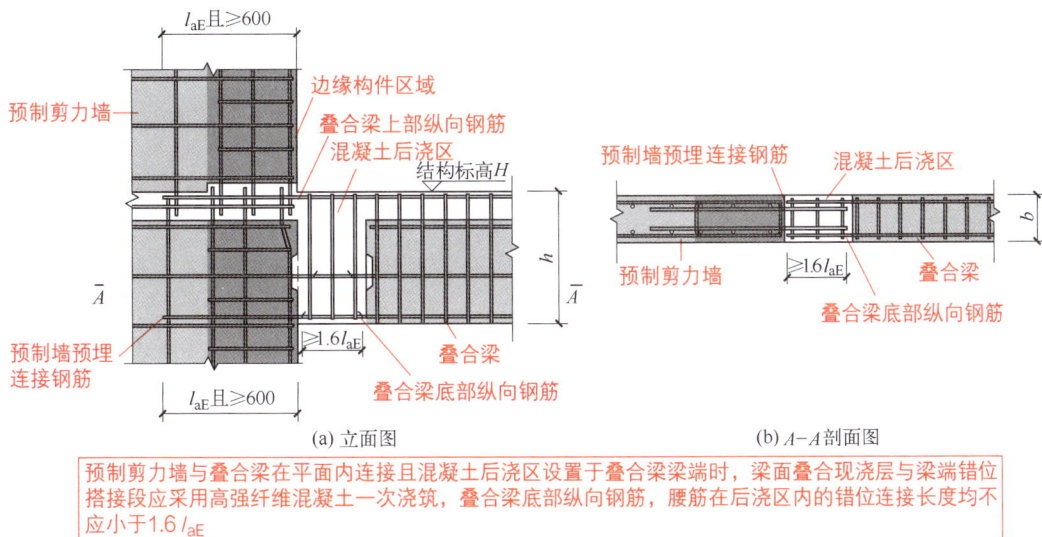

(a) 立面图　　　　　　　　(b) A—A 剖面图

预制剪力墙与叠合梁在平面内连接且混凝土后浇区设置于叠合梁梁端时，梁面叠合现浇层与梁端错位搭接段应采用高强纤维混凝土一次浇筑，叠合梁底部纵向钢筋，腰筋在后浇区内的错位连接长度均不应小于1.6 l_{aE}

图 3-19　预制墙与叠合梁在平面内连接节点

3.6.3　叠合梁与预制柱的中间层中节点构造

对于预制柱与叠合梁的中间层中节点，预制柱纵向受力钢筋在混凝土后浇区进行搭接连接设计时，搭接连接长度不应小于 $1.6l_{aE}$。

叠合梁下部纵向钢筋在混凝土后浇区内的锚固长度不应小于 l_{aE}；当柱截面尺寸不满足钢筋直线锚固要求时，宜采用钢筋锚固板锚固或弯折锚固。当叠合梁腰筋因抵抗扭矩作用而需伸入梁柱节点核心区时，叠合梁端宜采用局部现浇。

叠合梁与预制柱的中间层中节点构造如图 3-20 所示。

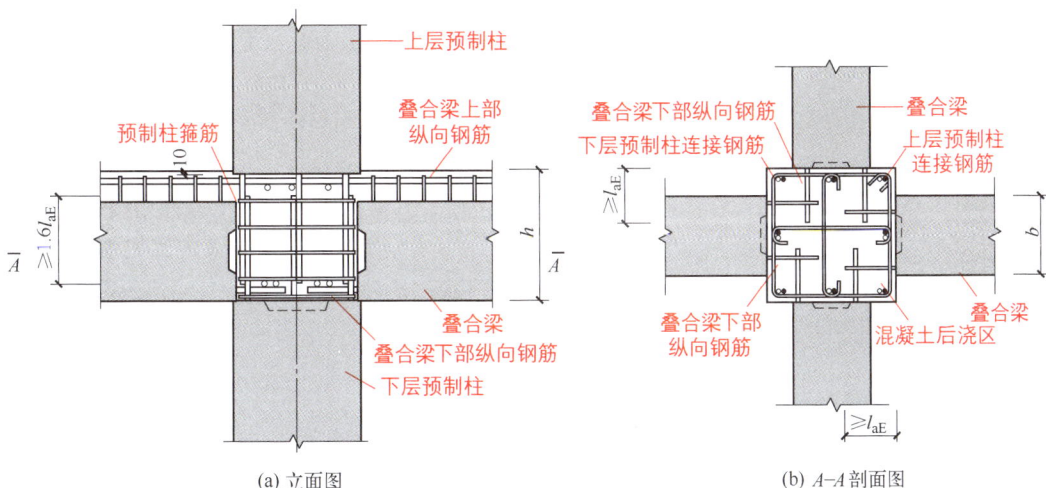

(a) 立面图　　　　　　　　(b) A—A 剖面图

图 3-20　叠合梁与预制柱的中间层中节点构造

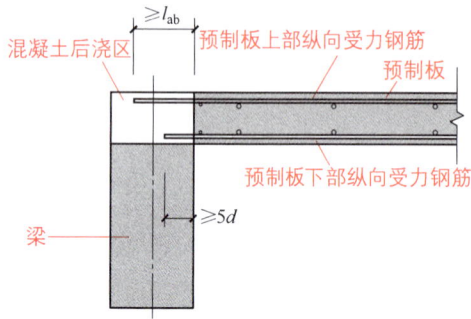

图 3-21　预制板端支座连接构造

3.6.4　预制板端支座连接构造

预制板端支座处，预制板下部纵向受力钢筋伸入混凝土后浇区中锚固长度不应小于 $5d$；预制板上部纵向受力钢筋锚固长度不应小于 l_{ab}，并且宜延伸过梁中心线。

预制板端支座连接构造如图 3-21 所示。

3.6.5　预制板中间支座连接构造

预制板按连续板设计时，预制板下部纵向受力钢筋在混凝土后浇区的锚固长度不应小于 $5d$；梁两侧预制板上部纵向受力钢筋在混凝土后浇区的错位连接长度不应小于 $1.2l_{ab}$。预制板中间支座连接构造如图 3-22 所示。

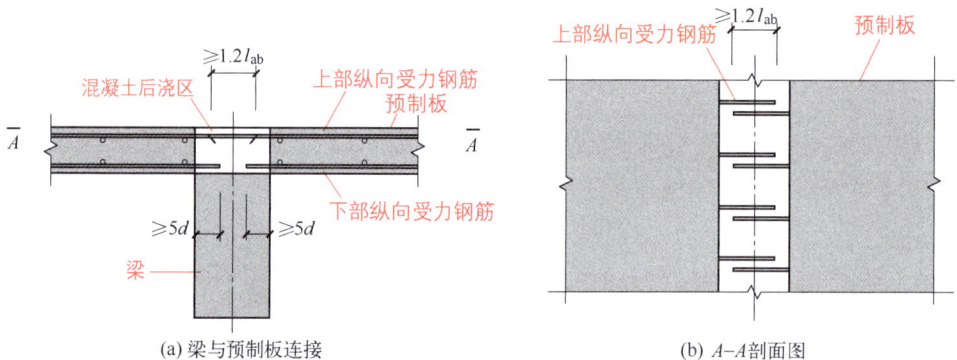

(a) 梁与预制板连接

(b) A—A 剖面图

图 3-22　预制板中间支座连接构造

3.6.6　预制板接缝连接构造

预制板整体式接缝宜设置在板的次要受力方向上，且应避开最大弯矩截面。预制板纵向受力钢筋错位连接长度不应小于 $1.2l_{ab}$；单向预制板板侧的分离式接缝宜配置附加钢筋，预制板上部钢筋应伸出板端，在错位连接后浇区的连接长度不应小于 l_{ab}；分离式接缝叠合层厚度不应小于 60mm。

预制板接缝连接构造如图 3-23 所示。

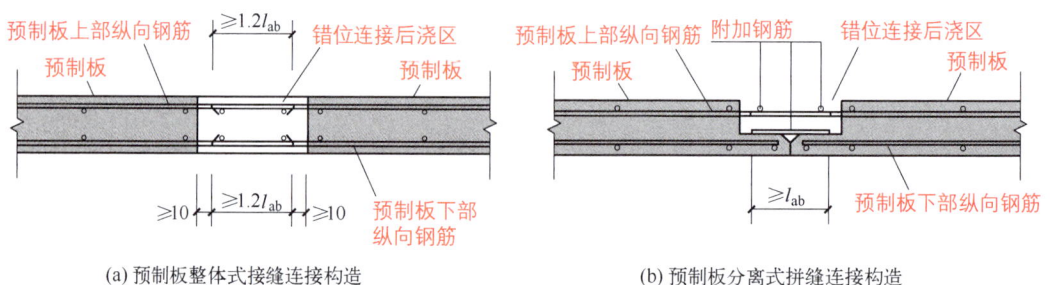

(a) 预制板整体式接缝连接构造

(b) 预制板分离式拼缝连接构造

图 3-23　预制板接缝连接构造

第4章

钢筋应用

4.1 钢筋应用通用要求

现场钢筋安装的要求

扫码观看视频

钢筋进场时的常见问题

扫码观看视频

4.1.1 混凝土结构钢筋应用通用要求

混凝土结构钢筋应用通用规范如下。

① 混凝土结构用普通钢筋、预应力筋，需要具有符合工程结构在承载能力极限状态、正常使用极限状态下需求的强度与延伸率。

② 混凝土结构用普通钢筋、预应力筋及结构混凝土的强度标准值，需要具有不小于95%的保证率；其强度设计值取值需要符合的规定如下。

a.结构混凝土强度设计值需要根据其强度标准值除以材料分项系数确定，并且材料分项系数取值不应小于1.4。

b.普通钢筋、预应力筋的强度设计值，需要根据其强度标准值分别除以普通钢筋、预应力筋材料分项系数确定。普通钢筋、预应力筋的材料分项系数需要根据工程结构的可靠性要求综合考虑钢筋的力学性能、工艺性能、表面形状等因素确定。

c.普通钢筋材料分项系数取值不应小于1.1，预应力筋材料分项系数取值不应小于1.2。

③ 钢筋混凝土结构构件、预应力混凝土结构构件需要采取保证钢筋、预应力筋与混凝土材料在各种工况下协同工作性能的设计和施工措施。

④ 混凝土结构中的普通钢筋、预应力筋应设置混凝土保护层，混凝土保护层厚度需要符合的规定如下。

a.满足普通钢筋、有黏结预应力筋与混凝土共同工作的性能要求。

b.满足混凝土构件的耐久性能、防火性能要求。

c.不应小于普通钢筋的公称直径，并且不应小于15mm。

⑤ 当施工中进行混凝土结构构件的钢筋、预应力筋代换时，需要符合设计规定的构件承载能力、正常使用、配筋构造、耐久性能要求，并需要取得设计变更文件。

⑥ 普通钢筋的材料分项系数取值不应小于表4-1的规定。

表4-1 普通钢筋的材料分项系数最小取值

钢筋种类	强度等级 /MPa	材料分项系数
光圆钢筋	300	1.1

钢筋种类	强度等级 /MPa	材料分项系数
热轧钢筋	400	1.1
	500	1.15
冷轧带肋钢筋		1.25

⑦ 热轧钢筋、余热处理钢筋、冷轧带肋钢筋、预应力筋的最大力总延伸率限值不应小于表 4-2 的规定。

表 4-2　热轧钢筋、冷轧带肋钢筋及预应力筋的最大力总延伸率限值

牌号或种类	热轧钢筋				冷轧带肋钢筋		预应力筋	
	HPB300	HRB400 HRBF400 HRB500 HRBF500	HRB400E HRB500E	RRB400	CRB550	CRB600H	中强度预应力钢丝、预应力冷轧带肋钢筋	消除应力钢丝、钢绞线、预应力螺纹钢筋
δ_{gt}/%	10.0	7.5	9.0	5.0	2.5	5.0	4.0	4.5

⑧ 对按一级、二级、三级抗震等级设计的房屋建筑框架和斜撑构件，其纵向受力普通钢筋性能需要符合的规定如下。

a. 抗拉强度实测值与屈服强度实测值的比值不应小于 1.25。

b. 屈服强度实测值与屈服强度标准值的比值不应大于 1.30。

c. 最大力总延伸率实测值不应小于 9%。

⑨ 混凝土结构中普通钢筋、预应力筋需要采取可靠的锚固措施。普通钢筋的锚固长度取值需要符合的规定如下。

a. 受拉钢筋锚固长度，需要根据钢筋的直径、钢筋及混凝土的抗拉强度、钢筋的外形、钢筋锚固端的形式、结构或结构构件的抗震等级进行计算。

b. 受拉钢筋锚固长度不应小于 200mm。

c. 对受压钢筋，当充分利用其抗压强度并需锚固时，其锚固长度不应小于受拉钢筋锚固长度的 70%。

⑩ 钢筋混凝土结构构件中纵向受力普通钢筋的配筋率需要符合的规定如下。

a. 当采用 C60 以上强度等级的混凝土时，受压构件全部纵向普通钢筋最小配筋率需要根据表 4-3 规定的最小配筋率值增加 0.10% 采用。

表 4-3　纵向受力普通钢筋的最小配筋率

受力构件类型		最小配筋率 /%
受压构件	全部纵向钢筋 强度等级 500MPa	0.50
	强度等级 400MPa	0.55
	强度等级 300MPa	0.60
	一侧纵向钢筋	0.20
受弯构件、偏心受拉、轴心受拉构件一侧的受拉钢筋		0.20 和 45$\frac{f_t}{f_y}$ 中的较大值

注：f_t 为混凝土轴心抗拉强度设计值，f_y 为钢筋抗拉强度设计值。

b. 除了悬臂板、柱支承板之外的板类受弯构件，当纵向受拉钢筋采用强度等级为 500MPa

的钢筋时，其最小配筋率应允许采用 0.15% 和 $0.45f_t/f_y$ 中的较大值。

　　c.对于卧置于地基上的钢筋混凝土板，板中受拉普通钢筋的最小配筋率不应小于 0.15%。

　　⑪ 混凝土房屋建筑结构中剪力墙的最小配筋率与构造需要符合的规定如下。

　　a.剪力墙的竖向和水平分布钢筋的配筋率，一级、二级、三级抗震等级时均不应小于 0.25%，四级时不应小于 0.20%。

　　b.高层房屋建筑框架 - 剪力墙结构、板柱 - 剪力墙结构、筒体结构中，剪力墙的竖向、水平向分布钢筋的配筋率均不应小于 0.25%，并应至少双排布置，各排分布钢筋之间应设置拉筋，拉筋的直径不应小于 6mm，间距不应大于 600mm。

　　c.房屋高度不大于 10m 且不超过三层的混凝土剪力墙结构，剪力墙分布钢筋的最小配筋率应允许适当降低，但不应小于 0.15%。

　　d.部分框支剪力墙结构房屋建筑中，剪力墙底部加强部位墙体的水平与竖向分布钢筋的最小配筋率均不应小于 0.30%，钢筋间距不应大于 200mm，钢筋直径不应小于 8mm。

　　⑫ 房屋建筑混凝土框架梁设计需要符合的规定如下。

　　a.计入受压钢筋作用的梁端截面混凝土受压区高度与有效高度之比值，一级不应大于 0.25，二级、三级不应大于 0.35。

　　b.纵向受拉钢筋的最小配筋率不应小于表 4-4 规定的数值。

表 4-4　梁纵向受拉钢筋最小配筋率　　　　　　　　　单位：%

抗震等级	位置	
	支座（取最大值）	跨中（取最大值）
一级	0.40 和 $80f_t/f_y$	0.30 和 $65f_t/f_y$
二级	0.30 和 $65f_t/f_y$	0.25 和 $55f_t/f_y$
三、四级	0.25 和 $55f_t/f_y$	0.20 和 $45f_t/f_y$

注：f_t 为混凝土轴心抗拉强度设计值，f_y 为钢筋抗拉强度设计值。

　　c.梁端截面的底面与顶面纵向钢筋截面面积的比值，除了根据计算确定外，一级不应小于 0.5，二级、三级不应小于 0.3。

　　d.梁端箍筋的加密区长度、箍筋最大间距和最小直径需要符合表 4-5 的要求；一级、二级抗震等级框架梁，当箍筋直径大于 12mm、肢数不少于 4 肢且肢距不大于 150mm 时，箍筋加密区最大间距应允许放宽到不大于 150mm。

表 4-5　梁端箍筋加密区的长度、箍筋最大间距和最小直径　　　　单位：mm

抗震等级	加密区长度（取最大值）	箍筋最大间距（取最小值）	箍筋最小直径
一级	$2.0h_b$，500	$h_b/4$，$6d$，100	10
二级	$1.5h_b$，500	$h_b/4$，$8d$，100	8
三级	$1.5h_b$，500	$h_b/4$，$8d$，150	8
四级	$1.5h_b$，500	$h_b/4$，$8d$，150	6

注：表中 d 为纵向钢筋直径，h_b 为梁截面高度。

　　⑬ 混凝土柱纵向钢筋与箍筋配置需要符合的规定如下。

　　a.柱全部纵向普通钢筋的配筋率不应小于表 4-6 的规定，并且柱截面每一侧纵向普通钢筋配筋率不应小于 0.20%；当柱的混凝土强度等级为 C60 以上时，需要根据表 4-6 中的规定值增加 0.10% 采用；当采用 400MPa 级纵向受力钢筋时，需要根据表 4-6 中规定的值增加 0.05% 采用。

表4-6　柱纵向受力钢筋最小配筋率　　　　　　　　　　　　单位：%

柱类型	抗震等级			
	一级	二级	三级	四级
中柱、边柱纵向受力钢筋最小配筋率	0.90（1.00）	0.70（0.80）	0.60（0.70）	0.50（0.60）
角柱、框支柱纵向受力钢筋最小配筋率	1.10	0.90	0.80	0.70

注：表中括号内数值用于房屋建筑纯框架结构柱。

b.柱箍筋在规定的范围内应加密，并且加密区的箍筋间距与直径需要符合的规定如下：箍筋加密区的箍筋最大间距与最小直径需要根据表4-7采用。一级框架柱的箍筋直径大于12mm并且箍筋肢距不大于150mm及二级框架柱箍筋直径不小于10mm且肢距不大于200mm时，除了柱根外加密区箍筋最大间距应允许采用150mm；三级、四级框架柱的截面尺寸不大于400mm时，箍筋最小直径应允许采用6mm。剪跨比不大于2的柱，箍筋需要全高加密，并且箍筋间距不应大于100mm。

表4-7　柱箍筋加密区的箍筋最大间距与最小直径　　　　　　单位：mm

抗震等级	箍筋最大间距	箍筋最小直径
一级	6d 和 100 的较小值	10
二级	8d 和 100 的较小值	8
三、四级	8d 和 150（柱根 100）的较小值	8

注：表中 d 为柱纵向普通钢筋的直径（mm）；柱根是指柱底部嵌固部位的加密区范围。

4.1.2　一些具体结构钢筋应用的通用要求

其他一些具体结构钢筋应用的通用要求见表4-8。

表4-8　其他一些结构钢筋应用的通用要求

项目	解说
混凝土转换梁	1.转换梁上部、下部纵向钢筋的最小配筋率，特一级、一级、二级分别不应小于0.60%、0.50%、0.40%，其他情况不应小于0.30%。 2.离柱边1.5倍梁截面高度范围内的梁箍筋应加密，加密区箍筋直径不小于10mm，间距不应大于100mm。加密区箍筋的最小面积配筋率，特一级、一级、二级分别不应小于 $1.3\dfrac{f_t}{f_{yv}}$、$1.2\dfrac{f_t}{f_{yv}}$、$\dfrac{f_t}{f_{yv}}$，其他情况不应小于 $0.9\dfrac{f_t}{f_{yv}}$。 3.偏心受拉的转换梁的支座上部纵向钢筋至少应有50%沿梁全长贯通，下部纵向钢筋全部直通到柱内；沿梁腹板高度应配置间距不大于200mm、直径不小于16mm的腰筋。 4.偏心受拉的转换梁的支座上部纵向钢筋至少应有50%沿梁全长贯通，下部纵向钢筋全部直通到柱内；沿梁腹板高度应配置间距不大于200mm、直径不小于16mm的腰筋
混凝土转换柱	1.转换柱箍筋应采用复合螺旋箍或井字复合箍，并且沿柱全高加密，箍筋直径不应小于10mm，箍筋间距不应大于100mm和6倍纵向钢筋直径的较小值。 2.转换柱箍筋，需要采用复合螺旋箍或井字复合箍，并且沿柱全高加密，箍筋直径不应小于10mm，箍筋间距不应大于100mm和6倍纵向钢筋直径的较小值
带加强层高层建筑结构	1.加强层及其相邻层的框架柱、核心筒剪力墙的抗震等级，需要提高一级采用，已经为特一级时应允许不再提高。 2.加强层与其相邻层的框架柱，箍筋需要全柱段加密配置，轴压比限值需要根据其他楼层框架柱的数值减小0.05采用。 3.加强层与其相邻层核心筒剪力墙，需要设置约束边缘构件

续表

项目	解说
房屋建筑错层结构	1. 错层处框架柱的混凝土强度等级不应低于 C30，箍筋需要全柱段加密配置；抗震等级需要提高一级采用，已经为特一级时应允许不再提高。 2. 错层处平面外受力的剪力墙的承载力需要适当提高，剪力墙截面厚度不应小于 250mm，混凝土强度等级不应低于 C30，水平与竖向分布钢筋的配筋率不应小于 0.50%
房屋建筑连接体及与连接体相连的结构构件	1. 连接体与与连接体相连的结构构件在连接体高度范围及其上层、下层，抗震等级需要提高一级采用，一级需要提高到特一级，已经为特一级时应允许不再提高。 2. 与连接体相连的框架柱在连接体高度范围及其上层、下层，箍筋需要全柱段加密配置，轴压比限值需要根据其他楼层框架柱的数值减小 0.05 采用
钢筋及预应力工程施工与验收	1. 钢筋机械连接或焊接连接接头试件应从完成的实体中截取，并且需要根据规定进行性能检验。 2. 锚具或连接器进场时，需要检验其静载锚固性能。由锚具或连接器、锚垫板和局部加强钢筋组成的锚固系统，在规定的结构实体中，应能可靠传递预加力。 3. 钢筋与预应力筋需要安装牢固、位置准确。 4. 预应力筋张拉后需要可靠锚固，并且不应有断丝或滑丝。 5. 后张预应力孔道灌浆需要密实饱满，并且应具有规定的强度
装配式结构工程施工与验收	1. 预制构件连接需要符合设计要求，并且应符合相关规定。 2. 套筒灌浆连接接头需要进行工艺检验和现场平行加工试件性能检验；灌浆需要饱满密实。 3. 浆锚搭接连接的钢筋搭接长度需要符合设计要求，灌浆需要饱满密实。 4. 螺栓连接应进行工艺检验和安装质量检验。 5. 钢筋机械连接需要制作平行加工试件，并且进行性能检验。 6. 预制叠合构件的接合面、预制构件连接节点的接合面，需要根据设计要求做好界面处理并清理干净，后浇混凝土需要饱满、密实

注：f_t 为混凝土轴心抗拉强度设计值，f_{yv} 为横向钢筋的抗拉强度设计值。

一点通

混凝土结构中的钢筋选用要求如下。

① 纵向受力普通钢筋可以采用 HRB400、HRB500、HRBF400、HRBF500、RRB400、HPB300 钢筋。

② 预应力筋宜采用钢丝、钢绞线、预应力螺纹钢筋。

③ 箍筋宜采用 HRB400、HRBF400、HPB300、HRB500、HRBF500 钢筋。

4.2 混凝土结构用钢筋间隔件的应用

4.2.1 混凝土结构用钢筋间隔件的特点

（1）相关术语

钢筋间隔件是混凝土结构中用于控制钢筋保护层厚度或钢筋间距的构件。

根据材料，钢筋间隔件分为水泥基类钢筋间隔件、塑料类钢筋间隔件、金属类钢筋间隔件。

　　根据安放部位，钢筋间隔件分为表层间隔件、内部间隔件。表层间隔件，就是在钢筋与模板之间用于控制保护层厚度的物件。内部间隔件是在钢筋与钢筋之间用于控制钢筋间距或兼有控制保护层厚度的物件。

　　根据安放方向，钢筋间隔件分为水平间隔件、竖向间隔件。水平间隔件是用于控制钢筋和模板或者钢筋相互之间水平间距的物件。

　　竖向间隔件是用于控制钢筋和模板或者钢筋相互之间竖向间距的物件，它承受钢筋的自重荷载。

　　间隔尺寸是被间隔的钢筋保护层厚度或两钢筋之间的净距。

　　阵列式放置是间隔件在相邻行和列呈直线的安放方式。

　　梅花式放置是间隔件在相邻行和列中间的安放方式。

　　钢筋混凝土保护层厚度是钢筋混凝土构件中被保护钢筋外缘到混凝土构件表面的距离。

　　（2）混凝土结构用钢筋间隔件的应用要求

　　① 混凝土结构及构件施工前，均应编制钢筋间隔件的施工方案。

　　②钢筋间隔件施工方案应包括钢筋间隔件的选型、规格、间距、固定方式等内容。

　　③ 钢筋安装，需要设置固定钢筋位置的间隔件，并且宜采用专用间隔件，不得用石子、砖块、木块等作为间隔件。

　　④ 钢筋间隔件需要具有足够的承载力、刚度。在有抗渗、抗冻、防腐等耐久性要求的混凝土结构中，钢筋间隔件需要符合混凝土结构的耐久性要求。

　　⑤ 钢筋间隔件所用原材料需要有产品合格证，使用制作前需要复验，合格后方可使用。

　　⑥ 工厂生产的成品间隔件进场时，需要提供产品合格证、说明书。有承载力要求的间隔件，需要提供承载力试验报告；有抗渗要求的塑料类钢筋间隔件，需要提供抗渗性能试验报告。

　　⑦ 混凝土结构施工中，需要根据不同结构类型、环境类别、使用部位、保护层厚度、间隔尺寸等选择钢筋间隔件。混凝土结构用钢筋间隔件的选用要求见表4-9。

表4-9　混凝土结构用钢筋间隔件的选用要求

混凝土结构的环境类别	使用部位	钢筋间隔件			
		类型			
		水泥基类		塑料类	金属类
		砂浆	混凝土		
一、二 a	表层	○	○	○	○
	内部	×	△	△	○
二 b	表层	○	○	△	○
	内部	×	△	△	○
三	表层	○	○	△	△
	内部	×	△	△	○
四	表层	○	○	×	×
	内部	×	△	△	○
五	表层	○	○	×	×
	内部	×	△	△	○

注：表中 ○表示宜选用；△表示可以选用；× 表示不应选用。

　　⑧ 钢筋间隔件的形状和尺寸需要符合保护层厚度或钢筋间距的要求，应有利于混凝土浇筑密实，并且不致在混凝土内形成孔洞。

⑨ 钢筋间隔件上与被间隔钢筋连接的连接件或卡扣、槽口，需要与其相适配并可牢固定位。

⑩ 电焊机、混凝土泵、管架等设备荷载不得直接作用在钢筋间隔件上。

⑪ 清水混凝土的表层间隔件需要根据功能要求进行专项设计。与模板的接触面积，对水泥基类钢筋间隔件，不宜大于 300mm²；对塑料类钢筋间隔件和金属类钢筋间隔件，不宜大于 100mm²。

4.2.2 混凝土结构用钢筋间隔件的制作要求

钢筋间隔件的制作要求见表 4-10。

表 4-10 钢筋间隔件的制作要求

项目	解说
水泥基类钢筋间隔件	1. 水泥基类钢筋间隔件，可以采用水泥砂浆和混凝土制作。 2. 水泥砂浆间隔件的制作，需要符合现行国家标准《砌体工程施工质量验收规范》（GB 50203）等的有关规定。混凝土间隔件的制作，需要符合现行国家标准《混凝土结构工程施工质量验收规范》（GB 50204）中"混凝土分项工程"等的有关规定。 3. 水泥基类钢筋间隔件的规格需要符合的规定如下。 （1）可以根据混凝土构件与被间隔钢筋的特点选择立方体或圆柱体等实心的钢筋间隔件。 （2）普通混凝土中的间隔件与钢筋接触面的宽度不应小于 20mm，并且不宜小于被间隔钢筋的直径。 （3）应设置与被间隔钢筋定位的绑扎铁丝、卡扣或槽口，绑扎铁丝、卡扣应与砂浆或混凝土基体可靠固定。 （4）水泥砂浆间隔件的厚度不宜大于 40mm。 4. 水泥基类钢筋间隔件的材料与配合比需要符合的规定如下： （1）水泥砂浆间隔件不得采用水泥混合砂浆制作，水泥砂浆强度不应低于 20MPa。 （2）混凝土间隔件的混凝土强度应比构件的混凝土强度等级提高一级，且不应低于 C30。 （3）水泥基类钢筋间隔件中绑扎钢筋的铁丝宜采用退火铁丝。 5. 不应使用已断裂或破碎的水泥基类钢筋间隔件，发生断裂、破碎的钢筋间隔件应予以更换。 6. 水泥基类钢筋间隔件需要采用模具成型。 7. 水泥基类钢筋间隔件的养护时间不应少于 7d
塑料类钢筋间隔件	1. 塑料类钢筋间隔件必须采用工厂生产的产品，其原材料不得采用聚氯乙烯类塑料，并且不得使用二级以下的再生塑料。 2. 塑料类钢筋间隔件可作为表层间隔件，但是环形的塑料类钢筋间隔件不宜用于梁、板的底部。作为内部间隔件时不得影响混凝土结构的抗渗性能与受力性能。 3. 塑料类钢筋间隔件的规格需要符合的规定如下。 （1）可根据混凝土构件和被间隔钢筋的特点选择环形或鼎形等钢筋间隔件。 （2）塑料类钢筋间隔件应设置用于被间隔钢筋定位的卡扣或槽口。 （3）塑料类钢筋间隔件宜按保护层厚度设置颜色标识，并且应在产品说明书中予以说明。 4. 不得使用老化断裂或缺损的塑料类钢筋间隔件，发生断裂或破碎的应予以更换
金属类钢筋间隔件	1. 金属类钢筋间隔件宜采用工厂生产的产品，金属类钢筋间隔件可用作内部间隔件，除一类环境外，不应用作表层间隔件。 2. 金属类钢筋间隔件的规格需要符合的规定如下。 （1）可根据混凝土构件与被间隔钢筋的特点选择弓形、鼎形、立柱形、门形等钢筋间隔件。 （2）与钢筋采用非焊接或非绑扎固定的金属类钢筋间隔件应设置用于被间隔钢筋定位的卡扣或槽口。 3. 金属类钢筋间隔件所用的钢材宜采用 HPB235 热轧光圆钢筋及 Q235 级钢。 4. 金属类钢筋间隔件不得有裂纹或断裂，钢材不得有片状老锈。 5. 金属类钢筋间隔件与被间隔钢筋采用焊接定位时，需要满足现行行业标准《钢筋焊接及验收规程》（JGJ 18）等的有关要求，并且不得损伤被间隔钢筋。 6. 金属类钢筋间隔件在混凝土表面有外露的部分均需要设置防腐、防锈涂层。涂层需要符合现行国家标准《涂层自然气候曝露试验方法》（GB/T 9276）等要求。用于清水混凝土的表层间隔件宜套上与混凝土颜色接近的塑料套。涂层或塑料套的高度不宜小于 20mm。 7. 工地现场制作金属类钢筋间隔件时，需要符合的规定如下。 （1）同类金属类钢筋间隔件宜采用同品种、同规格的材料。 （2）现场制作，需要根据经审批的加工图纸并设置模具进行加工

4.2.3　间隔件的安放要求

（1）钢筋间隔件的安放要求

① 表层间隔件宜直接安放在被间隔的受力钢筋位置，当安放在箍筋或非受力钢筋时，其间隔尺寸需要根据受力钢筋位置做相应的调整。

② 竖向间隔件的安放间距，需要根据间隔件的承载力、刚度确定，并且需要符合被间隔钢筋的变形要求。

③ 钢筋间隔件安放后需要进行保护，不应使之受损或错位。作业时，需要避免物件对钢筋间隔件的撞击。

（2）表层间隔件的安放要求

① 板类构件表层间隔件的安放，需要满足钢筋不发生塑性变形的要求，并且保证钢筋间隔件不破损。

② 混凝土板类的表层间隔件宜根据阵列式放置在纵横钢筋交叉点的位置，两个方向的间距均不宜大于表 4-11 的规定。

表 4-11　板类的钢筋间隔件安放间距　　　　　　　　　　　单位：mm

钢筋间距 /mm		受力钢筋直径		
		6 ~ 10	12 ~ 18	> 20
单向板配筋	< 50	1.0	1.5	2.0
	60 ~ 100	0.8	1.5	2.0
	110 ~ 150	0.6	1.0	2.0
	160 ~ 200	0.5	1.0	2.0
	> 200	0.5	0.8	2.0
双向板配筋	< 50	1.2	2.0	2.5
	60 ~ 100	1.0	2.0	2.5
	110 ~ 150	0.8	1.5	2.5
	160 ~ 200	0.8	1.5	2.5
	> 200	0.6	1.0	2.5

注：1. 双向板以短边方向钢筋确定。

2. 直径大于 32mm 钢筋的间距，需要保证被间隔钢筋竖向变形的要求：基础不大于 10mm，板不大于 3mm。

（3）梁类构件表层间隔件的安放要求

① 混凝土梁类的竖向表层间隔件，需要放置在最下层受力钢筋下面，当安放在箍筋下面时，其间隔尺寸需要做相应的调整。安放间距不应大于表 4-12 的规定。纵横梁钢筋相交处需要增设钢筋间隔件。

表 4-12　梁类的竖向表层间隔件的安放间距

跨中上层钢筋直径 /mm	安放间距 /m	跨中上层钢筋直径 /mm	安放间距 /m
≤ 10	0.6	20 ~ 25	1.5
12 ~ 18	1.0	≥ 25	2.0

② 梁类构件的水平表层间隔件，需要放置在受力钢筋侧面，当安放在箍筋侧面时，其间隔尺寸需要做相应的调整。对侧面配有腰筋的梁，在腰筋部位应放置同样数量的水平间隔件。安放间距不应大于表 4-13 的规定。

表 4-13　梁类的水平表层间隔件的安放间距

钢筋直径 /mm	安放间距 /m	钢筋直径 /mm	安放间距 /m
≤ 10	0.8	20 ～ 25	1.8
12 ～ 18	1.2	≥ 25	2.2

（4）混凝土墙类的表层间隔件的安放要求

混凝土墙类的表层间隔件，需要采用阵列式放置在最外层受力钢筋处。水平与竖向安放间距不应大于表 4-14 的规定。

表 4-14　混凝土墙类的表层间隔件的安放间距

钢筋直径 /mm	安放间距 /m	钢筋直径 /mm	安放间距 /m
≤ 8	0.5	18 ～ 22	1.0
10 ～ 16	0.8	≥ 25	1.2

（5）混凝土柱类的表层间隔件的安放要求

混凝土柱类的表层间隔件，需要放置在纵向钢筋的外侧面，其水平间距不应大于 0.4m；竖向间距不宜大于 0.8m；水平与竖向表层间隔件每侧均不应少于 2 个，并且对称放置。

（6）灌注桩的表层间隔件的安放要求

灌注桩的表层间隔件的安放需要符合的规定如下：灌注桩的表层间隔件，当采用混凝土圆柱状钢筋间隔件时，需要安放在同一环向箍筋上；当采用金属弓形钢筋间隔件时，需要与纵向钢筋焊接。安放间距需要符合表 4-15 的规定，并且每节钢筋笼不应少于 2 组，长度大于 12m 的中间需要增设 1 组。

表 4-15　灌注桩的表层间隔件的安放间距

纵向钢筋直径 /mm	竖向间距 /m	水平间距（弧长）/m	
		桩径 ≤ 800mm	桩径 > 800mm
≤ 8	3.0	0.8，且不少于 3 个	1.0
10 ～ 16	4.0		
18 ～ 22	5.0		
≥ 25	6.0		

（7）内部间隔件的安放要求

① 竖向内部间隔件的安放需要符合的规定如下。

a. 厚（高）度大于等于 1000mm 的混凝土板、梁及其他大型构件的竖向内部间隔件及其间距，需要根据计算来确定。

b. 梁类竖向内部间隔件可采用独立式或组合式。竖向内部间隔件应直接支承于模板或垫层。

c. 预应力曲线型布筋时，竖向内部间隔件可安放在底模或定位于已安装好的非预应力筋。钢筋间隔件间距需要专门设计，其安放曲率需要符合设计要求。

② 墙类水平内部间隔件宜采用阵列式布置。

4.2.4　钢筋间隔件质量检查

混凝土浇筑前需要对钢筋间隔件的安放质量进行检查，其形式、规格、数量、固定方式需要符合施工方案等的要求。

钢筋混凝土保护层厚度需要符合的规定见表 4-16。

表 4-16　钢筋间隔件安放的保护层允许偏差

构件类型	允许偏差 /mm
梁（柱）类	+8，-5
板（墙）类	+5，-3

钢筋间隔件的安放位置需要符合施工方案，其允许偏差需要符合的规定见表 4-17。

表 4-17　钢筋间隔件的安放位置允许偏差

检查项目		允许偏差
位置	平行于钢筋方向	50mm
	垂直于钢筋方向	0.5d

注：表中 d 为被间隔钢筋直径。

💡 一点通

混凝土叠合梁、叠合板需要符合的规定如下。

① 叠合梁的叠合层混凝土的厚度不宜小于 100mm，混凝土强度等级不宜低于 C30。预制梁的箍筋需要全部伸入叠合层，并且各肢伸入叠合层的直线段长度不宜小于 10d（d 表示箍筋直径）。预制梁的顶面需要做成凹凸差不小于 6mm 的粗糙面。

② 叠合板的叠合层混凝土厚度不应小于 50mm。预制板表面需要做成凹凸差不小于 4mm 的粗糙面。预应力混凝土叠合板以及承受较大荷载的钢筋混凝土叠合板，宜在预制底板上设置伸入叠合层的构造钢筋。

4.3　钢筋桁架混凝土楼板

4.3.1　钢筋桁架混凝土楼板结构

钢筋桁架混凝土楼板示意如图 4-1 所示。钢筋桁架板示意如图 4-2 所示。

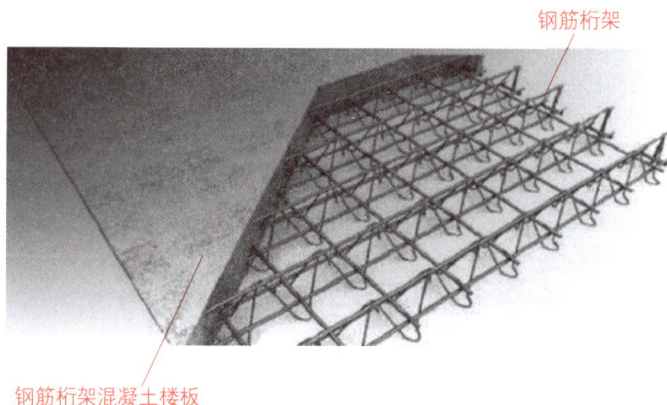

图 4-1　钢筋桁架混凝土楼板示意

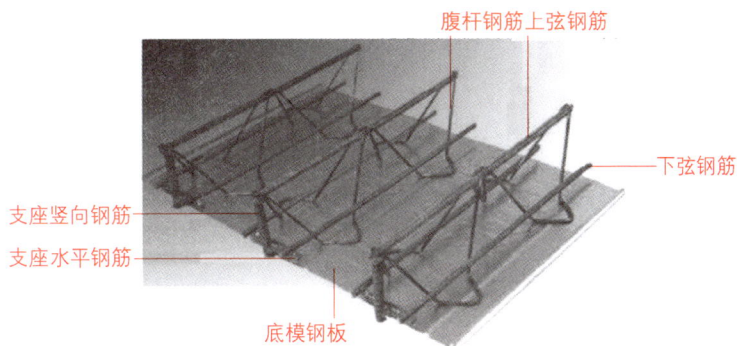

图 4-2　钢筋桁架板示意

4.3.2　钢筋桁架混凝土楼板钢筋的应用与案例

钢筋桁架混凝土楼板钢筋的应用如图 4-3 所示。

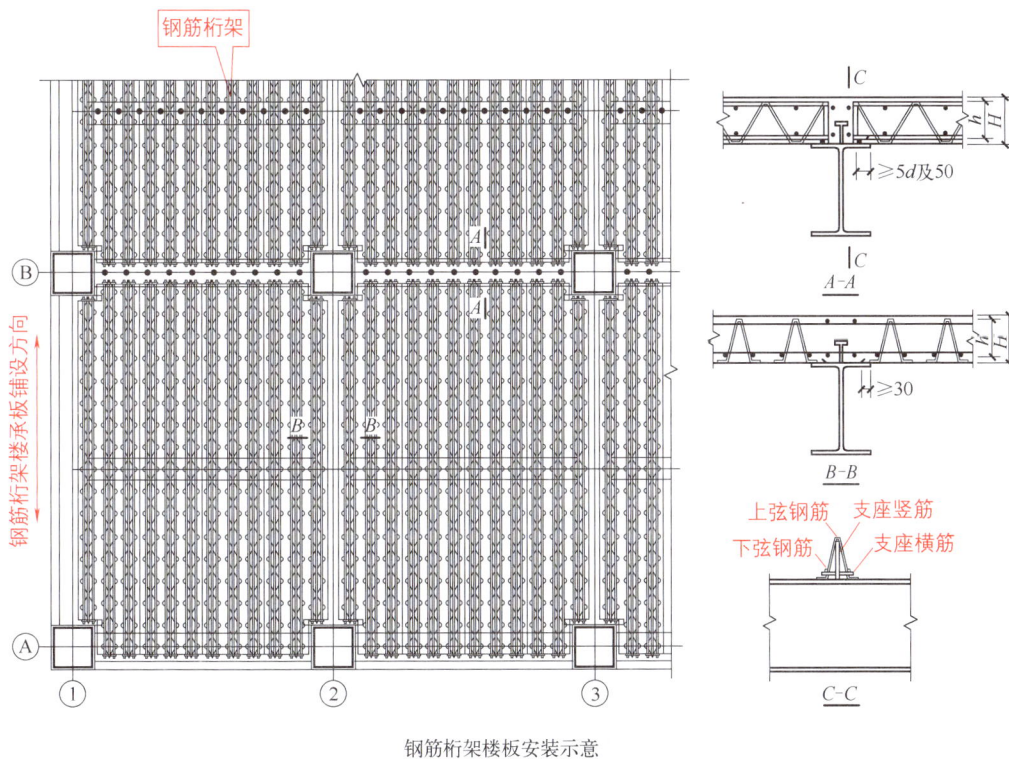

钢筋桁架楼板安装示意

图 4-3　钢筋桁架混凝土楼板钢筋的应用

钢筋桁架混凝土楼板的布筋案例如图 4-4 所示。

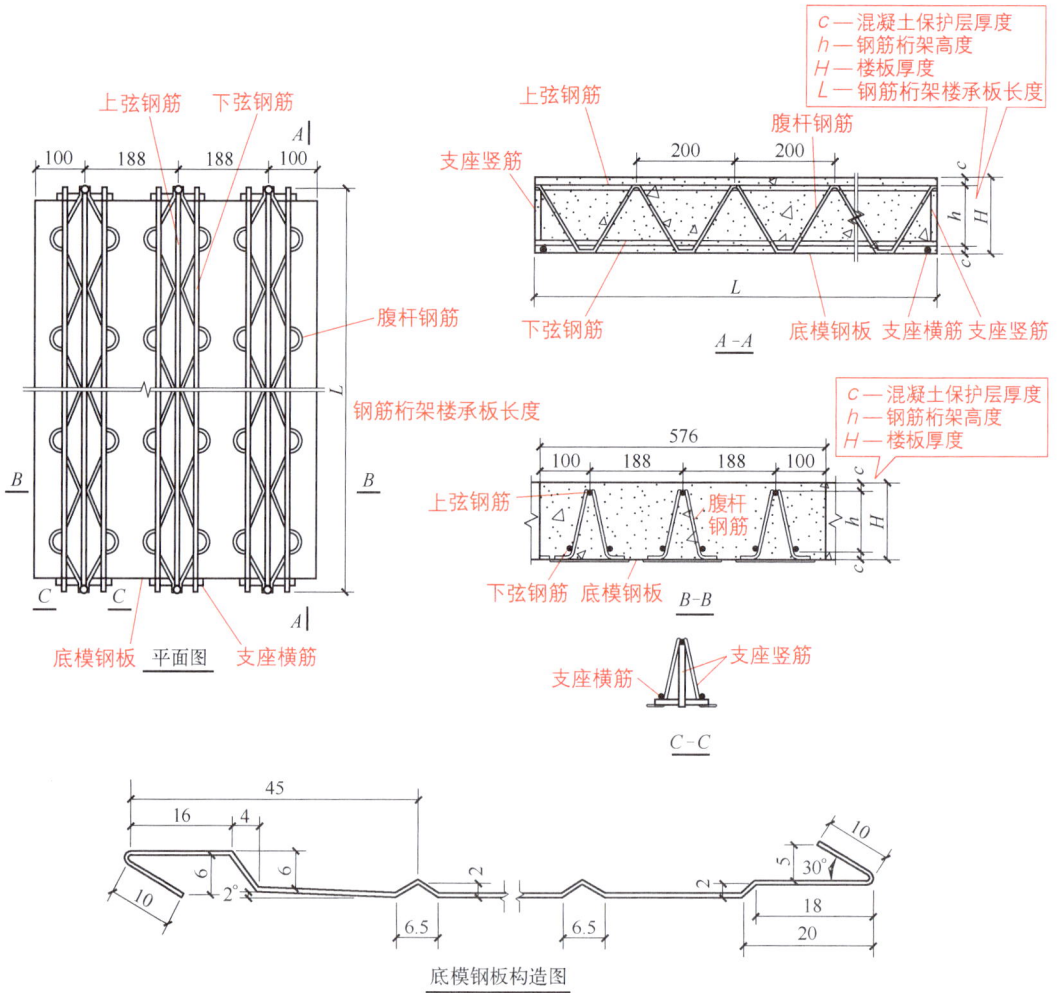

图 4-4 钢筋桁架混凝土楼板的布筋案例

HB2钢筋桁架参数表

型号	桁架高度 h/mm	楼板厚度 H/mm	钢筋直径/mm				
			上弦	下弦	腹杆	支座横筋	支座竖筋
HB2-100	100	130	Φ10	Φ10	Φ^{RH}5	Φ10	Φ12
HB2-110	110	140	Φ10	Φ10	Φ^{RH}5	Φ12	Φ14
HB2-120	120	150					
HB2-130	130	160					

4.4 纤维水泥板免拆底模钢筋桁架楼承板的应用

4.4.1 钢筋桁架楼承板的类型

纤维水泥板免拆底模钢筋桁架楼承板的类型如图 4-5 所示。

纤维水泥板免拆底模钢筋桁架楼承板(简称维捷板或WJ板),是由钢筋桁架与纤维水泥板底模采用专用连接件和自攻螺钉通过机械连接而成。
按照钢筋桁架间距的不同,WJ板分为WJA板与WJB板

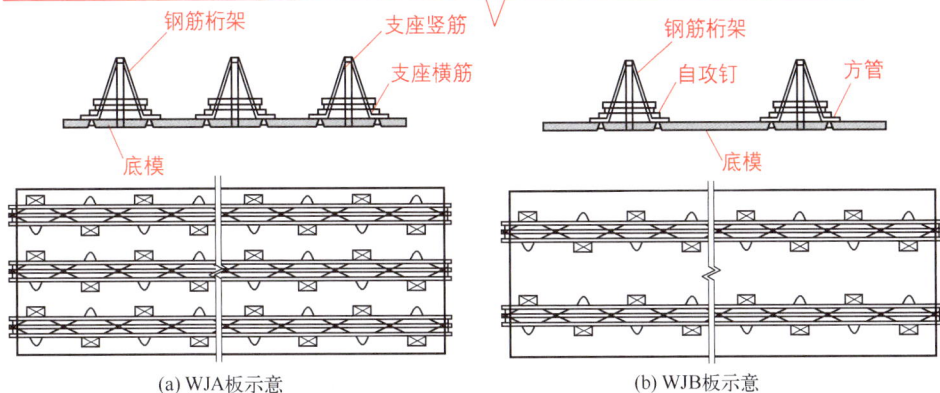

(a) WJA板示意   (b) WJB板示意

图 4-5 纤维水泥板免拆底模钢筋桁架楼承板的类型

4.4.2 纤维水泥板免拆底模钢筋桁架楼承板桁架结构

纤维水泥板免拆底模钢筋桁架楼承板桁架结构如图 4-6 所示。

钢筋桁架的上、下弦钢筋(统称弦杆钢筋)采用热轧带肋钢筋HRB400、HRB500,常用直径6~12mm

钢筋桁架的腹杆钢筋采用冷拔(轧)光面钢筋CPB550,常用直径4.5~6.5mm

钢筋桁架的支座横筋、竖筋(统称支座钢筋)采用热轧光圆钢筋HPB300或热轧带肋钢筋HRB400。钢筋桁架高度不大于100mm时,横筋与竖筋的直径分别为10mm和12mm,钢筋桁架高度大于100mm时,横筋与竖筋的直径分别为12mm和14mm

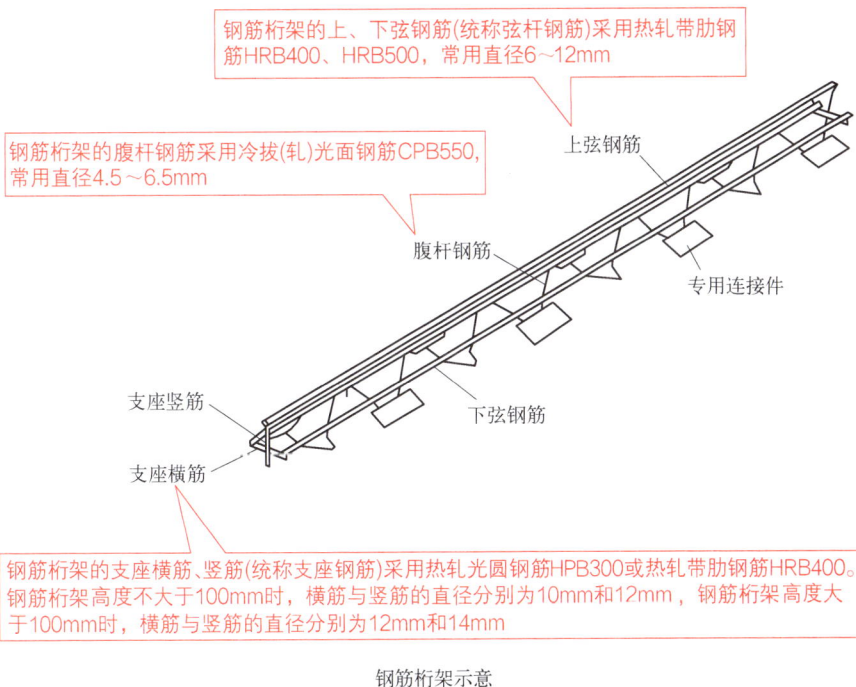

钢筋桁架示意

图 4-6 纤维水泥板免拆底模钢筋桁架楼承板桁架结构

4.4.3 专用连接件副

专用连接件副示意如图 4-7 所示。

专用连接件副由专用连接件与自攻螺钉组成。
专用连接件上的两条肋与钢筋桁架的腹杆弯脚焊接形成由4个焊点组成的合围区，
自攻螺钉将底模板与钢筋桁架通过机械连接固定于专用连接件的围区内

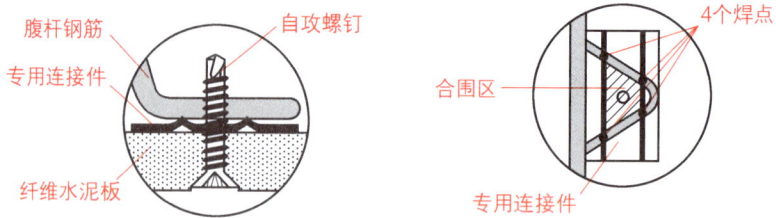

腹杆钢筋　　　自攻螺钉
专用连接件
　　　　　　　　　　　　4个焊点
　　　　　　　　　　　合围区
纤维水泥板
　　　　　　　　　　　　专用连接件

图 4-7　专用连接件副示意

4.4.4　现浇混凝土梁支座位置连接结构——桁架的应用

现浇混凝土梁支座位置连接结构——桁架的应用如图 4-8 所示。

l_1、l_2、l_3 分别为平行于钢筋桁架的支座上筋、支座下筋和垂直于钢筋桁架的支座上筋自支座边缘伸入板内的长度
l_4、l_5 分别为支座上筋、支座下筋伸入支座内的水平段长度
l_6 为支座上筋伸入支座内的弯折段长度

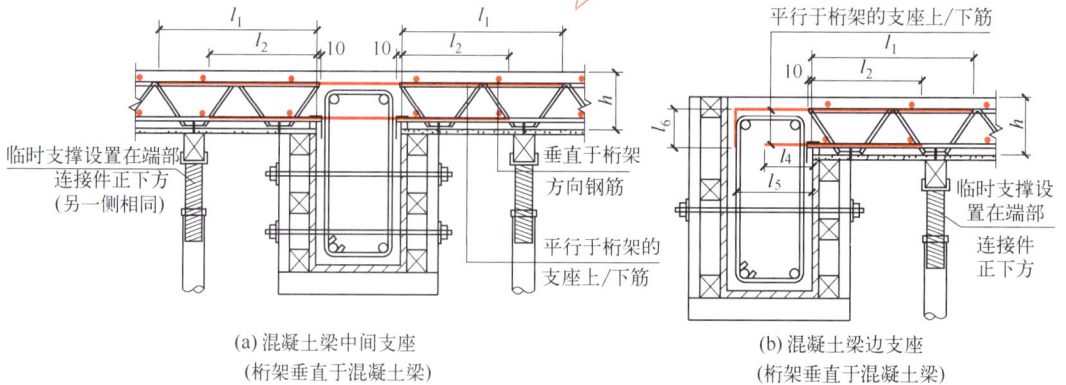

临时支撑设置在端部
连接件正下方
（另一侧相同）

垂直于桁架
方向钢筋

平行于桁架的
支座上/下筋

平行于桁架的支座上/下筋

临时支撑设
置在端部
连接件
正下方

(a) 混凝土梁中间支座
（桁架垂直于混凝土梁）

(b) 混凝土梁边支座
（桁架垂直于混凝土梁）

图 4-8　现浇混凝土梁支座位置连接结构——桁架的应用

4.5　压型钢板可拆底模钢筋桁架楼承板的应用

4.5.1　压型钢板可拆底模钢筋桁架楼承板结构

压型钢板可拆底模钢筋桁架楼承板结构如图 4-9 所示。

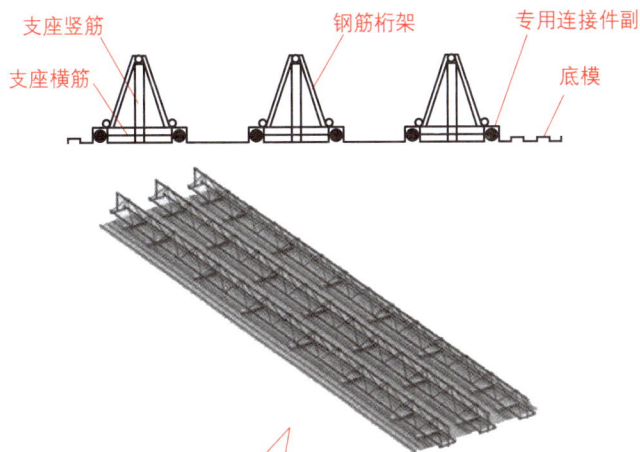

支座竖筋　　　钢筋桁架　　　专用连接件副

支座横筋　　　　　　　　　　　　底模

压型钢板可拆底模钢筋桁架楼承板由钢筋桁架与压型钢板底模通过专用连接件副机械连接而成。
压型钢板可拆底模钢筋桁架楼承板简称TDD(Y)板

图 4-9　压型钢板可拆底模钢筋桁架楼承板结构

4.5.2　压型钢板可拆底模钢筋桁架结构

压型钢板可拆底模钢筋桁架结构如图 4-10 所示。

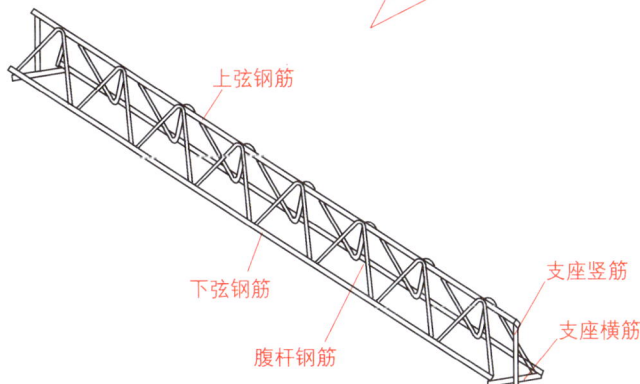

钢筋桁架的上、下弦钢筋(统称弦杆钢筋)采用热轧带肋钢筋HRB400、HRB500，常用直径规格为6～12mm。
钢筋桁架的腹杆钢筋采用冷拔(轧)光面钢筋CPB550，常用直径规格为4.5～6.0mm。
钢筋桁架的支座横筋、竖筋(统称支座钢筋)采用热轧光圆钢筋HPB300或热轧带肋钢筋HRB400。
钢筋桁架高度不大于100mm时，横筋与竖筋的直径分别为10mm和12mm，
钢筋桁架高度大于100mm时，横筋与竖筋的直径分别为12mm和14mm

上弦钢筋

下弦钢筋　　　　　　　　支座竖筋

腹杆钢筋　　　　　　支座横筋

图 4-10　压型钢板可拆底模钢筋桁架结构

4.5.3　压型钢板可拆底模钢筋桁架连接件副

压型钢板可拆底模钢筋桁架连接件副如图 4-11 所示。

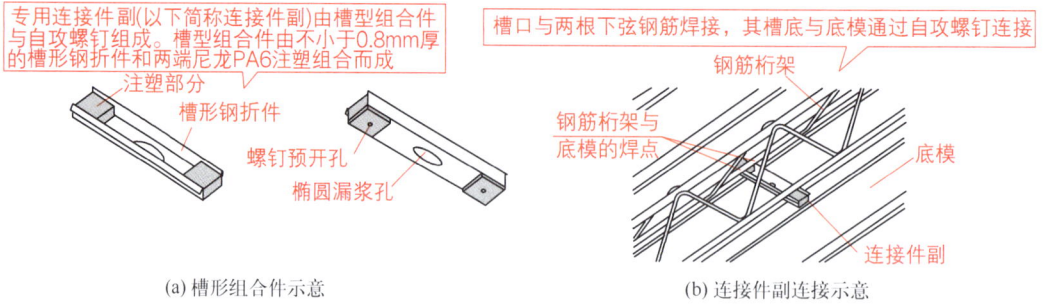

专用连接件副(以下简称连接件副)由槽型组合件与自攻螺钉组成。槽型组合件由不小于0.8mm厚的槽形钢折件和两端尼龙PA6注塑组合而成

注塑部分

槽形钢折件

螺钉预开孔

椭圆漏浆孔

(a) 槽形组合件示意

槽口与两根下弦钢筋焊接，其槽底与底模通过自攻螺钉连接

钢筋桁架

钢筋桁架与底模的焊点

底模

连接件副

(b) 连接件副连接示意

图 4-11　压型钢板可拆底模钢筋桁架连接件副

4.5.4　压型钢板可拆底模钢筋桁架楼承板

压型钢板可拆底模钢筋桁架楼承板如图 4-12 所示。

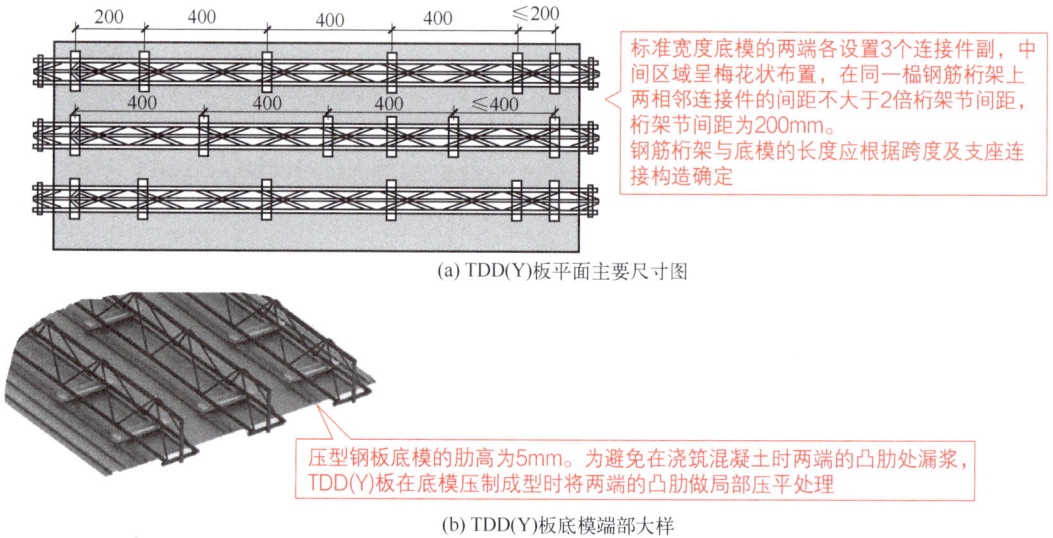

标准宽度底模的两端各设置3个连接件副，中间区域呈梅花状布置，在同一榀钢筋桁架上两相邻连接件的间距不大于2倍桁架节间距，桁架节间距为200mm。
钢筋桁架与底模的长度应根据跨度及支座连接构造确定

(a) TDD(Y)板平面主要尺寸图

压型钢板底模的肋高为5mm。为避免在浇筑混凝土时两端的凸肋处漏浆，TDD(Y)板在底模压制成型时将两端的凸肋做局部压平处理

(b) TDD(Y)板底模端部大样

图 4-12　压型钢板可拆底模钢筋桁架楼承板

4.5.5　现浇混凝土梁、墙支座连接构造

现浇混凝土梁、墙支座连接构造如图 4-13 所示。

l_1、l_2、l_3 分别为平行于钢筋桁架的支座上筋、支座下筋和垂直于钢筋桁架的支座上筋自支座边缘伸入板内的长度
l_4、l_5 分别为支座上筋、支座下筋伸入支座内的水平段长度
l_6 为支座上筋伸入支座内的弯折段长度

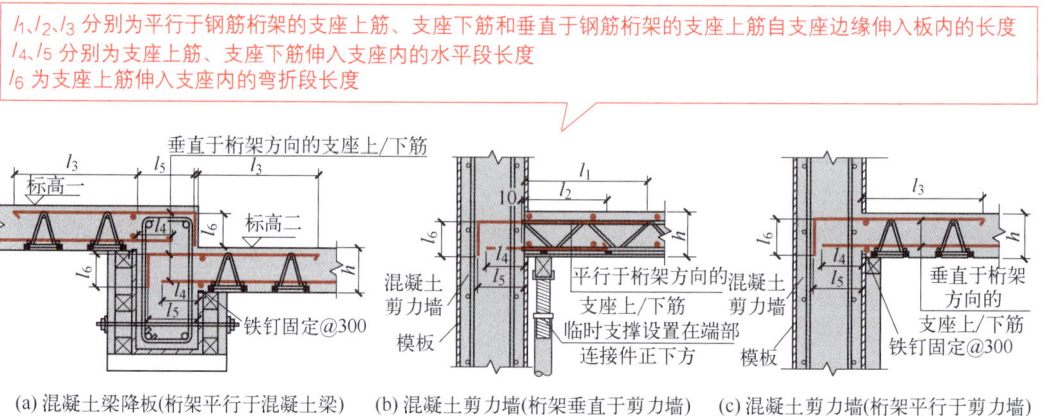

(a) 混凝土梁降板(桁架平行于混凝土梁)　　(b) 混凝土剪力墙(桁架垂直于剪力墙)　　(c) 混凝土剪力墙(桁架平行于剪力墙)

图 4-13　TDD 板现浇混凝土梁、墙支座连接构造

4.5.6　TDD（Y）板洞边补强钢筋结构

TDD（Y）板洞边补强钢筋结构如图 4-14 所示。

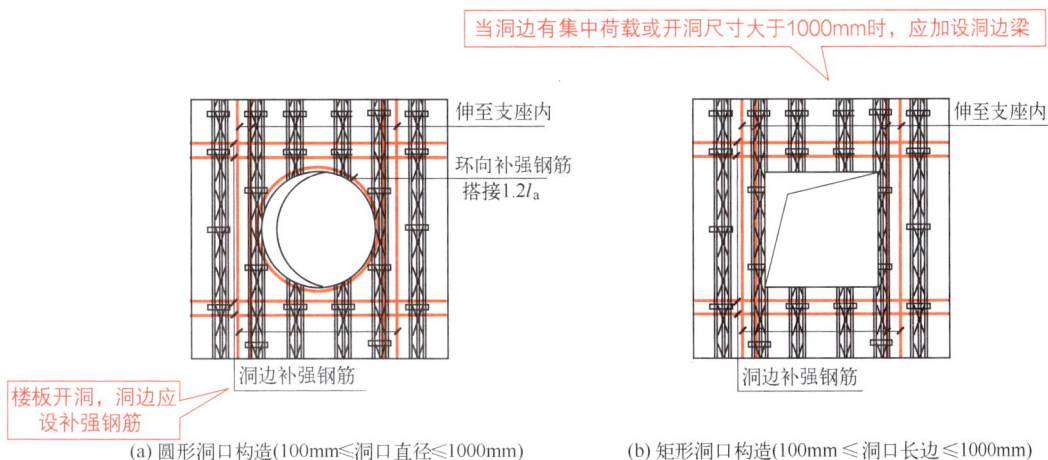

当洞边有集中荷载或开洞尺寸大于1000mm时，应加设洞边梁

伸至支座内

环向补强钢筋搭接1.2l_a

伸至支座内

楼板开洞，洞边应设补强钢筋

洞边补强钢筋

洞边补强钢筋

(a) 圆形洞口构造(100mm≤洞口直径≤1000mm)　　(b) 矩形洞口构造(100mm≤洞口长边≤1000mm)

图 4-14　TDD（Y）板洞边补强钢筋结构

洞边补强钢筋应按照设计要求布置，且每侧补强钢筋不应小于被切断受力钢筋面积的一半，并不小于 2 ⊈ 14，补强钢筋之间的净距为 30mm。圆形洞口环向上下各配置一根直径不小于 12mm 的补强钢筋。待楼板混凝土达到设计强度后，方可切断洞口内的钢筋

4.6　钢筋的应用——方形钢筋混凝土蓄水池

4.6.1　地下水位允许高出底板顶面上的高度

当没有采取附加措施时，地下水位允许高出底板顶面上的高度，具体要求见表 4-18。

表 4-18　地下水位允许高出底板顶面上的高度

池顶覆土厚度/mm	蓄水池形状	蓄水池有效容积 /m³											
		50	100	150	200	300	400	500	600	800	1000	1500	2000
		地下水位允许高出底板顶面上的高度 /mm											
500	矩形	3500	1600										
	方形	3500	1600										
1000	矩形	4400	2300										
	方形	4400	2300										
1500	矩形	—				3100				—			
	方形	—				3100				—			

注：本表中地下水允许高出底板顶面上的高度是按蓄水池无水的情况计算得出的。

4.6.2　方形钢筋混凝土蓄水池的布置

方形钢筋混凝土蓄水池的布置如图 4-15 所示。

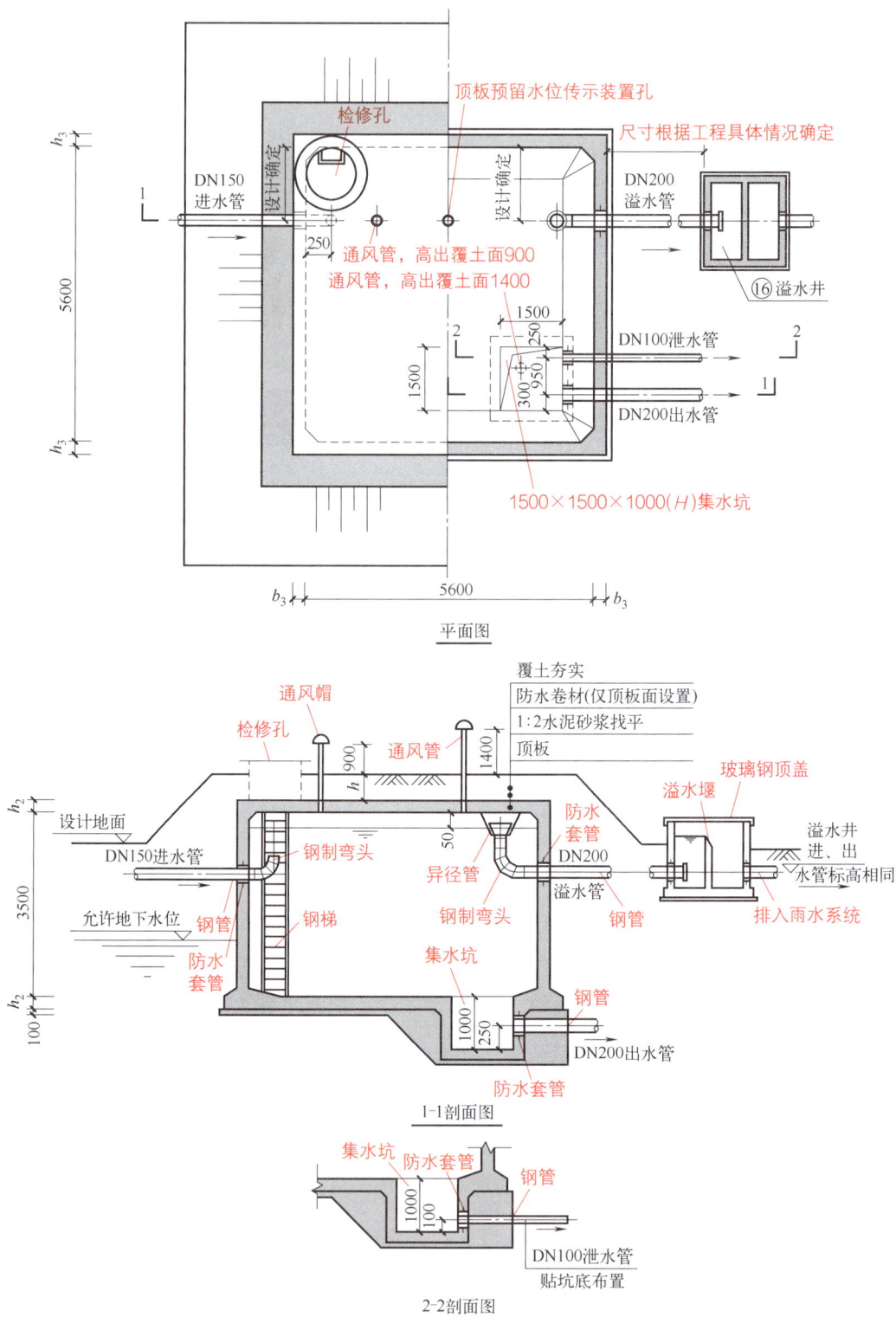

图 4-15　方形钢筋混凝土蓄水池的布置

4.6.3　池顶、池底的配筋

池顶、池底配筋的实例如图 4-16 所示。

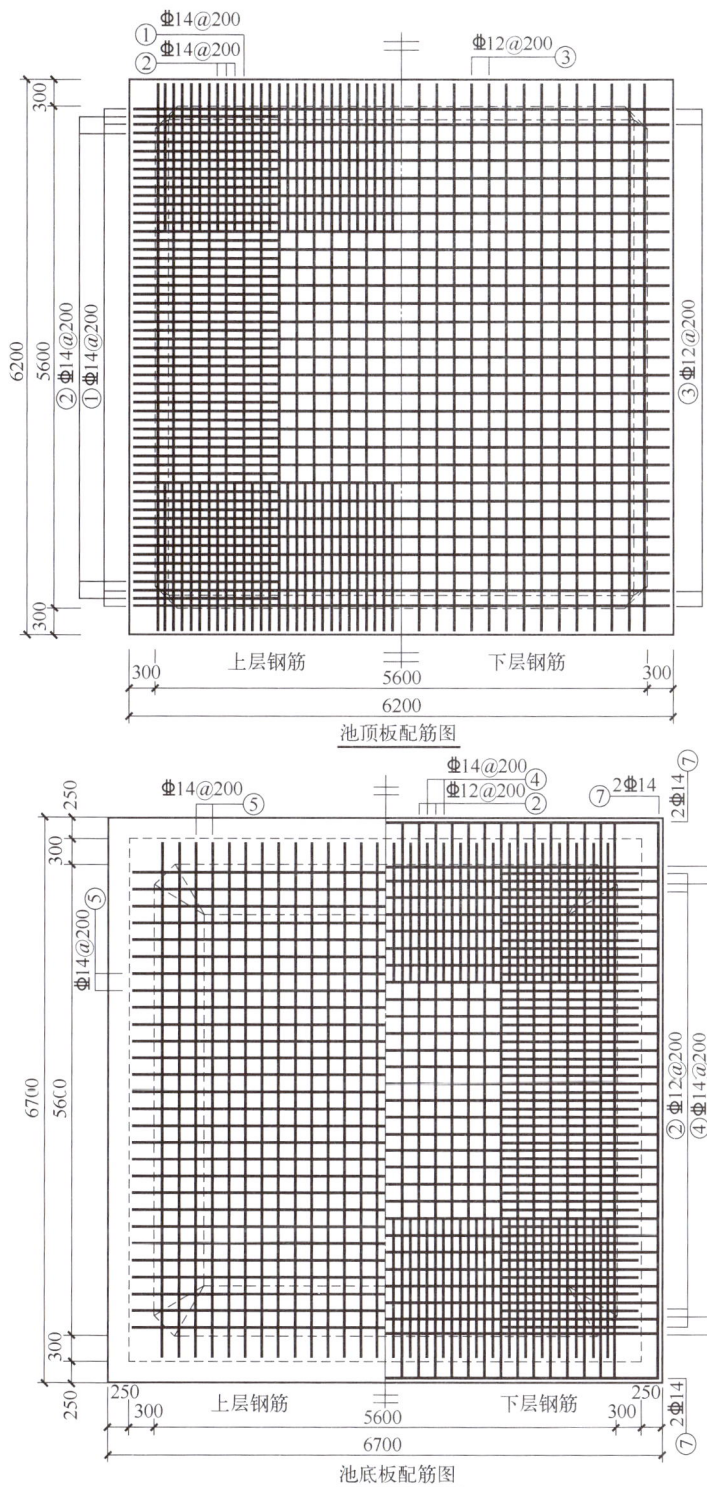

图 4-16　池顶、池底配筋的实例

4.6.4 池壁的配筋

池壁配筋的实例如图 4-17 所示。

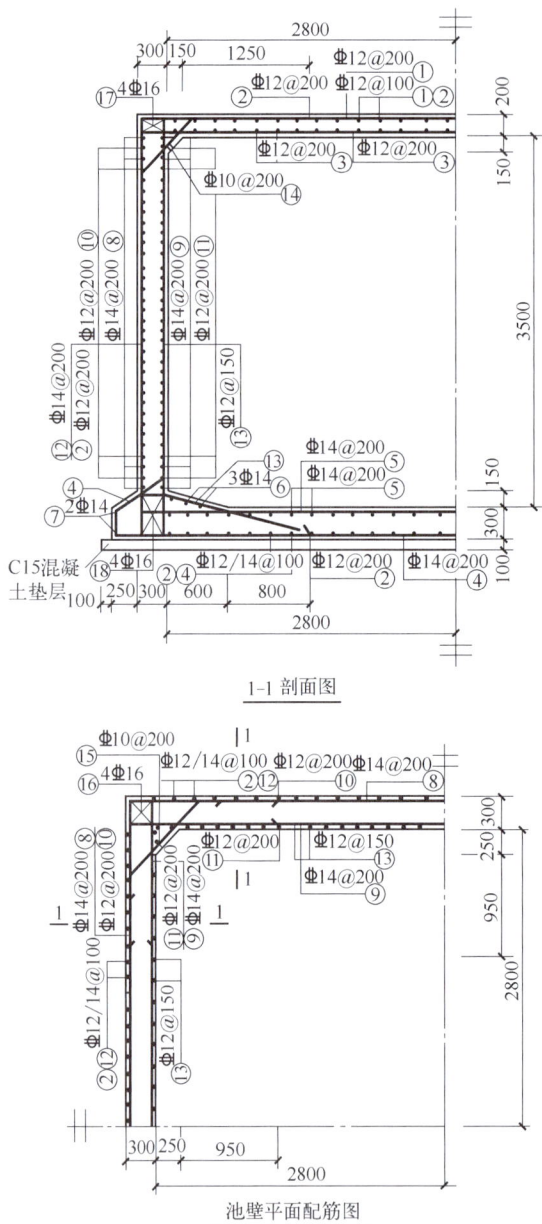

1-1 剖面图

池壁平面配筋图

钢筋表

编号	略图	直径/mm	长度/mm	根数	总长度/m
①	210 ⌐6140⌐	12	6560	56	367
②	1670 3940 1670	12	7280	112	815
③	230 140 ⌐6140⌐	12	6420	56	360
④	230 230 570 6640 570	14	8240	56	461
⑤	230 ⌐6140⌐	14	6600	56	370
⑥	6140	14	6140	12	74
⑦	6640	14	6640	8	53
⑧	6140 ▢ 6140	14	24560	18	442
⑨	240 ▢6140▢ 240 240 6140 240	14	26480	18	477
⑩	1470 1470	12	2940	68	200
⑪	240 1470 1470 240	12	3420	68	233
⑫	(顶)390 3940 300	14	4630	112	519
⑬	240 3940 240 380 1070 240	12	6110	152	929
⑭	200 770 200 1170	10	1170	112	131
⑮	200 1060 200 1460	10	1460	68	99
⑯	3940	16	3940	16	63
⑰	370 ⌐6140⌐	16	6880	16	110
⑱	6640	16	6640	16	106

钢筋混凝土保护层厚度:柱为35mm;底板顶层、顶板和池壁为30mm;底板下层为40mm。
采用焊接接头的钢筋,钢筋焊接接头连接区段的长度为35d且不小于500mm(d为连接钢筋的较小直径),纵向受力钢筋的焊接接头应相互错开。
采用绑扎搭接接头的钢筋,钢筋搭接除图中注明外,搭接长度应符合规定。纵向受拉钢筋搭接的接头应相互错开,同一连接区段内钢筋接头数量应不大于总数量的25%,搭接长度不应小于300mm。
钢筋遇到孔洞时应尽量绕过,不得截断,如必须截断时,应与孔洞口加固环筋焊接锚固

图 4-17 池壁配筋的实例

4.7　钢筋的其他应用

4.7.1　钢筋混凝土管

钢筋混凝土管是用混凝土制作的管壁内配置钢筋骨架的管子。

刚性接口是在工作状态下，相邻管端不具备角变位、轴向线位移功能的接口。柔性接口是在工作状态下，相邻管端具备角变位、轴向线位移功能的接口。

根据外压荷载，钢筋混凝土管分为 I 级管、II 级管、III 级管。

钢筋混凝土管规格、外压荷载、内水压力检验指标见表 4-19。

表 4-19　钢筋混凝土管规格、外压荷载、内水压力检验指标

公称内径 /mm	设计有效长度 /mm	设计壁厚 /mm	I 级管			II 级管			III 级管		
			裂缝荷载 /（kN/m）	破坏荷载 /（kN/m）	内水压力 /MPa	裂缝荷载 /（kN/m）	破坏荷载 /（kN/m）	内水压力 /MPa	裂缝荷载 /（kN/m）	破坏荷载 /（kN/m）	内水压力 /MPa
300	≥ 1000	≥ 50	15	23	0.06	19	29	0.10	27	41	0.10
400		≥ 50	17	26		27	41		35	53	
500		≥ 55	21	32		32	48		44	66	
600		≥ 60	25	38		40	60		53	80	
700		≥ 70	28	42		47	74		62	93	
800		≥ 80	33	50		54	81		71	107	
900	≥ 2000	≥ 90	37	56		61	92		80	120	
1000		≥ 100	40	60		67	100		89	134	
1100		≥ 110	44	66		74	110		98	147	
1200		≥ 120	48	72		80	120		107	161	
1350		≥ 135	55	83		90	135		122	183	
1400		≥ 140	57	86		93	140		126	189	
1500		≥ 150	60	90		100	150		135	205	
1600		≥ 160	64	96		106	160		144	216	
1650		≥ 165	66	99		110	165		148	222	
1800		≥ 180	72	108		120	180		162	243	
2000		≥ 200	80	120		134	200		180	270	
2200		≥ 220	88	132		146	220		196	294	
2400		≥ 230	96	144		158	238		212	318	
2600		≥ 245	104	156		172	258		228	342	
2800		≥ 255	112	168		185	278		244	366	
3000		≥ 275	120	180		198	298		260	390	
3200		≥ 290	128	192		211	317		276	414	
3400		≥ 310	136	204		221	332		292	438	
3500		≥ 320	140	210		228	342		300	450	
3600		≥ 330				234	351		306	459	
3800		≥ 340				242	363		320	480	
4000		≥ 350				250	375		332	498	

钢筋混凝土管的钢筋，宜采用冷轧带肋钢筋、热轧带肋钢筋，也可以采用热轧光圆钢筋、冷拔低碳钢丝。

钢筋混凝土管的承口用钢板宜采用 Q355B、Q235B 钢。管体其他部位用钢板或钢带宜采用 Q235B 钢。

钢筋骨架的环筋用量应由设计计算确定。环筋直径不宜小于 4mm。环筋净距宜为 35 ~ 120mm。

钢筋骨架两端的环筋宜采用单筋加密 1 ~ 2 圈。

钢筋骨架的纵筋直径不应小于 4mm。纵筋的环向间距不应大于 400mm。纵筋根数不应少于 6 根，宜为 6 或 8 的倍数。

壁厚小于或等于 100mm 的钢筋混凝土管，宜采用单层配筋，配筋位置宜在距管内壁 2/5 处；壁厚大于 100mm 的钢筋混凝土管，应采用双层配筋。

用于顶进施工的钢筋混凝土管，宜在距管端 200 ~ 300mm 范围内增加环筋的数量，沿管端纵筋配置 U 形箍筋或其他形式的加强筋。

钢筋骨架制作：环筋直径小于或等于 12mm 时，需要采用滚焊成型；环筋直径大于 12mm 时，可以采用滚焊成型或人工焊接成型。纵筋端头露出环筋的长度不宜大于 25mm。

钢筋骨架连接点需要牢固。钢筋骨架要无明显的扭曲变形。

钢筋骨架制作尺寸的允许偏差见表 4-20。

表 4-20　钢筋骨架制作尺寸的允许偏差

项目	允许偏差 /mm
骨架直径	±5
骨架总长度	0 −10
环筋间距（连续 10 环平均值）	±5
纵筋间距	±10

4.7.2　钢筋混凝土灌注桩

① 受水平荷载的桩，主筋不应少于 8 ⏀ 12；对于抗压桩和抗拔桩，主筋不应少于 6 ⏀ 10；纵筋最小配筋率为 0.2% ~ 0.65%(小直径取大值)；纵向主筋应沿桩身周边均匀布置，其净距不应小于 60mm。

② 箍筋采用螺旋式，桩顶以下 5 倍桩径范围内的箍筋加密。桩身位于液化土层时，桩顶至液化土层底面埋深以下不小于 1m 范围内的箍筋应加强。钢筋笼长度超过 4m 时，每隔 2m 设一道焊接加劲箍筋。

③ 钢筋笼可整段或分段制作。一般情况下，分段制作的钢筋笼，其接头可采用焊接或机械接头。

④ 钢筋笼位于同一连接区段内的焊接或机械连接接头不得超过主筋总数的 50%。钢筋机械连接区段的长度为 35d (d 为连接钢筋的较小直径)；焊接接头的连接区段长度为 35d 且不小于 500mm；直径 25mm 及以上的钢筋宜采用机械连接。

钢筋混凝土灌注桩的配筋实例如图 4-18 所示。

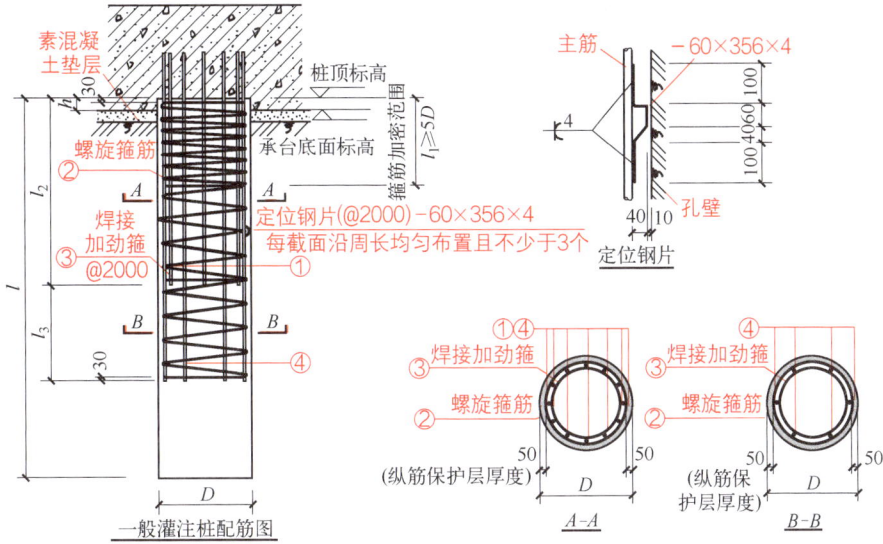

一般灌注桩配筋图

b为桩顶进入承台高度，桩径D<800mm时取50mm，桩径D≥800mm时取100mm。
根据基底土质情况，素混凝土垫层下可设置厚度不小于70mm的碎石垫层

一般灌注桩配筋图

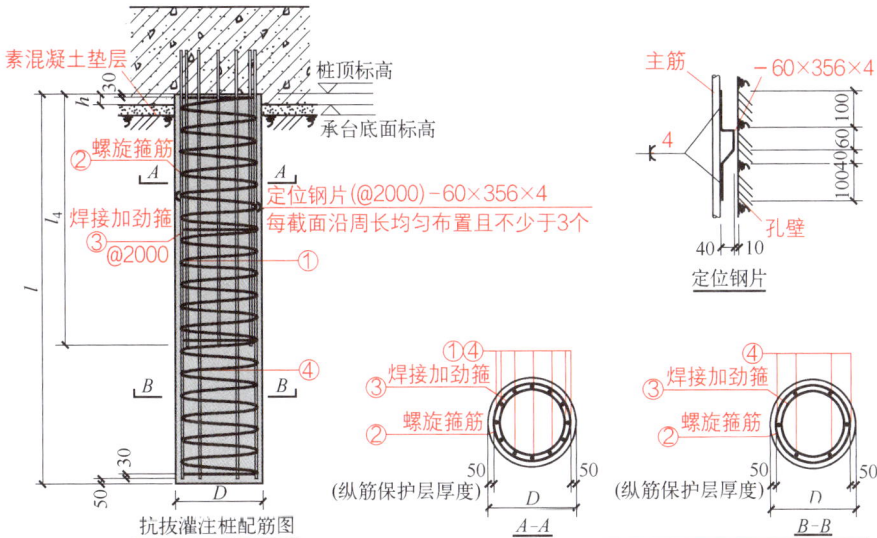

抗拔灌注桩配筋图

b为桩顶进入承台高度，桩径D<800mm时取50mm，桩径D≥800mm时取100mm。
根据基底土质情况，素混凝土垫层下可设置厚度不小于70mm的碎石垫层

抗拔灌注桩配筋图

灌注桩箍筋及加劲箍配置　　单位：mm

代号	一般灌注桩(YZ)						抗拔灌注桩(BZ)		
桩径	400、500	600	700、800	900、1000、1100	1200、1300	1400、1500、1600	600	700、800	900、1000
箍筋直径	Φ6	Φ6	Φ8	Φ8	Φ10	Φ10	Φ6	Φ8	Φ8
加劲箍直径	Φ10	Φ12	Φ12	Φ14	Φ16	Φ18	Φ12	Φ12	Φ14

钢筋笼制作、安装允许偏差　单位：mm

项目	允许偏差
主筋间距	±10
箍筋间距	±20
钢筋笼直径	±10
钢筋笼长度	±100

注：箍筋加密区的间距为100mm，其他的间距为200mm；加劲箍间距为2000mm。

图 4-18　钢筋混凝土灌注桩的配筋实例

4.7.3 钢筋混凝土综合管廊工程

钢筋混凝土综合管廊工程钢筋的应用要求与特点如下。

① 钢筋进场时，需要根据国家现行相关标准的规定抽取试件做屈服强度、抗拉强度、伸长率、弯曲性能、重量偏差检验，并且检验结果需要符合相应标准的规定。

② 成型钢筋进场时，需要抽取试件做屈服强度、抗拉强度、伸长率、重量偏差检验，并且检验结果需要符合国家现行有关标准的规定。

③ 对根据一级、二级、三级抗震等级设计的框架、斜撑构件（含梯段）中的纵向受力普通钢筋，需要采用 HRB400E、HRB500E、HRBF335E、HRBF400E 或 HRBF500E 钢筋，其强度和最大力下总伸长率的实测值需要符合的规定如下。

a. 抗拉强度实测值与屈服强度实测值的比值不应小于 1.25。

b. 屈服强度实测值与屈服强度标准值的比值不应大于 1.30。

c. 最大力下总伸长率不应小于 9%。

④ 钢筋应平直，无损伤，表面不得有裂纹、油污和颗粒状或片状老锈。

⑤ 成型钢筋的外观质量、尺寸偏差，需要符合国家现行有关标准的规定。

⑥ 钢筋机械连接套筒、钢筋锚固板、预埋件等的外观质量，需要符合国家现行有关标准的规定。

⑦ 钢筋弯折的弯弧内直径应符合的规定如下。

a. 光圆钢筋，不应小于钢筋直径的 2.5 倍。

b. 400MPa 级带肋钢筋，不应小于钢筋直径的 4 倍。

c. 500MPa 级带肋钢筋，当直径为 28mm 以下时，不应小于钢筋直径的 6 倍；当直径为 28mm 及以上时，不应小于钢筋直径的 7 倍。

d. 箍筋弯折处的弯弧直径不应小于纵向受力钢筋的直径。

⑧ 纵向受力钢筋的弯折后平直段的长度需要符合设计要求。光圆钢筋末端做 180° 弯钩时，弯钩的平直段长度不应小于钢筋直径的 3 倍。

⑨ 箍筋、拉筋的末端，需要根据设计要求做弯钩，并且需要符合的规定如下。

a. 对一般结构构件，箍筋弯钩的弯折角度不应小于 90°，弯折后平直段长度不应小于箍筋直径的 5 倍。对有抗震设防要求或设计有专门要求的结构构件，箍筋弯钩的弯折角度不应小于 135°，弯折后平直段长度不应小于箍筋直径的 10 倍。

b. 圆形箍筋的搭接长度，不应小于其受拉锚固长度，并且两末端弯钩的弯折角度不应小于 135°，弯折后平直段长度对一般结构构件不应小于箍筋直径的 5 倍，对有抗震设防要求的结构构件不应小于箍筋直径的 10 倍。

c. 梁、柱复合箍筋中的单肢箍筋两端弯钩的弯折角度均不应小于 135°。

⑩ 钢筋加工的形状、尺寸，需要符合设计要求，其偏差应符合的规定见表 4-21。

表 4-21 钢筋加工的允许偏差   单位：mm

项　　目	允许偏差
受力钢筋沿长度方向的净尺寸	±10
弯起钢筋的弯折位置	±20
箍筋外廓尺寸	±5

⑪ 钢筋的连接方式需要符合设计要求。

⑫ 钢筋采用机械连接或焊接连接时，钢筋机械连接接头、焊接接头的力学性能、弯曲性

能应符合国家现行有关标准的规定。接头试件应从工程实体中截取。

⑬ 钢筋采用机械连接时，螺纹接头需要检验拧紧扭矩值，挤压接头需要量测压痕直径，检验结果需要符合现行行业标准《钢筋机械连接技术规程》（JGJ 107）等的相关规定。

⑭ 钢筋接头的位置需要符合设计、施工方案的要求。在有抗震设防要求的结构中，梁端、柱端箍筋加密区范围内不应进行钢筋搭接。接头末端到钢筋弯起点的距离不应小于钢筋直径的 10 倍。

⑮ 纵向受力钢筋采用绑扎搭接接头时，接头的设置需要符合的规定如下。

a. 接头的横向净间距不应小于钢筋直径，并且不应小于 25mm。

b. 同一连接区段内，纵向受拉钢筋的接头面积百分率需要符合设计要求；当设计无具体要求时，需要符合的规定如下：

第一，梁类、板类及墙类构件不宜超过 25%；基础筏板不宜超过 50%；

第二，柱类构件不宜超过 50%。

第三，工程中确有必要增大接头面积百分率时，对梁类构件不应大于 50%。

⑯ 梁、柱类构件的纵向受力钢筋搭接长度范围内的箍筋设置需要符合设计要求。当设计无具体要求时，需要符合的规定如下。

a. 箍筋直径不应小于搭接钢筋较大直径的 1/4。

b. 受拉搭接区段的箍筋间距，不应大于搭接钢筋较小直径的 5 倍，并且不应大于 100mm。

c. 受压搭接区段的箍筋间距，不应大于搭接钢筋较小直径的 10 倍，并且不应大于 200mm。

d. 当柱中纵向受力钢筋直径大于 25mm 时，应在搭接接头两个端面外 100mm 范围内各设置两道箍筋，其间距宜为 50mm。

⑰ 钢筋安装时，受力钢筋的牌号、规格、数量必须符合设计要求。

⑱ 受力钢筋的安装位置、锚固方式需要符合设计要求。

⑲ 钢筋安装偏差、检验方法需要符合的规定见表 4-22。

表 4-22　钢筋安装偏差、检验方法需要符合的规定

项目		允许偏差 /mm	检验方法
纵向受力钢筋、箍筋的混凝土保护层厚度	底板	±10	尺量检查
	柱、梁	±5	尺量检查
	板、墙	±3	尺量检查
绑扎钢筋、横向钢筋间距		±20	尺量连续三档，取最大偏差值
钢筋弯起点位置		20	尺量，沿纵、横两个方向量测，并取其中偏差的较大值
预埋件	中心线位置	5	尺量检查
	水平高差	+3，0	塞尺量测
绑扎钢筋网	长、宽	±10	尺量检查
	网眼尺寸	±20	尺量连续三档，取最大偏差值
绑扎钢筋骨架	长	±10	尺量检查
	宽、高	±5	尺量检查
纵向受力钢筋	锚固长度	-20	尺量检查
	间距	±10	尺量两端，中间各一点，取最大偏差值
	排距	±5	

注：1. 检查中心线位置时，沿纵横两个方向量测，并取其中偏差的较大值。

2. 受力钢筋保护层厚度不得有超过表中数值 1.5 倍的尺寸偏差。

第5章
钢筋识图

5.1 钢筋识图基础

5.1.1 混凝土结构钢筋详图有关术语与解说

混凝土结构钢筋详图有关术语与解说见表5-1。

表5-1 混凝土结构钢筋详图有关术语与解说

名称	解说
钢筋配料单	是汇总构件配置钢筋的编号、符号、直径、形状、根数、断料长度等信息的表格
钢筋深化设计详图	简称钢筋详图。钢筋深化设计详图，就是钢筋排布图与钢筋配料单的总称
多直段钢筋	是具有一个或多个弯折点，并且从端头到相邻弯折点间和任意两个相邻弯折点间均为直段的钢筋
钢筋内皮	是钢筋简图中钢筋弯折处内侧
钢筋外皮	是钢筋简图中钢筋弯折处外侧
内皮标注延长值	是钢筋弯折处每侧直段钢筋的内皮延长量
外皮标注延长值	是钢筋弯折处每侧直段钢筋的外皮延长量
内皮标注	是用直段钢筋中心线长度加上端部内皮标注延长值标注每段钢筋的长度
外皮标注	是用直段钢筋中心线长度加上端部外皮标注延长值标注每段钢筋的长度
中心线标注	是用直段钢筋中心线长度标注每段钢筋的长度
钢筋弯折点长度调整值	是钢筋弯折处两侧直段钢筋的标注延长值之和与弯弧中心线长度的差值
钢筋定位件	是用于控制钢筋保护层或钢筋间距的物件

5.1.2 钢筋图常见标注方法

钢筋图常见的标注方法有集中标注法和原位标注法。例如，梁的集中标注包括：梁的编号、截面尺寸、箍筋规格与间距、上部通长筋、下部通长筋、架立筋、侧面构造钢筋、抗扭钢筋等的标注。梁的集中标注识读案例如图5-1所示。

梁的原位标注包括：左支座和右支座上部纵筋的原位标注、上部跨中的原位标注、下部纵筋的原位标注、悬挑端的原位标注等。

集中标注

KL17(2)表示KL框架梁17号梁，(2)表示两跨。
460×860表示梁宽460mm，梁高860mm
表示箍筋信息，具体是Φ10表示三级钢直径为10mm，加密区间距100mm，非加密区间距150mm，(4)表示四肢箍
表示2根三级钢22的为上部贯通筋，(2Φ14)表示2根架立钢筋
G4Φ16表示4根三级钢16的构造钢筋

KL17(2)460×860
Φ10@100/150(4)
2Φ22+(2Φ14)
G4Φ16

KL-3(2)

KL-20(1A)表示20号框架梁，1跨带1端悬挑，梁左端支座为框架梁，右端支座为剪力墙

200×450表示梁宽200mm，梁高450mm

KL-20(1A)200×450
Φ8@100/200(2)
N4Φ12

Φ8@100/200(2)表示梁的箍筋采用直径为8mm的三级钢，加密区间距为100mm，非加密的间距为200mm，箍筋为2肢箍

N4Φ12表示梁两侧对称配置共4根直径为12mm的抗扭钢筋

LL1表示1号连梁

200×400表示梁宽200mm，梁高400mm

2Φ14表示为上部贯通筋2根三级钢直径14mm的钢筋

N2Φ12表示连梁侧面配置2根直径12mm的抗扭钢筋

LL1 200×400
2Φ14;2Φ14
N2Φ12
交叉斜筋2×(2Φ16)

2Φ14表示下部贯通筋为2根直径14mm的三级钢筋

交叉斜筋2×(2Φ16)表示连梁两侧对称布置交叉斜筋，每侧配置2根直径为16mm的三级钢筋

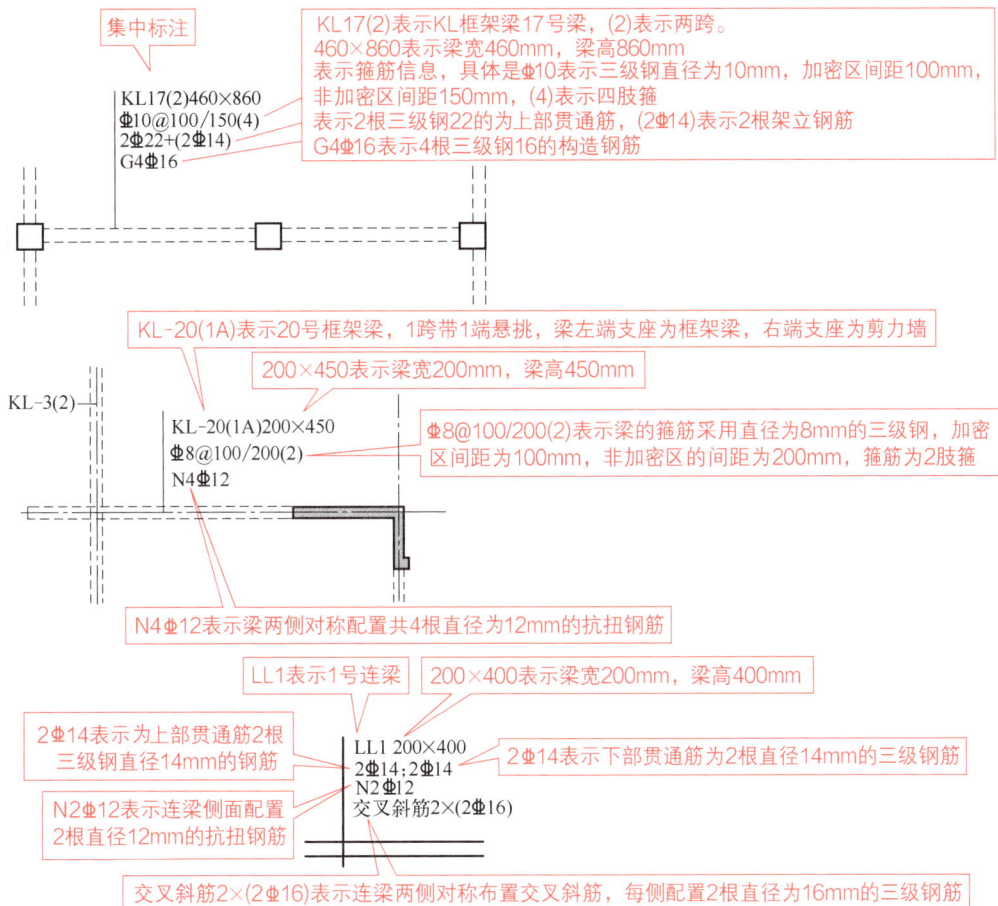

图 5-1　梁的集中标注识图案例

原位标注识图案例如图 5-2 所示。

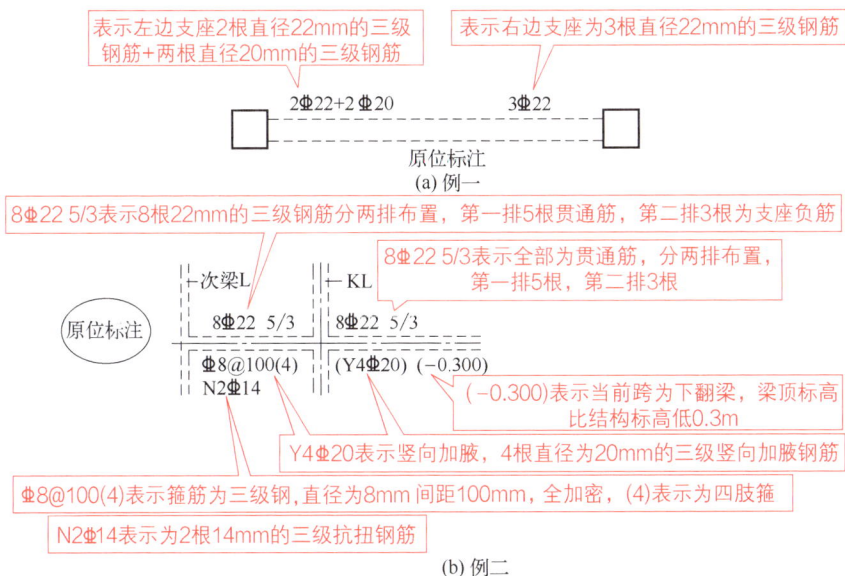

表示左边支座2根直径22mm的三级钢筋+两根直径20mm的三级钢筋

表示右边支座为3根直径22mm的三级钢筋

2Φ22+2Φ20　　3Φ22

原位标注
(a) 例一

8Φ22 5/3表示8根22mm的三级钢筋分两排布置，第一排5根贯通筋，第二排3根为支座负筋

8Φ22 5/3表示全部为贯通筋，分两排布置，第一排5根，第二排3根

原位标注

次梁L　　　KL
8Φ22 5/3　8Φ22 5/3
Φ8@100(4)　(Y4Φ20) (−0.300)
N2Φ14

(−0.300)表示当前跨为下翻梁，梁顶标高比结构标高低0.3m

Y4Φ20表示竖向加腋，4根直径为20mm的三级竖向加腋钢筋

Φ8@100(4)表示箍筋为三级钢，直径为8mm间距100mm，全加密，(4)表示为四肢箍

N2Φ14表示为2根14mm的三级抗扭钢筋

(b) 例二

图 5-2

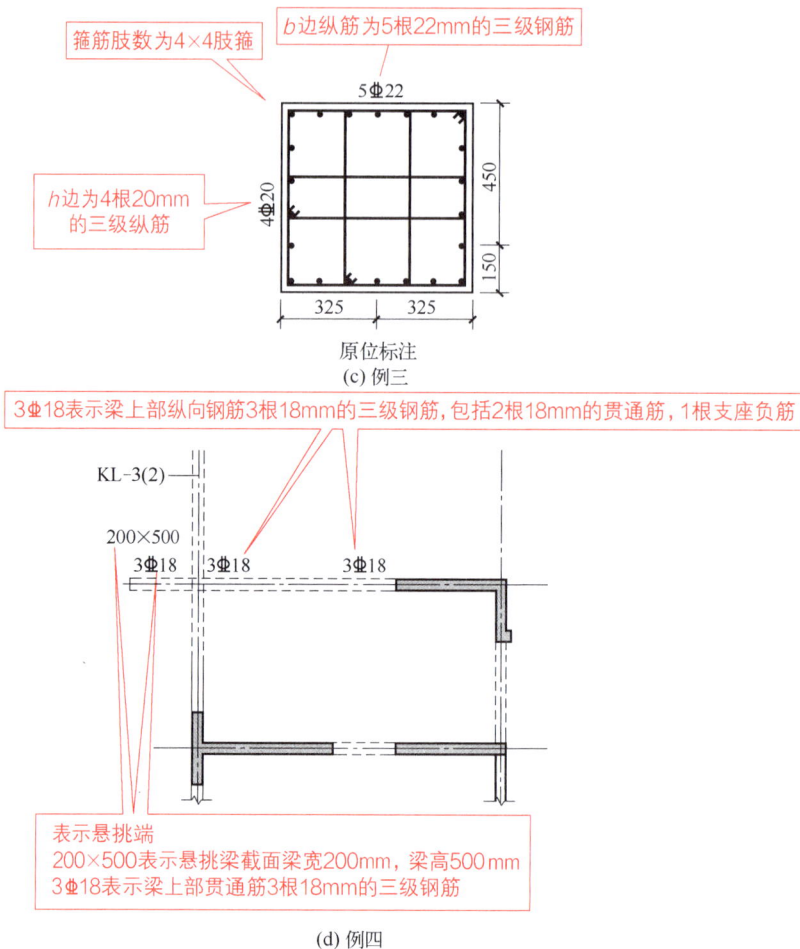

(c) 例三

(d) 例四

图 5-2　原位标注识图案例

💡 一点通

　　钢筋详图中钢筋定尺长度的要求如下。

　　① 钢筋详图设计开始前，一般会结合定尺钢筋实际情况设置若干长度模数，并且使两个或多个长度模数之和等于钢筋定尺长度。设计钢筋详图时，对于满足设计要求、长度在一定范围内可调的钢筋，宜使其下料长度等于定尺长度或某一长度模数。

　　② 钢筋详图设计，一般会验证钢筋密集排布部位钢筋绑扎施工的可行性。

　　③ 钢筋详图交付前，一般会进行校核。

　　④ 钢筋详图施工或预制构件制作前，一般需要对相关施工人员或预制构件制作人员进行钢筋详图设计文件交底。

5.1.3 钢筋尺寸的标注

多直段普通钢筋简图，可以根据确定标注尺寸的方便程度、工程习惯采用内皮标注、外皮标注或中心线标注。主筋、箍筋宜采用外皮标注或中心线标注。拉筋可结合使用情况采用内皮标注或外皮标注。

抛物线形、圆弧形、螺旋形、混凝土薄壳结构配置的曲线形普通钢筋，一般应采用中心线标注。

主筋、箍筋、拉筋的尺寸标注如图 5-3 所示。焊接封闭网片箍筋尺寸标注如图 5-4 所示。

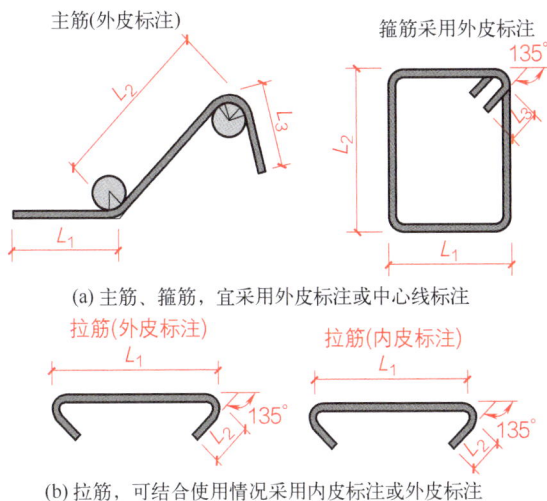

(a) 主筋、箍筋，宜采用外皮标注或中心线标注

(b) 拉筋，可结合使用情况采用内皮标注或外皮标注

图 5-3　主筋、箍筋、拉筋的尺寸标注

箍筋的弯折

扫码观看视频

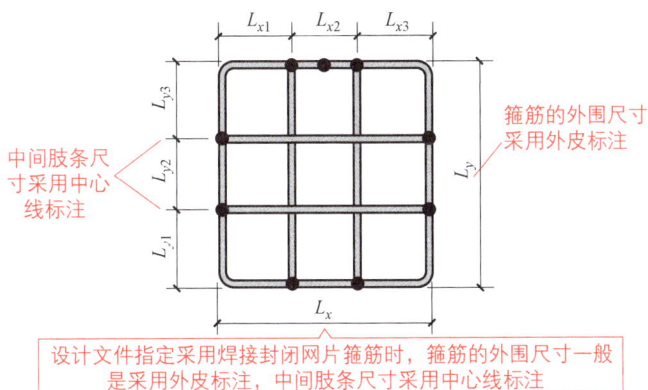

设计文件指定采用焊接封闭网片箍筋时，箍筋的外围尺寸一般是采用外皮标注，中间肢条尺寸采用中心线标注

图 5-4　焊接封闭网片箍筋尺寸标注

5.1.4 钢筋配料单与钢筋料牌

钢筋配料单与钢筋料牌的特点与识读如下。

① 钢筋配料单中的钢筋标注尺寸与断料长度，宜以 mm 为单位并取整数。当以 cm 为单位时，一般需要保留小数点后一位数字。

② 钢筋配料单中断料长度以 mm 为单位时，可以根据经验将末位数 1、2、3、4 调整为 5，将末位数 6、7、8、9 调整为 10。

③ 钢筋配料单，一般包括但不限于的内容如图 5-5 所示。

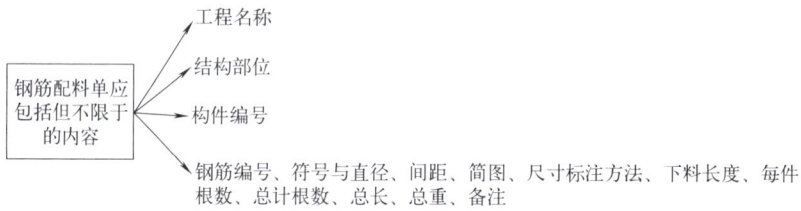

图 5-5　钢筋配料单应包括但不限于的内容

④ 钢筋配料单中的构件编号，一般宜与结构施工图中的构件编号一致。结构施工图中采用同一编号的多个构件配筋完全相同，但是钢筋下料并不完全相同时，则一般宜用原结构施工图构件编号加英文字母对钢筋下料不同的构件进行编号。

⑤ 钢筋配料单中的每一编号钢筋，一般都有一块标识料牌。识料牌的正反面一般包括但不限于的内容如图 5-6 所示。

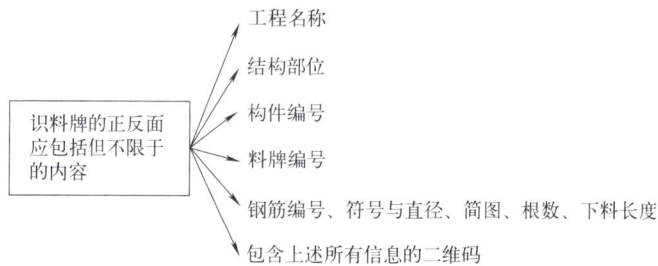

图 5-6　识料牌的正反面应包括但不限于的内容

⑥ 钢筋配料单样式如图 5-7 所示。

钢筋配料单

工程名称：　　　　　　　　　　　　　　　　　　　　　第　页
详图编号：　　　　　　　　　　　　　　　　　　　　　共　页

构件编号										
钢筋编号	钢筋规格	间距/mm	钢筋形状/mm	断料长度/mm	每件根数	总计根数	总长/m	标注方法	备注

注：标注方法：1—内皮标注；2—外皮标注；3—中心线标注。

单位：　　　　　　审核：　　　　　编制：　　　　年 月 日

钢筋配料单

工程名称：　　　　　　　　　　　　　　　　第　页
详图编号：　　　　　　　　　　　　　　　　共　页

构件编号											
钢筋编号	钢筋规格	间距/mm	形状代码	A/mm	B/mm	C/mm	断料长度/mm	每件根数	总计根数	总长/m	标注方法

注：标注方法：1—内皮标注；2—外皮标注；3—中心线标注。

编制单位：　　　　　　审核：　　　　　编制：　　　　年　月　日

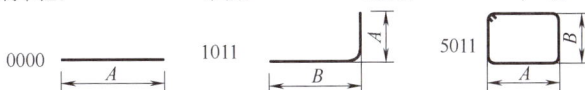

0000 ———A———   1011 ———B———   5011

图 5-7　钢筋配料单样式

5.1.5　钢筋排布图的一般规定

钢筋排布图是定位结构构件钢筋配料单所含钢筋的工程图样。钢筋排布图一般规定如下。

① 钢筋排布图可以由平面图、立面图、剖面图等组成，也可以采用表格方式来表达。

② 钢筋排布图一般会标注定位钢筋需要的所有必要尺寸。

③ 排布图中某一局部需要放大绘制时，则一般会应用虚线圈出需要放大的范围，以及在引出线上标出索引符号。

④ 钢筋排布图图纸编号，一般由区段代码、专业缩写代码、序列号等组成，各部分之间用连字符隔开。区段代码可由 2 ～ 4 个汉字和数字组成。专业缩写代码用于说明专业类别，由 1 个汉字组成。序列号可以由 001 ～ 999 间的任意 3 位数字组成。

⑤ 钢筋排布图图纸文件命名，一般由设计号、图纸编号、版本号、文件扩展名等组成，各部分之间宜用连字符隔开。

⑥ 图层命名，一般宜使用汉字、英文字母、数字与连字符的组合，但是汉字与英文字母不宜混用。图层设置可参考表 5-2。

表 5-2　钢筋排布图常用图层名称

图层用途		中文名称	英文名称	备注
轴线	轴线	排布图 - 轴线	PD-AXIS	—
	轴网	排布图 - 轴线 - 轴网	PD-AXIS GRID	轴网、中心线
	标注	排布图 - 轴线 - 标注	PD-AXIS-DIMS	尺寸与文字标注
	轴号	排布图 - 轴线 - 编号	PD-AXIS-NO	—
构件轮廓，平面位置示意图	实线	排布图 - 构件 - 实线	PD-E-LINE	—
	虚线	排布图 - 构件 - 虚线	PD-E-DASH	—
	尺寸	排布图 - 构件 - 尺寸	PD-E-DIMS	尺寸标注

续表

图层用途		中文名称	英文名称	备注
构件轮廓，平面位置示意图	构件编号	排布图 - 构件 - 编号	PD-E-NO	—
	标高	排布图 - 构件 - 标高	PD-E-LEVEL	—
	剖切符号	排布图 - 构件 - 剖切	PD-E-SECTIONING	—
	局部索引	排布图 - 构件 - 索引	PD-E-INDEX	—
	指北针	排布图 - 构件 - 指北针	PD-E-NORTH	—
钢筋排布	钢筋实线	排布图 - 钢筋 - 实线	PD-R-LINE	—
	钢筋虚线	排布图 - 钢筋 - 虚线	PD-R-DASH	—
	剖面钢筋	排布图 - 钢筋 - 剖面	PD-R-SECTION	—
	钢筋标注	排布图 - 钢筋 - 标注	PD-R-LABEL	—
	机械连接	排布图 - 钢筋 - 机械连接	PD-R-MECHANICAL	机械连接符号
	焊接	排布图 - 钢筋 - 焊接	PD-R-WELD	焊接符号
	文字说明	排布图 - 钢筋 - 文字说明	PD-R-TEXT	—
图框		排布图 - 图框	PD-FRAME	图框及图框文字
图例		排布图 - 图例	PD-LEGEND	图例与符号
文字说明		排布图 - 文字说明	PD-TEXT	排布图文字说明

⑦ 使用结构施工图中某一图样作为钢筋排布图的底图时，宜先去掉所有与钢筋排布无关的图元。

⑧ 钢筋排布图除了用二维视图表达外，也可以辅以 BIM 模型生成的轴测图、透视图或者动画。

5.1.6 钢筋有关的制图规则

钢筋有关的制图规则如下。

① 基础、楼板的钢筋排布宜在构件平面图中绘制，柱、墙、梁的钢筋排布宜在构件立面图中绘制。

② 有 n 个相邻楼层柱、墙钢筋排布完全相同时，可以只在立面图中画出一层钢筋排布，并在底板、顶板标高处标出 n 个楼层标高，在排布图一侧写明 n 层相同。

③ 相邻楼层的柱、墙配筋或相邻跨的梁配筋完全相同而只是钢筋编号不同时，可只绘制自下而上或自左到右的第一个剖面图，其他剖面图不必绘出，并且绘出与未绘出的剖面均应使用同一剖面编号，没有绘出的剖面应在剖面编号标注旁加注 "参" 字，如图 5-8 所示。

④ 板的底筋、顶筋可以在一张图纸上完整排布时，则可以不绘制平面示意图，但是一般会在图名右侧绘出指北针。

⑤ 图纸说明栏，一般会有对图纸采用的长度单位、标高单位、图例、所绘构件的混凝土强度等级、抗震等级、混凝土保护层厚度、图纸所依据的结构施工图编号、与图纸对应的钢筋配料单编号等内容的说明。

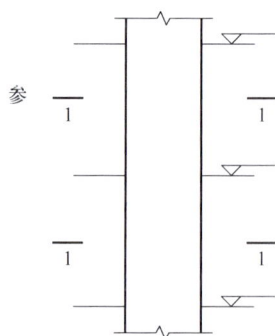

图 5-8 参照剖面

5.1.7 钢筋种类的符号

钢筋种类的符号见表 5-3。

表 5-3　钢筋种类的符号

钢筋种类	符号	钢筋种类	符号
HPB300（一级钢）	Φ	RRB400（三级钢）	Φ^R
HRB335（二级钢）	Φ	HRB400E（三级钢）	
HRBF335（二级钢）	Φ^F	HRB500（四级钢）	Φ
HRB400（三级钢）	Φ	HRBF 500（四级钢）	Φ^F
HRBF400（三级钢）	Φ^F		

💡 一点通

钢筋位置符号

B 常表示梁、板的底层钢筋。

EF 常表示墙立面图中的每一面（近面、远面）钢筋。

FF 常表示墙立面图中的远面钢筋。

N F 常表示墙立面图中的近面钢筋。

T 常表示梁、板的顶层钢筋。

5.1.8　钢筋图例

钢筋图例如图 5-9 所示。

图 5-9　钢筋图例

5.1.9　建筑工程中板钢筋图常涉及的钢筋

建筑工程中板钢筋图常涉及的钢筋见表 5-4。

表 5-4　建筑工程中板钢筋图常涉及的钢筋

类型	常涉及的钢筋
有梁楼盖楼（屋）面板配筋构造（一）、板在端部支座的锚固构造	板底部受力钢筋网、板上部贯通钢筋网、板支座负筋、外侧梁角筋、板上部 y 向分布钢筋、板上部 x 向分布钢筋、板下部 y 向分布钢筋、板底部纵向钢筋等
板在端部支座的锚固构造（二）、板翻边构造	墙外侧竖向分布筋、墙外侧水平分布筋、板上部 y 向分布钢筋、板上部 x 向分布钢筋、板下部 y 向分布钢筋、板上层钢筋网、板下层钢筋网、剪力墙竖向和水平分布筋、板上部钢筋等
单（双）向板配筋、纵向钢筋非接触搭接构造	下部受力钢筋、分布钢筋（下部受力钢筋）、上部受力钢筋、分布钢筋（另一方向贯通钢筋）、上部贯通钢筋、上部负筋等

类型	常涉及的钢筋
悬挑板 XB 钢筋构造、无支撑板端部封边构造、折板配筋构造	跨内板上部另向受力纵筋、构造筋、分布筋、梁上部钢筋、上部贯通受力钢筋、上部分布筋、下部分布筋、下部非贯通受力钢筋、上部非贯通受力钢筋等
无梁楼盖柱上板带 ZSB 与跨中板带 KZB 纵向钢筋构造	上部贯通纵筋、上部非贯通纵筋、下部贯通纵筋等
板带端支座纵向钢筋构造（一）、板带悬挑端纵向钢筋构造、柱上板带暗梁纵向钢筋构造	梁角筋、上部贯通筋、非贯通纵筋、下部贯通纵筋、下部贯通筋、梁上部筋、下部分布筋、上部非贯通纵筋等
板带端支座纵向钢筋构造	墙外侧竖向分布筋、墙外侧水平分布筋、上部贯通与非贯通筋、下部贯通纵筋等
板开洞 BD 与洞边加强钢筋构造（洞边无集中荷载）	y 向补强纵筋、x 向补强纵筋、环向补强钢筋、x 向补强纵筋等
悬挑板阳角放射筋 Ces 构造	悬挑板上部受力筋、悬挑板阳角上部放射受力筋等
板内纵筋加强带悬挑板阴角放射筋 JQD 构造	上部加强贯通纵筋、下部加强贯通纵筋、板上部原有配筋、板下部原有配筋等
柱帽 ZMa、ZMb、ZMcv ZMab 构造	箍筋、x 向加强钢筋、y 向加强钢筋等

5.1.10　建筑工程中楼梯钢筋图常涉及的钢筋

建筑工程中楼梯钢筋图常涉及的钢筋见表 5-5。

表 5-5　建筑工程中楼梯钢筋图常涉及的钢筋

类型	常涉及的钢筋
AT 型、BT 型、CT 型、DT 型、ET 型楼梯板配筋构造	上部纵筋、下部分布筋、下部纵筋、梯板分布筋、上部纵筋等
FT 型楼梯板配筋构造	平板上部下部横向配筋、底部受力筋、上部横向配筋、附加分布筋、楼板分布筋、上部纵筋、下部纵筋等

5.1.11　识图符号通查

人防施工图、结构图、土建施工图等的常见代号见表 5-6。

表 5-6　识图符号通查

符号	可能表示的含义	符号	可能表示的含义
AL	暗梁	BKL	边框梁
AT	AT 型楼梯	BPB	平板筏基础平板
ATa	ATa 型楼梯	BT	BT 型楼梯
ATb	ATb 型楼梯	BTCJ	半填土窗井
ATc	ATc 型楼梯	BYC	百叶窗
AZ	非边缘暗柱	C	窗
B	底部钢筋、板	CB	槽形板
BD	板开洞	CC	垂直支撑
BJj	杯口独立基础阶形	Ces	悬挑阳角加强筋
BJp	杯口独立基础坡形	Cis	悬挑阴角加强筋

符号	可能表示的含义	符号	可能表示的含义
CJ	天窗架	GL	过梁
CJQ	窗井墙	GSFM	钢结构双扇防护密闭门
CN	耐火窗	GSFMG	钢结构双扇防护密闭连通口隔断门
Crs	角部加强筋	GT	GT 型楼梯
CT	CT 型楼梯	GYZ	构造边缘翼墙（柱）
CTa	CTa 型楼梯	GZ	构造柱
CTb	CTb 型楼梯	GZH	灌注桩
CTj	独立承台阶形	GZHk	扩底灌注桩
CTL	承台梁	Hc	柱截面沿框架方向的高度
CTp	独立承台坡形	HFM	钢筋混凝土防护密闭门
DB	吊车安全走道板	HHFM	钢筋混凝土活门槛防护密闭门
DDJ	顶部式电缆井	HJD	后浇带
DFMP	电控防护密闭屏蔽门	HK（P）	悬摆式防爆波（屏蔽）活门
DJj	普通独立基础阶形	J	基础
DJp	普通独立基础坡形	JCL	基础次梁
DK	洞口	JD	矩形洞口
DKL	地下框架梁	JK	基坑
DL	地梁、吊车梁	JL	基础梁
DMF	手电动密闭阀门	JL（×××A）	基础梁带一端外伸
DSJ	独立式竖井	JL（×××B）	基础梁带两端外伸
DT	DT 型楼梯	JLL	基础联系梁
DTL	地抬梁	JNM	节能门
DWQ	地下室外墙	Jq	集气室
DYGQ	防护单元隔墙	JQD	纵筋加强带
ET	ET 型楼梯	JQL	基础圈梁
FB	板翻边	JSFM	降落式双扇防护密闭门
FBPB	防水板	JSK	洗消污水集水坑、集水坑
FBZ	扶壁柱	JY	板加腋
FCM	防爆超压排气活门	JZL	井字梁、基础主梁
FFHM	防护防火密闭门	KB	空心板
FMP	防护密闭屏蔽门	KBL	框扁梁
FM 甲	甲级防火门	KJ	框架
FM 乙	乙级防火门	KJH	胶管式防爆波活门
FT	FT 型楼梯	KL	框架梁、楼层框架梁
G	钢筋骨架	KL（×××Λ）	框架梁带一端悬挑
GAZ	构造边缘暗柱	KL（×××B）	框架梁带两端悬挑
GB	盖板或沟盖板	KS	扩散室
GBZ	改造边缘构件	KTB	空调板
GDCJ	高出地面窗井	KZ	框架柱
GDZ	构造边缘端柱	KZB	跨中板带
GHSFM	钢结构活门槛双扇防护密闭门	KZL	框支梁
GJ	钢架	L	表示采用螺旋箍筋、梁
GJZ	构造边缘转角墙（柱）	L、Lg	非框架梁

符号	可能表示的含义	符号	可能表示的含义
l_a	非抗震锚固长度、锚固长度	SC	水平支撑
l_{aE}	抗震锚固长度、纵向受拉钢筋抗震锚固长度	SCGQ	水池隔墙
		SJ	设备基础
LB	楼面板	SJB	局部升降板
LD	梁垫	SZD	上柱墩
LFMDB	临空墙防护密闭封堵板	T	顶部钢筋、梯
LKQ	临空墙	TB	梯板、楼梯板
l_l	钢筋的搭接长度	TC	凸窗
LL	连梁（无交叉暗撑）、连系梁	TD	天窗端壁
LL（DX）	连梁（集中对角斜筋配筋）	TGB	天沟板
LL（JC）	连梁（对角暗撑配筋）	TJ	条基、托架
LL（JX）	连梁（交叉斜筋配筋）	TJBj	条形基础底板阶形
l_{lE}	纵向受拉钢筋抗震搭接长度、抗震搭接长度	TJBp	条形基础底板坡形
		TL	梯梁
LLK	框架连梁（跨高比不小于5）	TLM	推拉门
l_n	梁净跨	TY	板挑檐
LPB	梁板基础平板	TZ	梯柱
LT	檩条	TZL	托柱转换梁
LZ	梁上柱	W	钢筋网
M	普通门、预埋件	WB	屋面板
MB	密筋板	WDJ	外附壁式电缆井
MBGQ	密闭隔墙	WJ	屋架
MD	门洞	WKL	屋面框架梁
MGC（P）	密闭观察窗（屏蔽）	WL	屋面梁
MKQ	门框墙	WSJ	外附壁式竖井
MLC	门联窗	WZJ	外包式柱脚
Mzj	埋入式柱脚	XB	悬挑板、纯悬挑板
NDJ	内附壁式电缆井	XL	纯悬挑梁
NSFM	坡道内开式双扇防护密闭门	XZ	芯柱
NSJ	内附壁式竖井	XZD	下柱墩
PJ	防倒塌棚架	Y	竖向加腋
PTB	平台板、楼梯平台板	YAZ	约束边缘暗柱
PTL	平台梁	YB	挡雨板或口板檐板
PY	水平加腋	YBZ	约束边缘构件
Q	剪力墙	YD	圆形洞口
QB	墙板	YDZ	约束边缘端柱
QL	圈梁	YJZ	约束边缘转角墙（柱）
QTCJ	全填土窗井	Yp	雨棚、雨篷
QZ	剪力墙上柱	YT	阳台
Rb	抗冲切弯	YXB	延伸悬挑板
RFWQ	人防外墙	YYZ	约束边缘翼墙（柱）
Rh	抗冲切箍筋	Z	柱
RNQ	人防内墙	ZB	折板

续表

符号	可能表示的含义	符号	可能表示的含义
ZC	柱间支撑	ZM	桩帽
ZH	桩	ZMx	柱帽
ZHZ	转换柱	ZSB	柱上板带
ZJ	支架	ZXB	柱下板带
ZJTC	转角凸窗		

一点通

钢筋图常涉及的符号含义

① l_a：锚固长度。

② S：通常情况下，普通钢筋的符号由一个字母"S"代表。

③ H 或 F：通常情况下，加强钢筋用"H"或"F"表示。

④ B、C、G、D：通常情况下，特殊结构钢筋用"B""C""G""D"表示。其中："B"常表示竖直加强钢筋；"C"常表示横向楔形加强钢筋；"G"常表示横向楔形加强钢筋加夹紧板；"D"常表示垂直支撑和横向收缩钢筋组合杆。

5.2　钢筋标注的识读

5.2.1　钢筋根数、直径、等级标注的识读

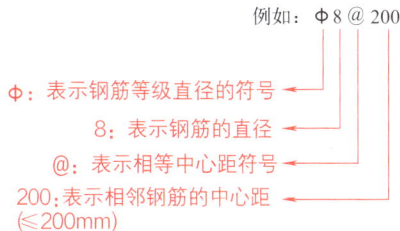

钢筋根数、直径、等级标注的识读如图 5-10 所示。

5.2.2　钢筋等级、直径、相邻钢筋中心距标注的识读

钢筋等级、直径、相邻钢筋中心距标注的识读如图 5-11 所示。

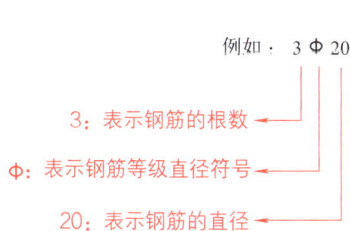

例如：3 Φ 20

3：表示钢筋的根数
Φ：表示钢筋等级直径符号
20：表示钢筋的直径

例如：Φ8 @ 200

Φ：表示钢筋等级直径的符号
8：表示钢筋的直径
@：表示相等中心距符号
200：表示相邻钢筋的中心距（≤200mm）

图 5-10　钢筋根数、直径、等级标注的识读　　图 5-11　钢筋等级、直径、相邻钢筋中心距标注的识读

5.2.3　梁箍筋标注的识读

梁箍筋包括钢筋级别、直径、加密区与非加密区的间距及肢数。箍筋加密区与非加密区的不同间距及肢数需用斜线"/"分隔；当梁箍筋为同一种间距及肢数时，则不需用斜线；当加密区与非加密区的箍筋肢数相同时，则将肢数注写一次；箍筋肢数应写在括号内。

梁箍筋标注的识读如图 5-12 所示。

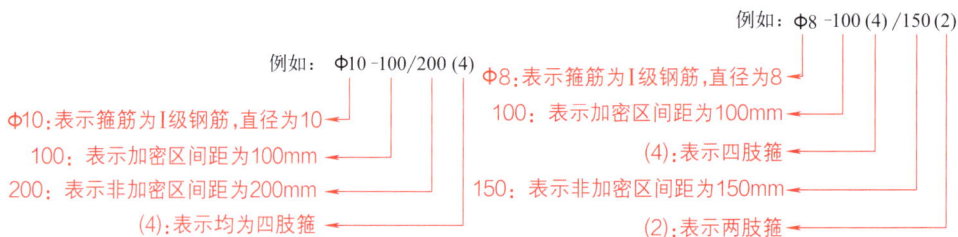

例如：Φ10 -100/200 (4)

Φ10：表示箍筋为I级钢筋，直径为10

100：表示加密区间距为100mm

200：表示非加密区间距为200mm

(4)：表示均为四肢箍

例如：Φ8 -100 (4) /150 (2)

Φ8：表示箍筋为I级钢筋,直径为8

100：表示加密区间距为100mm

(4)：表示四肢箍

150：表示非加密区间距为150mm

(2)：表示两肢箍

图 5-12　梁箍筋标注的识读

一点通

Φ10-100/200（2）表示箍筋为Φ10，加密区间距100mm，非加密区间距200mm，均为双肢箍。

Φ8-200（2）表示箍筋为Φ8，间距为200mm，双肢箍。

Φ8-100（4）/150（2）表示箍筋为Φ8，加密区间距100mm，四肢箍；非加密区间距150mm，双肢箍。

5.2.4　梁上主筋和梁下主筋同时表示的识读

梁上主筋和梁下主筋同时表示的识读案例如下。

① 3Φ22，3Φ20 表示上部钢筋为 3Φ22，下部钢筋为 3Φ20。

② 2Φ12，3Φ18 表示上部钢筋为 2Φ12，下部钢筋为 3Φ18。

③ 4Φ25，4Φ25 表示上部钢筋为 4Φ25，下部钢筋为 4Φ25。

④ 3Φ25，5Φ25 表示上部钢筋为 3Φ25，下部钢筋为 5Φ25。

5.2.5　梁上部钢筋表示（标在梁上支座处）的识读

梁上部钢筋表示（标在梁上支座处）的识读案例如下。

① 2Φ20 表示两根Φ20 的钢筋，通长布置，用于双肢箍。

② 2Φ22+（4Φ12）表示 2Φ22 为通长筋，4Φ12 为架立筋，用于六肢箍。

③ 6Φ25 4/2 表示上排钢筋为 4Φ25，下排钢筋为 2Φ25。

④ 2Φ22+2Φ22 表示只有一排钢筋，两根在角部，两根在中部，均匀布置。

一点通

梁上部通长筋或架立筋配置，通长筋可以为相同或不同直径的钢筋，采用搭接连接、机械连接、对焊连接等方式。当同排主筋中既有通长筋又有架立筋时，则用加号"＋"将通长筋与架立筋相连。

5.2.6　梁腰中钢筋表示的识读

梁腰中钢筋表示的识读案例如下。

① G2 Φ 12 表示梁两侧的构造钢筋，每侧一根 Φ 12。

② G4 Φ 14 表示梁两侧的构造钢筋，每侧两根 Φ 14。

③ N2 Φ 22 表示梁两侧的抗扭钢筋，每侧一根 Φ 22。

④ N4 Φ 18 表示梁腰两侧的抗扭钢筋，每侧两根 Φ 18。

a. 梁侧面纵向构造筋或受扭钢筋的配置，当梁腹板高度 $H_w \geqslant$ 450mm 时，需配置纵向构造钢筋，并且该项注以大写字母 G 表示，并应注写设置在梁两个侧面的总配筋值，对称配置。

b. 当梁侧面需配置受扭纵筋时，该项注以大写字母 N 表示，并应注写设置在梁两个侧面的总配筋值，对称配置。

⑤ G4 Φ 12 表示梁的两侧共配置 4 Φ 12 的纵向构造钢筋，每侧各配置 2 Φ 12。

⑥ N6 Φ 14 表示梁的两侧共配置 6 Φ 14 的纵向构造钢筋，每侧各配置 3 Φ 14。

5.2.7　梁下部钢筋表示（标在梁的下部）的识读

梁下部钢筋表示（标在梁的下部）的识读案例如下。

① 4 Φ 25 表示只有一排主筋，4 Φ 25 全部伸入支座。

② 6 Φ 25 2/4 表示有两排钢筋，上排筋为 2 Φ 25，下排筋为 4 Φ 25。

③ 6 Φ 25（-2）/4 表示有两排钢筋，上排筋为 2 Φ 25，不伸入支座；下排筋为 4 Φ 25，全部伸入支座。

④ 2 Φ 25 + 3 Φ 22（-3）/5 Φ 25 表示有两排筋，上排筋为 5 根，2 Φ 25 伸入支座，3 Φ 22 不伸入支座；下排筋 5 Φ 25 通长布置。

5.2.8　梁编号的识读

梁编号的方法如图 5-13 所示。

梁类型	代号	序号	跨数及是否带有悬挑
楼层框架梁	KL	××	(××)、(××A) 或 (××B)
楼层框架扁梁	KBL	××	(××)、(××A) 或 (××B)
屋面框架梁	WKL	××	(××)、(××A) 或 (××B)
框支梁	KZL	××	(××)、(××A) 或 (××B)
托柱转换梁	TZL	××	(××)、(××A) 或 (××B)
非框架梁	L	××	(××)、(××A) 或 (××B)
悬挑梁	XL	××	(××)、(××A) 或 (××B)
井字梁	JZL	××	(××)、(××A) 或 (××B)

梁编号

悬挑不计入跨数

(××A) 表示为一端悬挑

(××B) 表示为两端悬挑

图 5-13　梁编号的方法

例如：KL7（5A）表示第 7 号框架梁，有 5 跨。一端有悬挑；

KL7（3）300×700 表示框架梁 7 号，有三跨，断面宽 300mm、高 700mm；

Y500×250 表示梁下加腋，宽 500mm、高 250mm。

> **💡 注意**
>
> 当非框架梁 L 按受扭设计时，在梁代号后加 "N"。例如：LN6（4）表示第 6 号受扭非框架梁、4 跨。

代号为 L 的非框架梁的识读如图 5-14 所示。

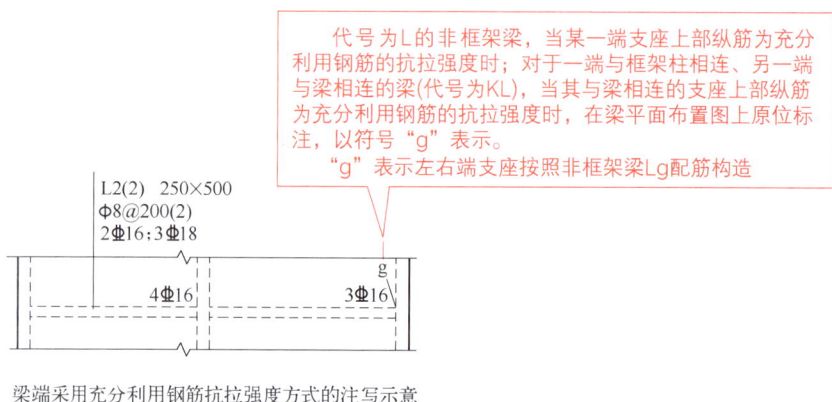

> 代号为L的非框架梁，当某一端支座上部纵筋为充分利用钢筋的抗拉强度时；对于一端与框架柱相连、另一端与梁相连的梁(代号为KL)，当其与梁相连的支座上部纵筋为充分利用钢筋的抗拉强度时，在梁平面布置图上原位标注，以符号 "g" 表示。
>
> "g" 表示左右端支座按照非框架梁Lg配筋构造

L2(2)　250×500
Φ8@200(2)
2Φ16;3Φ18

4Φ16　　　3Φ16　g

梁端采用充分利用钢筋抗拉强度方式的注写示意

图 5-14　代号为 L 的非框架梁的识读

5.2.9　梁截面尺寸表示的识读

梁截面尺寸用 $b×h$ 表示，即用宽 × 高表示。× 也有用 * 表示的。

加腋梁截面尺寸用 $b×h\ Yc_1×c_2$ 表示，其中 c_1 为腋长，c_2 为腋高。例如：300×750 Y500×250。

悬挑梁的根部与端部的高度不同时，用 $b×h_1/h_2$ 表示，其中 h_1 为根部高度，h_2 表示端部高度。例如：300×700/500。

5.2.10　柱编号表述的识读

《混凝土结构施工图　平法整体表示方法制图规则和构造详图》（16G101-1）❶中的 "梁上柱""剪力墙上柱" 在《混凝土结构施工图　平法整体表示方法制图规则和构造详图》（22G101-1）❶中分别用 "梁上起框架柱" 和 "剪力墙上起框架柱" 进行替换，并且 22G101-1 减少了 "梁上柱" 及 "剪力墙上柱" 两种柱类型代号。原 16G101-1 中的文字梁上柱代号 LZ、剪力墙上柱代号 QZ。

柱编号表述的识读如图 5-15 所示。

---

❶ 本章此后提到此图集处，仅以代号 "22G101-1" 表示。

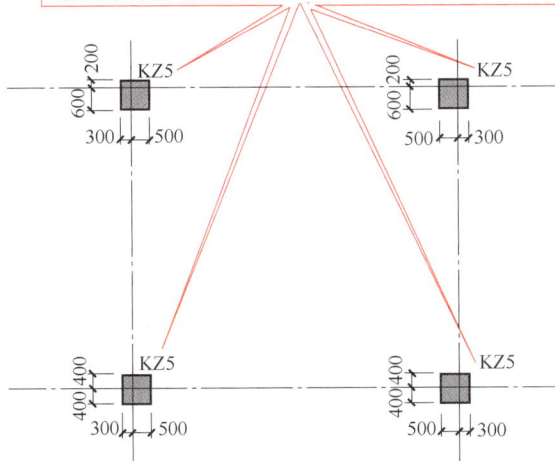

图 5-15 柱编号表述的识读

5.2.11 柱起止标高的识读

柱的起止标高，一般是自柱根部往上以变截面位置或截面未变但配筋改变处为界分段注写。

梁上起框架柱的根部标高系指梁顶面标高。剪力墙上起框架柱的根部标高为墙顶面标高。从基础起的柱，其根部标高系指基础顶面标高。当屋面框架梁上翻时，框架柱顶标高应为梁顶面标高。芯柱的根部标高系指根据结构实际需要而定的起始位置标高。

柱起止标高的识读如图 5-16 所示。

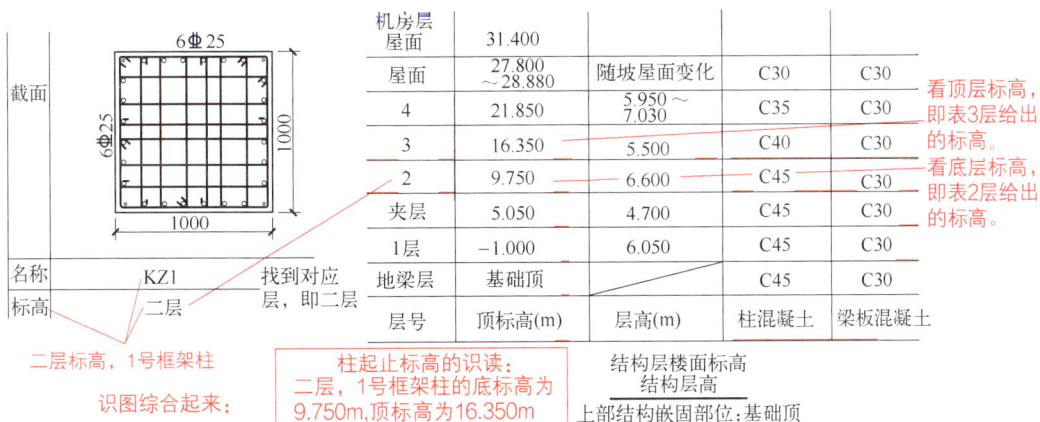

图 5-16 柱起止标高的识读

5.2.12 柱截面尺寸及与轴线关系的识读

柱截面尺寸及与轴线关系的识读如图 5-17 所示。

5.2.13 柱纵筋的识读

柱纵筋分角筋、截面 b 边中部筋、h 边中部筋等。

对于采用对称配筋的矩形截面柱，可以仅注写一侧中部筋，对称边省略不注。对于采用非对称配筋的矩形截面柱，则必须每侧均注写中部筋。当柱纵筋直径相同，各边根数也相同时，可以标注纵筋总根数。柱纵筋的识读如图 5-18 所示。

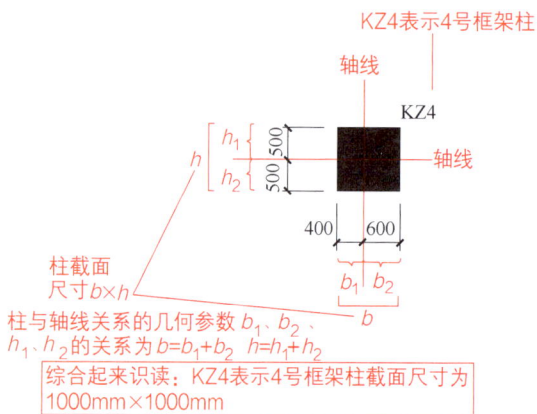

KZ4表示4号框架柱
轴线
KZ4
轴线
柱截面尺寸 $b \times h$
柱与轴线关系的几何参数 b_1、b_2、h_1、h_2 的关系为 $b=b_1+b_2$ $h=h_1+h_2$
综合起来识读：KZ4表示4号框架柱截面尺寸为 1000mm×1000mm

图 5-17 柱截面尺寸及与轴线关系的识读

截面	
名称	KZ6
标高	3层
纵筋	8Φ20

KZ6表示6号框架柱
标高为第3层的标高
说明共配置8Φ20纵筋

当柱纵筋直径相同，各边根数也相同时，则可以标注纵筋总根数

截面	
名称	KZ2
标高	机房层
纵筋	4Φ25+8Φ20

KZ2表示2号框架柱
表示标高为机房层，也就是柱底标高为机房层底标高，柱顶标高为机房层顶标高
表示纵筋分别为：角筋4Φ25
b 边中部筋2Φ20
h 边中部筋2Φ20

对于采用非对称配筋的矩形截面柱，则必须每侧均注写中部筋

图 5-18 柱纵筋的识读

5.2.14　箍筋肢数的识读

箍筋肢数的识读如图 5-19 所示。

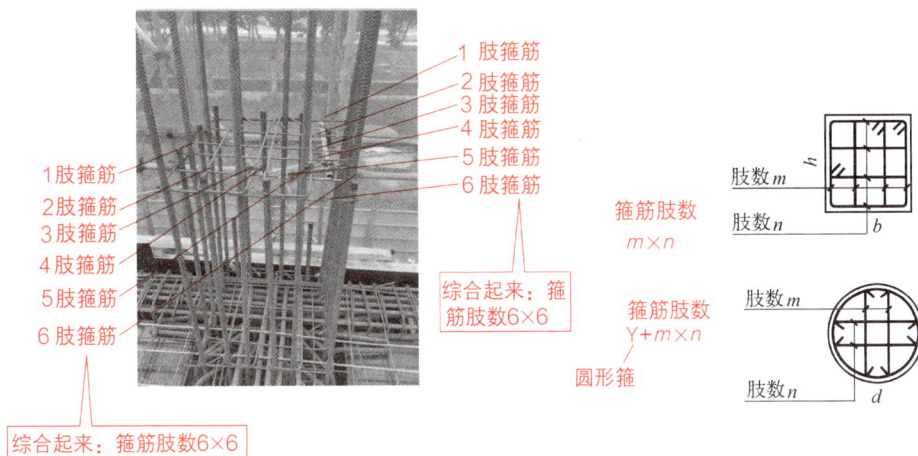

1 肢箍筋
2 肢箍筋
3 肢箍筋
4 肢箍筋
5 肢箍筋
6 肢箍筋

1 肢箍筋
2 肢箍筋
3 肢箍筋
4 肢箍筋
5 肢箍筋
6 肢箍筋

综合起来：箍筋肢数6×6

箍筋肢数
$m \times n$

箍筋肢数
$Y+m \times n$

圆形箍

肢数 m
肢数 n

综合起来：箍筋肢数6×6

图 5-19　箍筋肢数的识读

柱箍筋的标注通常包括钢筋种类、直径、间距等，如图 5-20 所示。

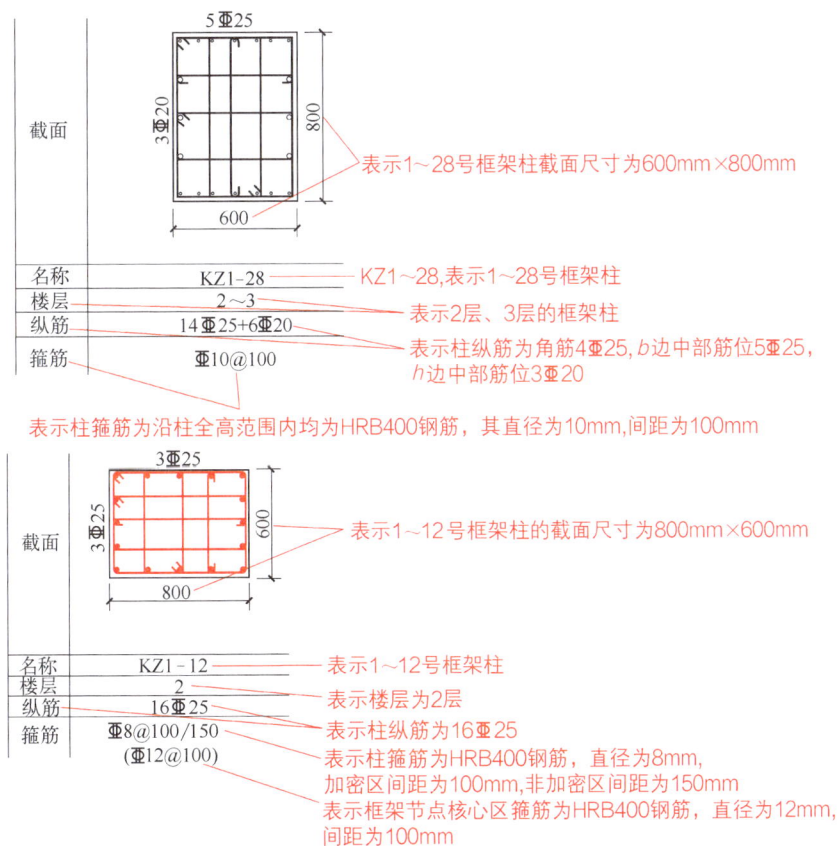

5Φ25
3Φ20
800
600

表示1~28号框架柱截面尺寸为600mm×800mm

名称	KZ1-28	KZ1~28,表示1~28号框架柱
楼层	2~3	表示2层、3层的框架柱
纵筋	14Φ25+6Φ20	表示柱纵筋为角筋4Φ25,b边中部筋位5Φ25, h边中部筋位3Φ20
箍筋	Φ10@100	

表示柱箍筋为沿柱全高范围内均为HRB400钢筋，其直径为10mm,间距为100mm

3Φ25
3Φ25
3Φ25
600
800

表示1~12号框架柱的截面尺寸为800mm×600mm

名称	KZ1-12	表示1~12号框架柱
楼层	2	表示楼层为2层
纵筋	16Φ25	表示柱纵筋为16Φ25
箍筋	Φ8@100/150 (Φ12@100)	表示柱箍筋为HRB400钢筋，直径为8mm, 加密区间距为100mm,非加密区间距为150mm

表示框架节点核心区箍筋为HRB400钢筋，直径为12mm, 间距为100mm

图 5-20　柱箍筋的标注识图

一点通

墙柱类型表述方式的识读见表 5-7。

表 5-7 墙柱类型表述方式的识读

墙柱类型	代号	序号
约束边缘暗柱	YAZ	××
约束边缘端柱	YDZ	××
约束边缘翼墙（柱）	YYZ	××
约束边缘转角墙（柱）	YJZ	××
构造边缘端柱	GDZ	××
构造边缘暗柱	GAZ	××
构造边缘翼墙（柱）	GYZ	××
构造边缘转角墙（柱）	GJZ	××
非边缘暗柱	AZ	××
扶壁柱	FBZ	××

表示5号楼面板

表示板厚110mm

一楼面为 LB5 *h*=110
    B：$X\Phi12@120$；$Y\Phi10@110$

表示板下部配置的贯通纵筋X向为$\Phi12@120$，Y向为$\Phi10@110$表示板上部未配置贯通纵筋

表示板根部厚150mm，端部厚100mm

表示2号延伸悬挑板

YXB2 *h*=150/100
    B：X_c&$Y_c\Phi8@200$

表示配置构造底筋双向均为$\Phi8@200$

图 5-21 板集中标注

5.2.15 板集中标注的识读

板集中标注：板编号、板厚、贯通钢筋、板面高差等。板贯通纵筋根据板块分为底筋（B）、面筋（T）。轴网向心布置时，可以分为 x 向贯通纵筋、y 向贯通纵筋。

在延伸悬挑板 YXB，或纯悬挑板 XB 的底筋配置有构造筋时，则 x 向以 X_c 打头，y 向以 Y_c 打头。

板集中标注图例如图 5-21 所示。

22G101-1 规定，梁板式转换层楼板，板下部纵筋在支座内的锚固长度不应小于 l_{aE}。以前的 161G101-1 规定为 l_a。

注意

板上部纵向钢筋在端支座（梁、剪力墙顶）的锚固要求：

当设计按铰接时，平直段伸至端支座对边后弯折，且平直段长度 $\geqslant 0.35l_{ab}$，弯后直段长度为 $12d$（d 为纵向钢筋直径）；当充分利用钢筋的抗拉强度时，平直段伸至端支座对边后弯折，且平直段长度 $\geqslant 0.6l_{ab}$，弯后直段长度为 $12d$。

5.2.16 悬挑板阴角附加筋 Cis 引注的识读

悬挑板阴角附加筋 Cis 引注中，一般说明附加钢筋"自阴角位置向内分布"，如图 5-22 所示。

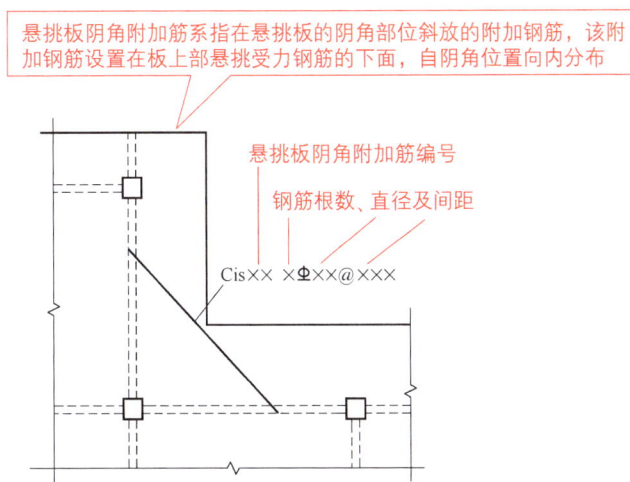

悬挑板阴角附加筋系指在悬挑板的阴角部位斜放的附加钢筋，该附加钢筋设置在板上部悬挑受力钢筋的下面，自阴角位置向内分布

悬挑板阴角附加筋编号

钢筋根数、直径及间距

Cis×× ×Φ××@×××

图 5-22　悬挑板阴角附加筋 Cis 的引注

5.2.17 独立基础图的识读

独立基础图的识读如图 5-23 所示。

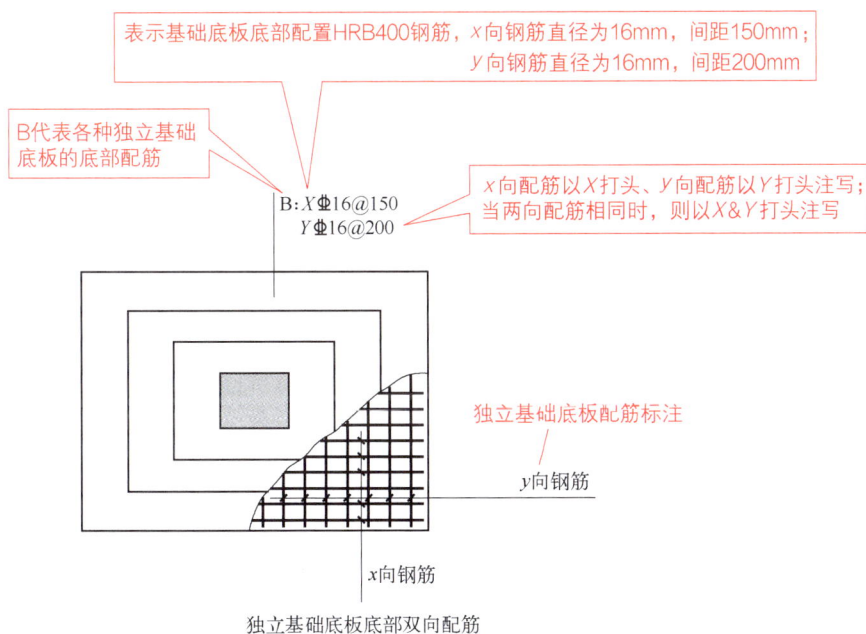

表示基础底板底部配置HRB400钢筋，x向钢筋直径为16mm，间距150mm；y向钢筋直径为16mm，间距200mm

B代表各种独立基础底板的底部配筋

x向配筋以X打头、y向配筋以Y打头注写；当两向配筋相同时，则以X&Y打头注写

B:XΦ16@150
　YΦ16@200

独立基础底板配筋标注

y向钢筋

x向钢筋

独立基础底板底部双向配筋

图 5-23

表示杯口顶部每边配置2根HRB400级直径为14的焊接钢筋网

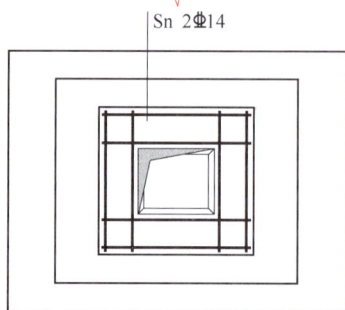

Sn 2Φ14

单杯口独立基础顶部焊接钢筋网标注

高杯口独立基础
的短柱配筋标注

表示高杯口独立基础的短柱配置
HRB400竖向纵筋和HPB300箍筋

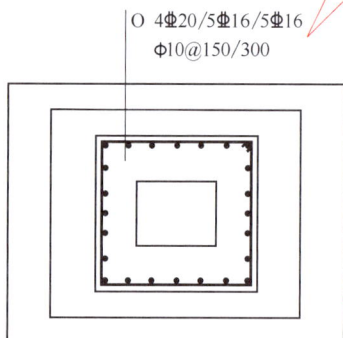

O 4Φ20/5Φ16/5Φ16
Φ10@150/300

竖向纵筋为：角筋4Φ20、x边中部筋5Φ16、y边中部筋5Φ16

O 4Φ20/5Φ16/5Φ16，
Φ10@150/300

其箍筋直径为10mm，短柱杯口壁内间距150mm，短柱其他部位间距300mm

O   角筋/x边中部筋/y边中部筋，箍筋(两种间距，短柱杯口壁内箍筋间距/短柱其他部位箍筋间距)

短柱配筋代号   先注写短柱纵筋   再注写箍筋

高杯口独立基础短柱配筋

双杯口独立基础顶部焊接钢筋网标注为：Sn 2Φ16，表示杯口每边和
双杯口中间杯壁的顶部均配置2根HRB400级直径为16mm的焊接钢筋网

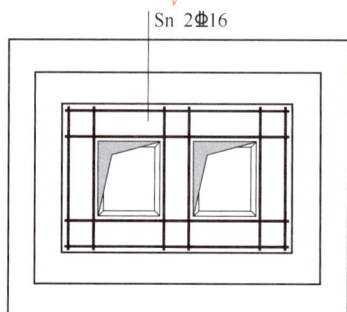

Sn 2Φ16

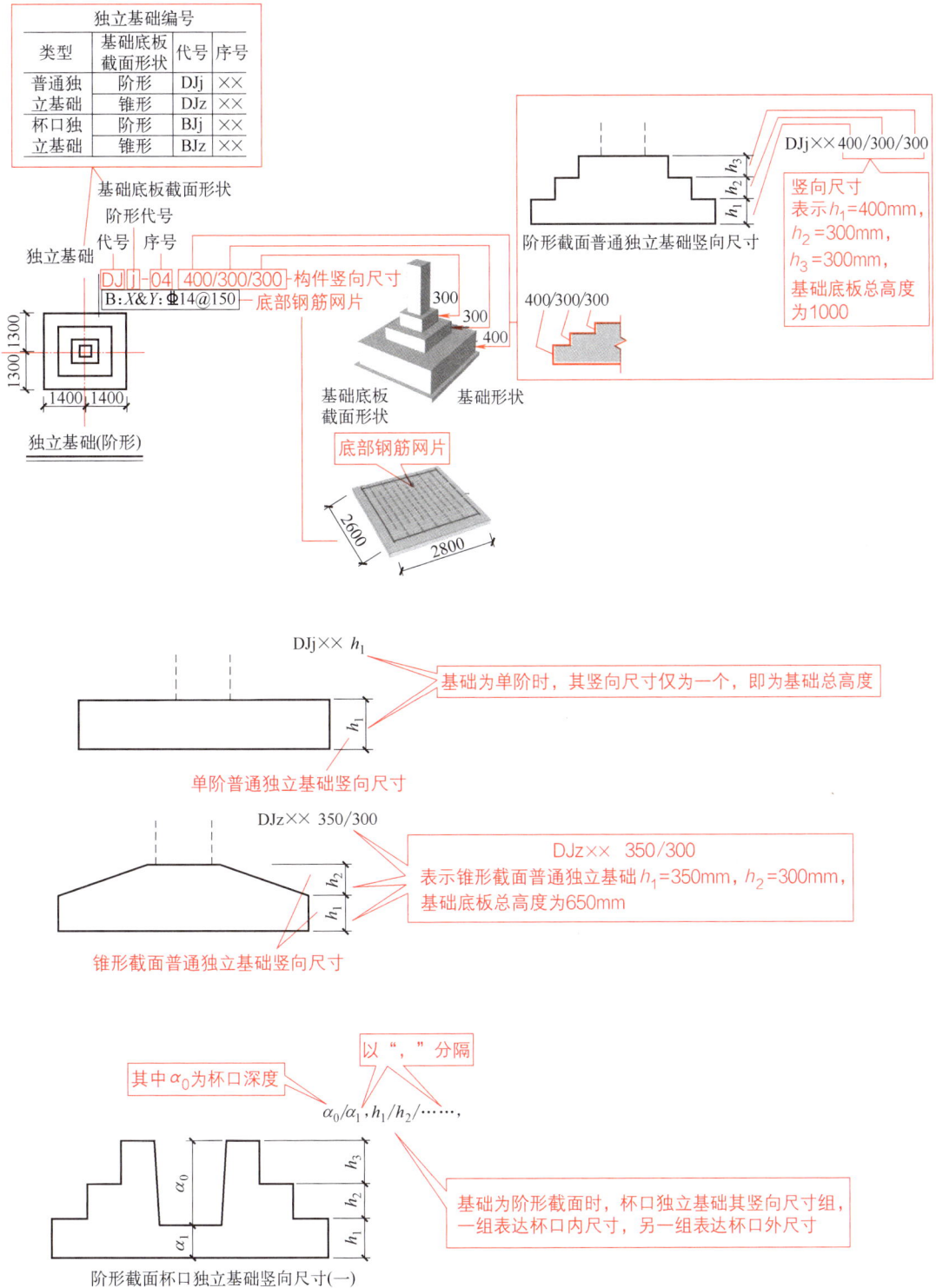

独立基础编号

类型	基础底板截面形状	代号	序号
普通独立基础	阶形	DJj	××
	锥形	DJz	××
杯口独立基础	阶形	BJj	××
	锥形	BJz	××

基础底板截面形状

阶形代号

独立基础

代号 序号

DJj-04 400/300/300 ── 构件竖向尺寸
B:X&Y:Φ14@150 ── 底部钢筋网片

300
300
400

1300 1300

1400 1400

独立基础(阶形)

基础底板截面形状

基础形状

底部钢筋网片

2600
2800

DJj×× 400/300/300

h_3
h_2
h_1

阶形截面普通独立基础竖向尺寸

400/300/300

竖向尺寸
表示h_1=400mm，
h_2=300mm，
h_3=300mm，
基础底板总高度
为1000

DJj×× h_1

h_1

单阶普通独立基础竖向尺寸

基础为单阶时，其竖向尺寸仅为一个，即为基础总高度

DJz×× 350/300

h_2
h_1

锥形截面普通独立基础竖向尺寸

DJz×× 350/300
表示锥形截面普通独立基础h_1=350mm，h_2=300mm，
基础底板总高度为650mm

以","分隔

其中α_0为杯口深度

$\alpha_0/\alpha_1, h_1/h_2/\cdots\cdots,$

h_3
h_2
h_1

α_0

α_1

基础为阶形截面时，杯口独立基础其竖向尺寸组，
一组表达杯口内尺寸，另一组表达杯口外尺寸

阶形截面杯口独立基础竖向尺寸(一)

图 5-23

表示独立基础的短柱设置在-2.500～-0.050m高度范围内，配置HRB400竖向纵筋和HPB300箍筋

DZ 4Φ20/5Φ18/5Φ18
Φ10@100
-2.500～-0.050

其竖向纵筋为：角筋4Φ20、x边中部筋5Φ18、y边中部筋5Φ18；

其箍筋直径为10mm，间距100mm

DZ　角筋/x边中部筋/y边中部筋，箍筋，短柱标高范围

DZ代表普通独立基础短柱　　先注写短柱纵筋　　再注写箍筋　　最后注写短柱标高范围

独立基础短柱配筋

注写双柱独立基础底板顶部配筋。
双柱独立基础的顶部配筋，通常对称分布在双柱中心线两侧。
T双柱间纵向受力钢筋/分布钢筋

配置HPB300分布筋，直径为10mm，间距200mm

T:11Φ18@100/Φ10@200

基础顶部纵向受力钢筋

表示独立基础顶部配置HRB400纵向受力钢筋，直径为18mm设置11根，间距100mm

分布钢筋

双柱独立基础顶部配筋

注写双柱独立基础的基础梁配筋，当双柱独立基础为基础底板与基础梁相结合时，注写基础梁的编号、几何尺寸和配筋。
JL××(1)表示该基础梁为1跨，两端无外伸
JL××(1A)表示该基础梁为1跨，一端有外伸
JL××(1B)表示该基础梁为1跨，两端均有外伸

表示在四柱独立基础顶部两道基础梁之间配置HRB400钢筋，直径为16mm，间距120mm

T:Φ16@120/Φ10@200

分布筋为HPB300钢筋，直径为10mm，间距200mm

分布钢筋　基础顶部梁间受力钢筋

JL××(1B)

四柱独立基础底板顶部基础梁间配筋注写

注写配置两道基础梁的四柱独立基础底板顶部配筋。当四柱独立基础已设置两道平行的基础梁时，根据内力需要可在双梁之间及梁的长度范围内配置基础顶部钢筋，注写为：梁间受力钢筋/分布钢筋

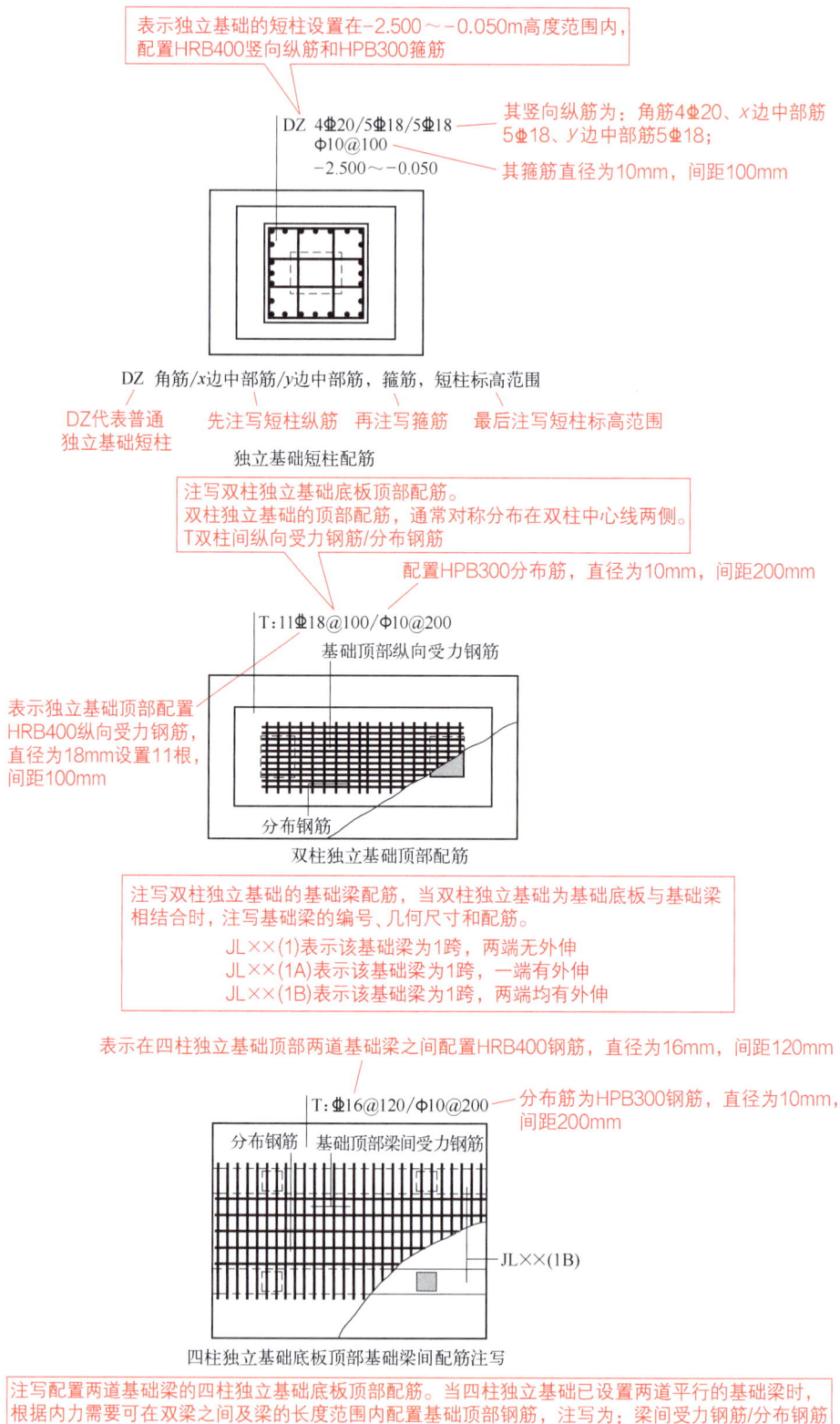

图5-23　独立基础图的识读

5.2.18 条形基础图的识读

条形基础图的识读如图 5-24 所示。

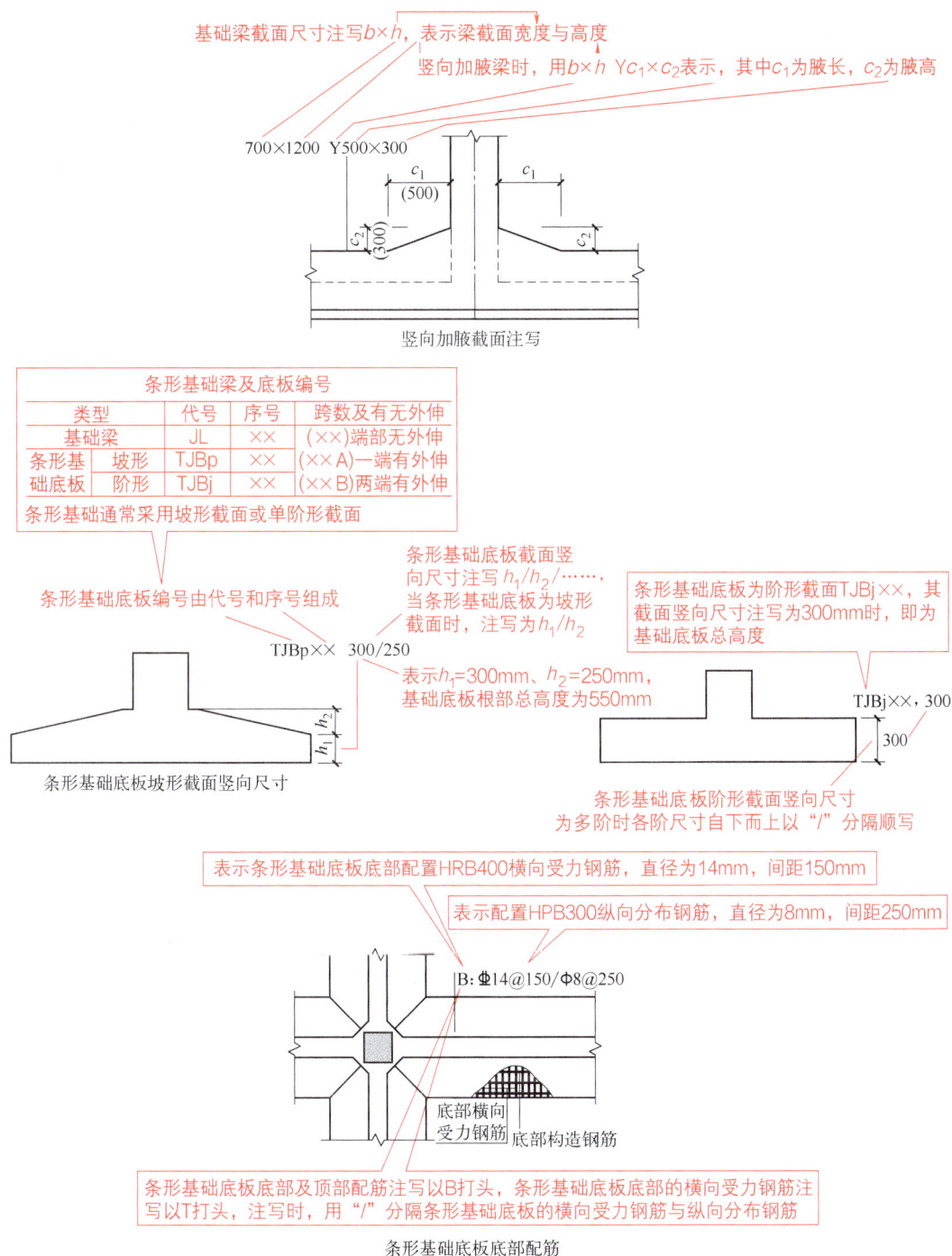

基础梁截面尺寸注写 $b×h$，表示梁截面宽度与高度

竖向加腋梁时，用 $b×h$ $Yc_1×c_2$ 表示，其中 c_1 为腋长，c_2 为腋高

700×1200 Y500×300

c_1
(500)

c_1

c_2
(300)

c_2

竖向加腋截面注写

条形基础梁及底板编号			
类型	代号	序号	跨数及有无外伸
基础梁	JL	××	(××)端部无外伸
条形基 坡形	TJBp	××	(××A)一端有外伸
础底板 阶形	TJBj	××	(××B)两端有外伸

条形基础通常采用坡形截面或单阶形截面

条形基础底板截面竖向尺寸注写 $h_1/h_2/\cdots\cdots$，当条形基础底板为坡形截面时，注写为 h_1/h_2

条形基础底板为阶形截面 TJBj××，其截面竖向尺寸注写为300mm时，即为基础底板总高度

条形基础底板编号由代号和序号组成

TJBp×× 300/250

表示 h_1=300mm、h_2=250mm，基础底板根部总高度为550mm

h_1 | h_2

条形基础底板坡形截面竖向尺寸

TJBj××，300

300

条形基础底板阶形截面竖向尺寸为多阶时各阶尺寸自下而上以"/"分隔顺写

表示条形基础底板底部配置HRB400横向受力钢筋，直径为14mm，间距150mm

表示配置HPB300纵向分布钢筋，直径为8mm，间距250mm

B:Φ14@150/Φ8@250

底部横向受力钢筋

底部构造钢筋

条形基础底板底部及顶部配筋注写以B打头，条形基础底板底部的横向受力钢筋注写以T打头，注写时，用"/"分隔条形基础底板的横向受力钢筋与纵向分布钢筋

条形基础底板底部配筋

图 5-24 条形基础图的识读

5.2.19 独立承台配筋图的识读

独立承台配筋图的识读如图 5-25 所示。

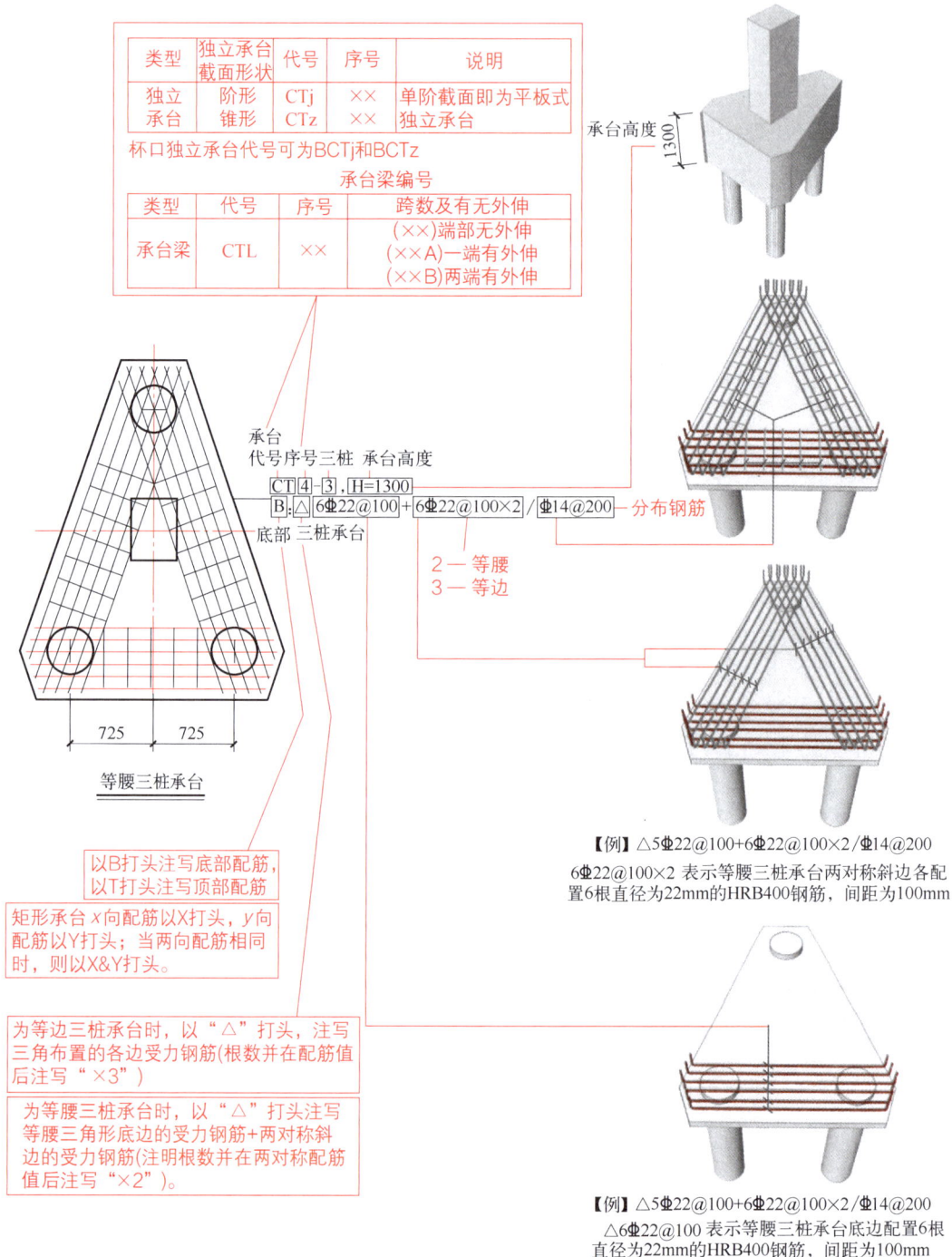

类型	独立承台 截面形状	代号	序号	说明
独立 承台	阶形	CTj	××	单阶截面即为平板式 独立承台
	锥形	CTz	××	

杯口独立承台代号可为BCTj和BCTz

承台梁编号

类型	代号	序号	跨数及有无外伸
承台梁	CTL	××	(××)端部无外伸 (××A)一端有外伸 (××B)两端有外伸

承台高度 1300

承台
代号序号三桩 承台高度
CT 4-3，H=1300
B：△6Φ22@100+6Φ22@100×2／Φ14@200 — 分布钢筋
底部 三桩承台

2 — 等腰
3 — 等边

725 725

等腰三桩承台

以B打头注写底部配筋，
以T打头注写顶部配筋

矩形承台 x 向配筋以X打头，y 向
配筋以Y打头；当两向配筋相同
时，则以X&Y打头。

为等边三桩承台时，以"△"打头，注写
三角布置的各边受力钢筋(根数并在配筋值
后注写"×3")

为等腰三桩承台时，以"△"打头注写
等腰三角形底边的受力钢筋+两对称斜
边的受力钢筋(注明根数并在两对称配筋
值后注写"×2")。

【例】△5Φ22@100+6Φ22@100×2／Φ14@200
6Φ22@100×2 表示等腰三桩承台两对称斜边各配
置6根直径为22mm的HRB400钢筋，间距为100mm

【例】△5Φ22@100+6Φ22@100×2／Φ14@200
△6Φ22@100 表示等腰三桩承台底边配置6根
直径为22mm的HRB400钢筋，间距为100mm

图 5-25 独立承台配筋图的识读

5.2.20 基础相关构造施工图的识读

基础相关构造施工图的识读如图 5-26 所示。

基础相关构造类型与编号

构造类型	代号	序号	说明
基础联系梁	JLL	××	用于独立基础、条形基础、桩基承台
后浇带	HJD	××	用于梁板、平板筏基础，条形基础等
上柱墩	SZD	××	用于平板筏基础
局部增加板厚	JBH	××	用于梁板、平板筏基础
基坑(沟)	JK	××	用于梁板、平板筏基础
窗井墙	CJQ	××	用于梁板、平板筏基础
防水板	FSB	××	用于独基，条基、桩基加防水板

注：基础联系梁序号：(××)为端部无外伸或无悬挑，(××A)
为一端有外伸或有悬挑，(××B)为两端有外伸或有悬挑。

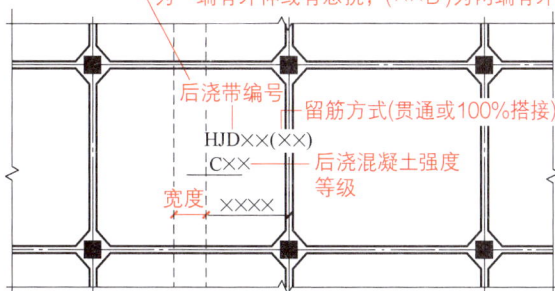

后浇带编号 ── 留筋方式(贯通或100%搭接)

HJD××(××)
C×× ──── 后浇混凝土强度等级
宽度 ──── ××××

后浇带HJD引注图示

几何尺寸注写按"柱墩向上凸出基础平板高度h_d/柱墩顶部出柱边缘宽度c_1/柱墩底部出柱边缘宽度c_2"的顺序注写，其表达形式为$h_d/c_1/c_2$，为棱柱形柱墩$c_1=c_2$时，c_2不注，表达形式为h_d/c_1

上柱墩，注写编号SZD××

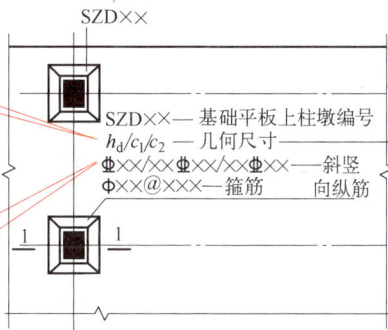

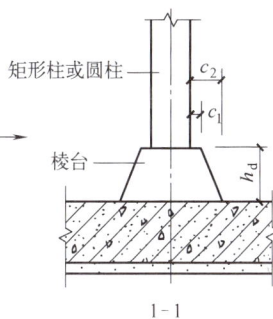

SZD××

SZD×× ── 基础平板上柱墩编号
$h_d/c_1/c_2$ ── 几何尺寸
$\underline{\Phi}$××/××$\underline{\Phi}$××/×$\underline{\Phi}$×× ── 斜竖向纵筋
Φ××@××× ── 箍筋

矩形柱或圆柱

棱台

1-1

配筋注写按"竖向($c_1=c_2$)或斜竖向($c_1\neq c_2$)角筋/x边中部筋/y边中部筋，箍筋"的顺序注写。角筋标注出钢筋种类与直径，x边中部筋和y边中部筋标注出根数、钢筋种类与直径，箍筋标注出钢筋种类、直径及间距，表达形式为：$\underline{\Phi}$××/××$\underline{\Phi}$××/××$\underline{\Phi}$××，Φ××@×××。

表示3号棱台形上柱墩
表示凸出基础平板顶面高度为600mm
表示顶部每边出柱边缘宽度为50mm
表示底部每边出柱边缘宽度为350mm

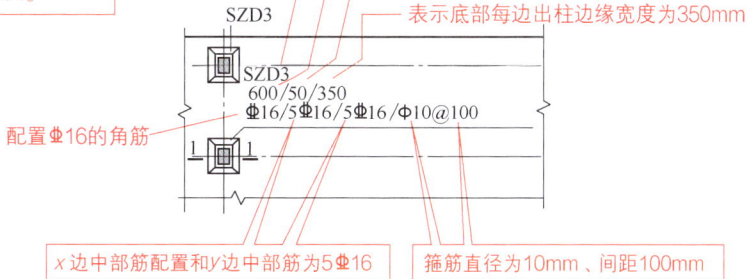

SZD3
SZD3
600/50/350
$\underline{\Phi}$16/5$\underline{\Phi}$16/5$\underline{\Phi}$16/Φ10@100

配置$\underline{\Phi}$16的角筋

x边中部筋配置和y边中部筋为5$\underline{\Phi}$16

箍筋直径为10mm、间距100mm

棱台形上柱墩引注图示

图 5-26

基坑JK注写编号JK××
基坑JK几何尺寸按"基坑深度h_k/基坑平面尺寸$x×y$"的顺序注写,表达形式为$h_k/x×y$,x为x向基坑宽度,y为y向基坑宽度

基坑x向定位尺寸
基坑y向定位尺寸

JK××
h_k=××××
$x×y$

基坑编号
基坑深度
x向宽度×y向宽度

y向宽度
x向宽度

基坑JK引注图示

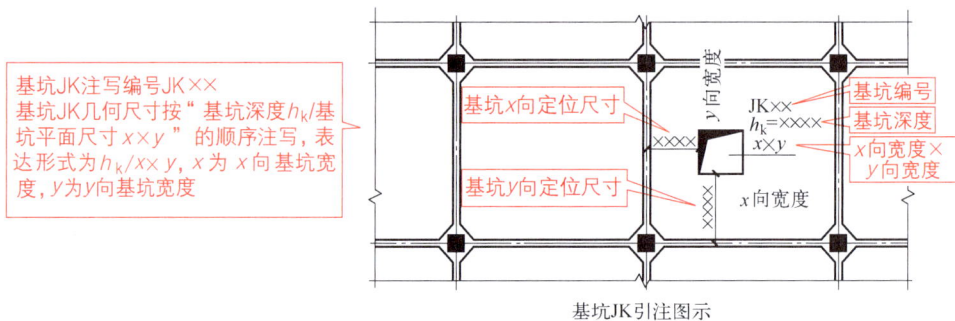

图 5-26　基础相关构造施工图的识读

5.2.21　楼梯图的识读

楼梯集中标注的识读如图 5-27 所示。

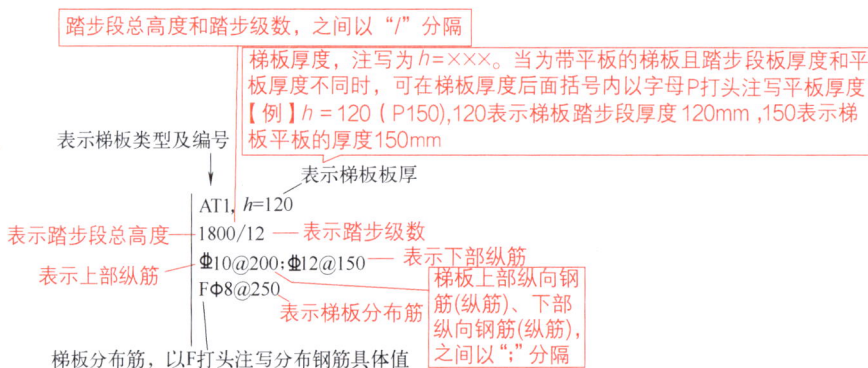

踏步段总高度和踏步级数,之间以"/"分隔

梯板厚度,注写为h=×××。当为带平板的梯板且踏步段板厚度和平板厚度不同时,可在梯板厚度后面括号内以字母P打头注写平板厚度
【例】h=120(P150),120表示梯板踏步段厚度120mm,150表示梯板平板的厚度150mm

表示梯板类型及编号
表示梯板板厚
表示踏步段总高度
表示上部纵筋
表示下部纵筋
表示梯板分布筋
梯板分布筋,以F打头注写分布钢筋具体值

AT1,h=120
1800/12
Φ10@200;Φ12@150
Fϕ8@250

梯板上部纵向钢筋(纵筋)、下部纵向钢筋(纵筋),之间以";"分隔

图 5-27　楼梯集中标注的识读

楼梯类型代码如图 5-28 所示。

楼梯类型				楼梯特征、支承方式		
梯板代号	适用范围		是否参与结构整体抗震计算	AT~ET型梯板特征		
	抗震构造措施	适用结构		梯板代号	梯板构成方式	
AT	无	剪力墙、砌体结构	不参与	AT	踏步段	
BT				BT	低端平板、踏步段	
CT	无	剪力墙、砌体结构	不参与	CT	踏步段、高端平板	
DT				DT	低端平板、踏步板、高端平板	
ET	无	剪力墙、砌体结构	不参与	ET	低端踏步段、中位平板和高端踏步段	
FT				FT、GT型梯板特征		
GT	无	剪力墙、砌体结构	不参与	梯板代号	梯板构成方式	
ATa	有	框架结构、框剪结构中框架部分	不参与	FT	层间平板、踏步段、楼层平板	
ATb			不参与	GT	层间平板、踏步段	
ATc			参与	FT、GT型梯板支承方式		
BTb	有	框架结构、框剪结构中框架部分	不参与	梯板代号	层间平板	踏步段端(楼层处)	楼层平板
CTa	有	框架结构、框剪结构中框架部分	不参与	FT	三边支承	—	三边支承
CTb				GT	三边支承	支承在梯梁上	—
DTb	有	框架结构、框剪结构中框架部分	不参与				

注:ATa、CTa低端带滑动支座支承在梯梁上;
ATb、BTb、CTb、DTb低端带滑动支座支承在挑板上。

图 5-28　楼梯类型代码

5.2.22　剪力墙施工图的识读

剪力墙施工图的识读如图 5-29 所示。

剪力墙梁表

编号	所在楼层号	梁顶相对标高高差	梁截面 b×h	上部纵筋	下部纵筋	侧面纵筋	墙梁箍筋
LL1	2~9	0.800	300×2000	4⊈25	4⊈25	同墙体水平分布筋	Φ10@100(2)
	10~16	0.800	250×2000	4⊈25	4⊈25		Φ10@100(2)
	屋面1		250×1200	4⊈20	4⊈20		Φ10@100(2)
LL2	3	-1.200	300×2520	4⊈25	4⊈25	22⊈12	Φ10@150(2)
	4	-0.900	300×2070	4⊈25	4⊈25	18⊈12	Φ10@150(2)
	5~9	-0.900	300×1770	4⊈25	4⊈25	16⊈12	Φ10@150(2)
	10~屋面1	-0.900	250×1770	4⊈20	4⊈22	16⊈12	Φ10@150(2)
LL3	2		300×2070	4⊈25	4⊈25	18⊈12	Φ10@150(2)
	3		300×1770	4⊈25	4⊈25	16⊈12	Φ10@150(2)
	4~9		300×1170	4⊈25	4⊈25	10⊈12	Φ10@100(2)
	10~屋面1		250×1170	4⊈20	4⊈22	10⊈12	Φ10@100(2)
LL4	2		250×2070	4⊈20	4⊈20	18⊈12	Φ10@125(2)
	3		250×1770	4⊈20	4⊈20	16⊈12	Φ10@125(2)
	4~屋面1		250×1170	4⊈20	4⊈20	10⊈12	Φ10@125(2)
AL1	2~9		300×600	3⊈20	3⊈20	同墙体水平分布筋	Φ8@150(2)
	10~16		250×500	3⊈18	3⊈18		Φ8@150(2)
BKL1	屋面1		500×750	4⊈22	4⊈22	4⊈16	Φ10@150(2)

注：当剪力墙厚度发生变化时，连梁LL宽度随墙厚变化。

墙柱编号

墙柱类型	代号	序号
约束边缘构件	YBZ	××
构造边缘构件	GBZ	××
非边缘暗柱	AZ	××
扶壁柱	FBZ	××

注：墙柱编号由墙柱类型代号和序号组成。

墙梁编号

墙梁类型	代号	序号
连梁	LL	××
连梁(跨高比不小于5)	LLk	××
连梁(对角暗撑配筋)	LL(JC)	××
连梁(对角斜筋配筋)	LL(JX)	××
连梁(集中对角斜筋配筋)	LL(DX)	××
暗梁	AL	××
边框梁	BKL	××

墙身编号，由墙身代号(Q)、序号以及墙身所配置的水平与竖向分布钢筋的排数组成，其中排数注写在括号内。表达形式为：
Q×× (××排)
墙身序号　钢筋排数

剪力墙身表

编号	标高	墙厚	水平分布筋	垂直分布筋	拉筋(矩形)
Q1	-0.030~30.270	300	⊈12@200	⊈12@200	Φ6@600@600
	30.270~59.070	250	⊈10@200	⊈10@200	Φ6@600@600
Q2	-0.030~30.270	250	⊈10@200	⊈10@200	Φ6@600@600
	30.270~59.070	200	⊈10@200	⊈10@200	Φ6@600@600

为表达清楚、简便，剪力墙可视为由剪力墙柱、剪力墙身和剪力墙梁三类构件构成

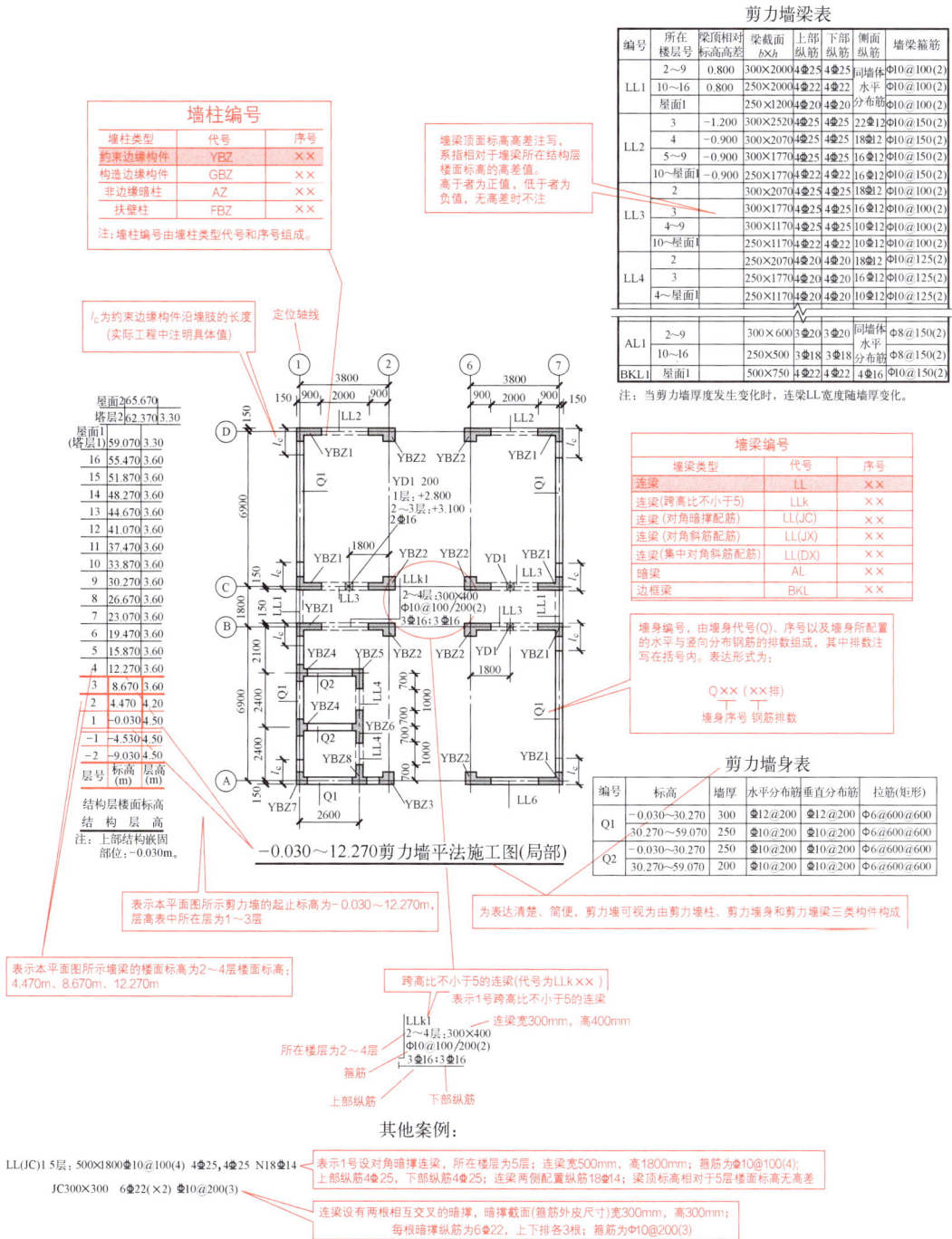

－0.030～12.270剪力墙平法施工图(局部)

lc为约束边缘构件沿墙肢的长度
(实际工程中注明具体值)

墙梁顶面标高高差注写，系指相对于墙梁所在结构层楼面标高的高差值。高于者为正值，低于者为负值，无高差时不注

表示本平面图所示剪力墙的起止标高为－0.030～12.270m，层高表中所在层为1~3层

表示本平面图所示墙梁的楼面标高为2~4层楼面标高：4.470m、8.670m、12.270m

跨高比不小于5的连梁(代号为LLk××)
表示1号跨高比不小于5的连梁

LLk1
2~4层；300×400
Φ10@100/200(2)
3⊈16:3⊈16
所在楼层为2~4层
箍筋
上部纵筋
下部纵筋

连梁宽300mm，高400mm

其他案例：

LL(JC)1 5层；500×1800Φ10@100(4) 4⊈25,4⊈25 N18⊈14

表示1号设对角暗撑连梁，所在楼层为5层；连梁宽500mm，高1800mm；箍筋为Φ10@100(4)；上部纵筋4⊈25，下部纵筋4⊈25；连梁两侧配置纵筋18⊈14；梁顶标高相对于5层楼面标高无高差

JC300×300　6⊈22(×2) Φ10@200(3)

连梁设有两根相互交叉的暗撑，暗撑截面(箍筋外皮尺寸)宽300mm，高300mm；每根暗撑纵筋为6⊈22，上下排各3根；箍筋为Φ10@200(3)

图 5-29

表示2号设交叉斜筋连梁，所在楼层为6层

连梁宽300mm，高800mm

箍筋为Φ10@100(4)

上部纵筋4Φ18

下部纵筋4Φ18

连梁两侧配置纵筋6Φ14

梁顶高于6层楼面标高0.100m

连梁对称设置交叉斜筋，每侧配筋2Φ22；
交叉斜筋在连梁端部设置拉筋3Φ10，四个
角都设置

LL(JX)2 6层：300×800 Φ10@100(4) 4Φ18；4Φ18 N6Φ14 (+0.100) JX2Φ22(×2) 3Φ10(×4)

表示3号设对角斜筋连梁，所在楼层为6层

连梁宽400mm，高1000mm

箍筋为Φ10@100(4)

上部纵筋4Φ20，下部纵筋4Φ20

连梁两侧配置纵筋8Φ14

连梁对称设置对角斜筋，每侧斜筋配筋
8Φ20，上下排各4Φ20

LL(DX)3 6层：400×1000 Φ10@100(4) 4Φ20；4Φ20 N8Φ14 DX8Φ20(×2)

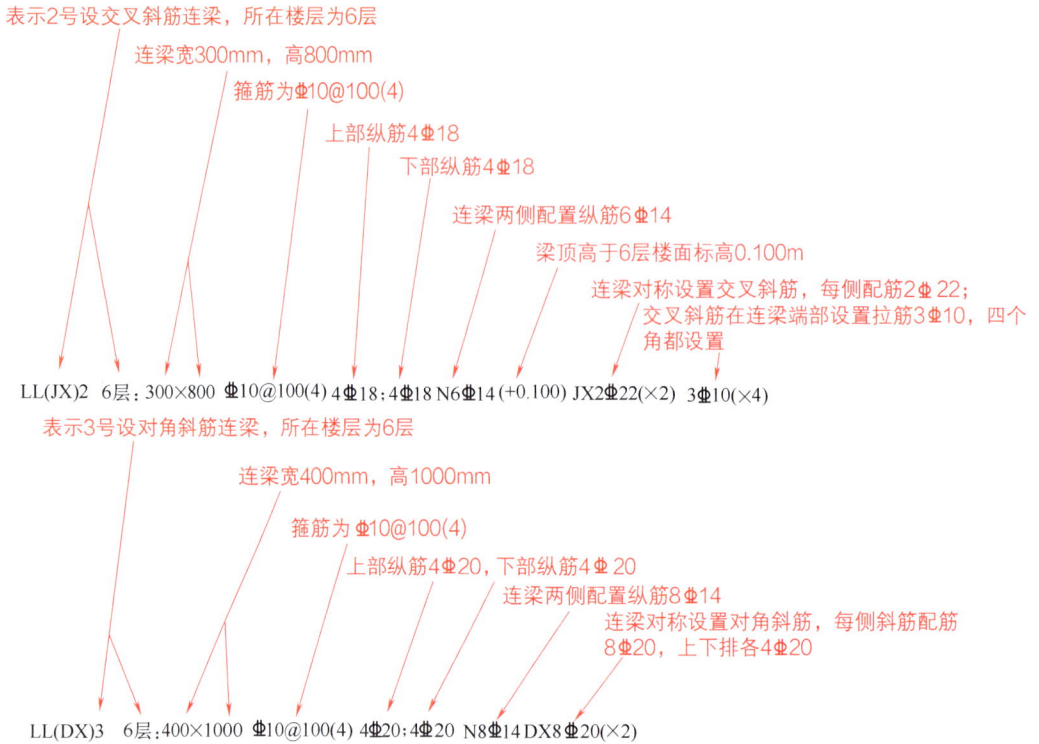

图5-29 剪力墙施工图的识读

5.2.23 剪力墙洞口表示法的识读

剪力墙洞口表示法的识读如图5-30所示。

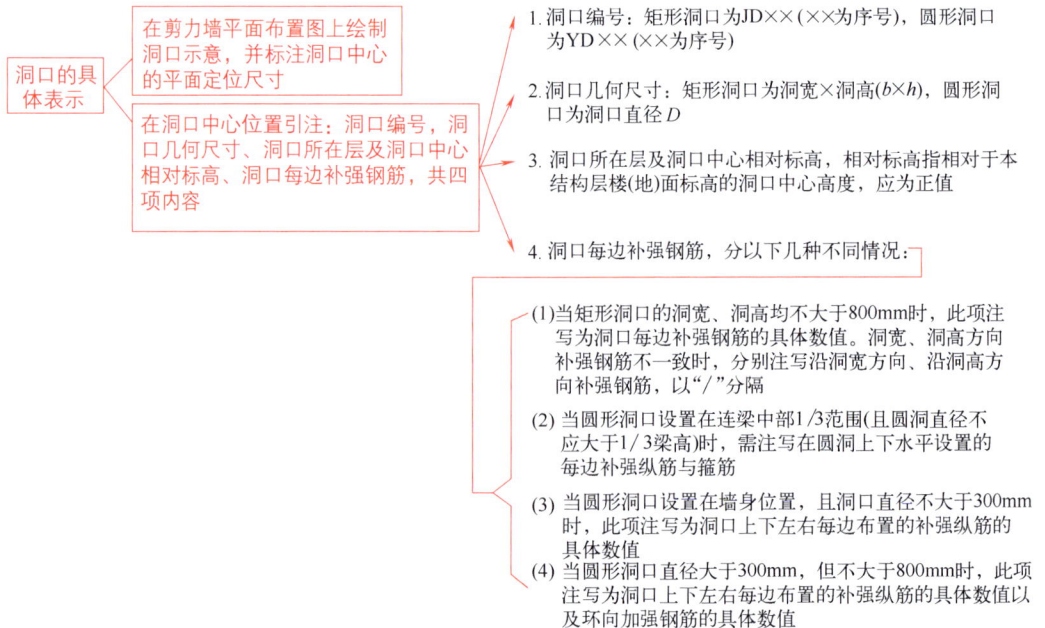

洞口的具体表示

在剪力墙平面布置图上绘制
洞口示意，并标注洞口中心
的平面定位尺寸

在洞口中心位置引注：洞口编号，洞
口几何尺寸、洞口所在层及洞口中心
相对标高、洞口每边补强钢筋，共四
项内容

1. 洞口编号：矩形洞口为JD××(××为序号)，圆形洞口
为YD××(××为序号)

2. 洞口几何尺寸：矩形洞口为洞宽×洞高($b×h$)，圆形洞
口为洞口直径D

3. 洞口所在层及洞口中心相对标高，相对标高指相对于本
结构层楼(地)面标高的洞口中心高度，应为正值

4. 洞口每边补强钢筋，分以下几种不同情况：

(1)当矩形洞口的洞宽、洞高均不大于800mm时，此项注
写为洞口每边补强钢筋的具体数值。洞宽、洞高方向
补强钢筋不一致时，分别注写沿洞宽方向、沿洞高方
向补强钢筋，以"/"分隔

(2) 当圆形洞口设置在连梁中部1/3范围(且圆洞直径不
应大于1/3梁高)时，需注写在圆洞上下水平设置的
每边补强纵筋与箍筋

(3) 当圆形洞口设置在墙身位置，且洞口直径不大于300mm
时，此项注写为洞口上下左右每边布置的补强纵筋的
具体数值

(4) 当圆形洞口直径大于300mm，但不大于800mm时，此项
注写为洞口上下左右每边布置的补强纵筋的具体数值以
及环向加强钢筋的具体数值

表示2~5层设置2号矩形洞口

洞口中心距结构层楼面1000mm

洞口每边补强 钢筋为3Φ14

JD2 400×300 2~5层：+1.000 3Φ14

洞宽400mm、洞高300mm

表示6层设置4号矩形洞口

洞口中心距6层楼面2500mm

沿洞宽方向每边补强钢筋为3Φ18

沿洞高方向每边补强钢筋为3Φ14

JD4 800×300 6层：+2.500 3Φ18/3Φ14

洞宽800mm、洞高300mm

表示2~6层 设置5号圆形洞口

洞口中心距结构层楼面1800mm

洞口上下设补强暗梁；暗梁纵筋为6Φ20，上、下排对称布置

箍筋为Φ8@150，双肢箍

环向加强钢筋2Φ16

YD5 1000 2~6层：+1.800 6Φ20 Φ8@150(2) 2Φ16

直径1000mm

表示5层设置5号圆形洞口

洞口中心距5层楼面1800mm

洞口上下左右每边补强钢筋为2Φ20

环向加强钢筋2Φ16

YD5 600 5层：+1.800 2Φ20 2Φ16

直径600mm

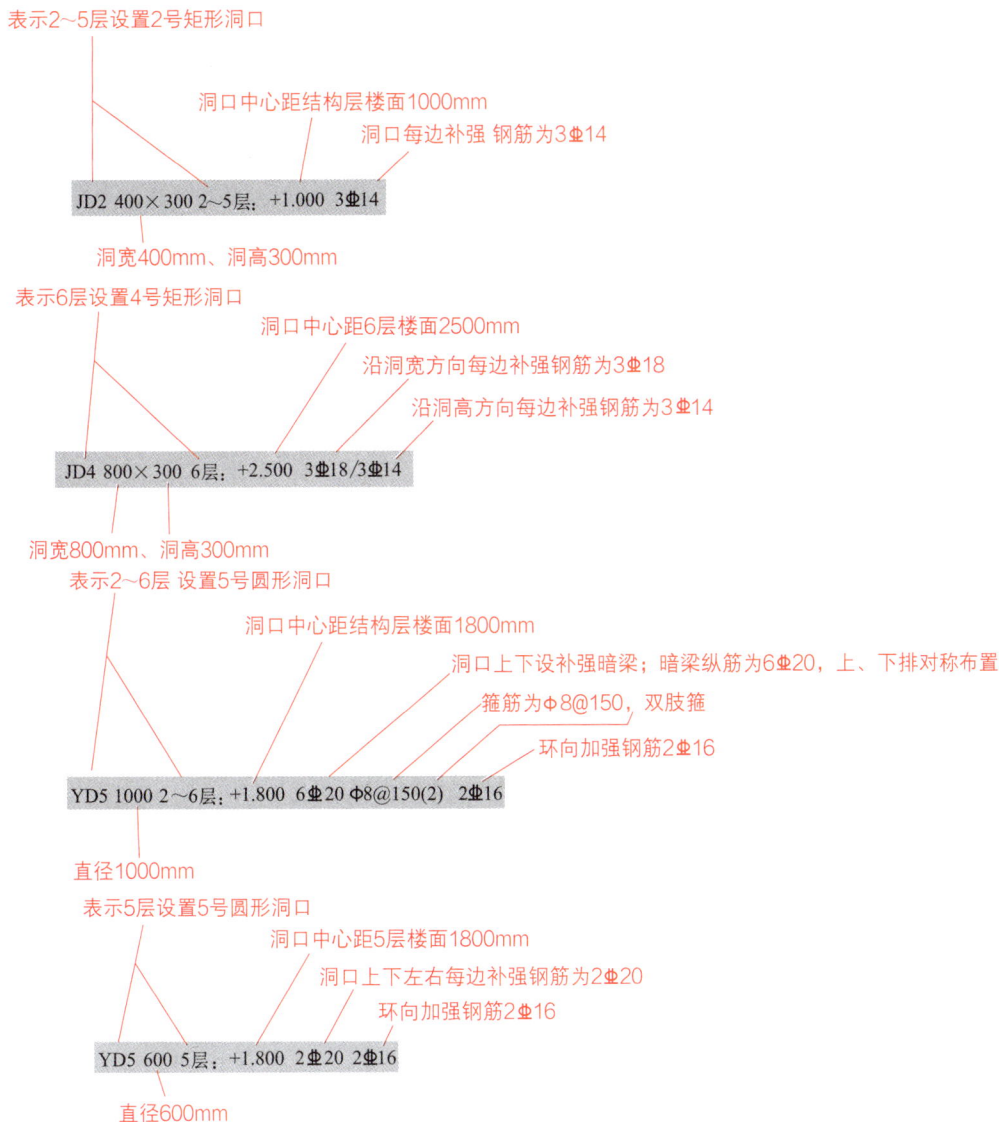

图 5-30   剪力墙洞口表示法的识读

5.2.24   地下室外墙表示法的识读

地下室外墙表示法的识读如图 5-31 所示。

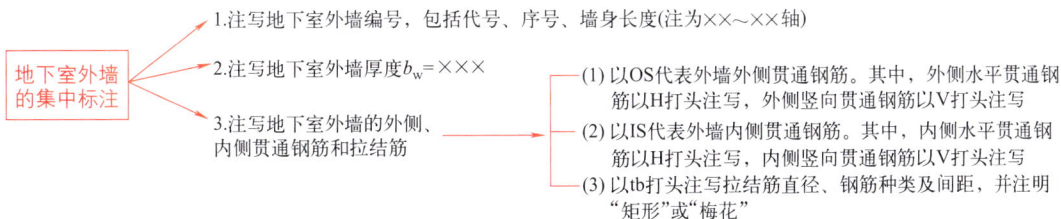

地下室外墙
的集中标注

1.注写地下室外墙编号，包括代号、序号、墙身长度(注为××~××轴)

2.注写地下室外墙厚度b_w=×××

3.注写地下室外墙的外侧、内侧贯通钢筋和拉结筋

(1) 以OS代表外墙外侧贯通钢筋。其中，外侧水平贯通钢筋以H打头注写，外侧竖向贯通钢筋以V打头注写

(2) 以IS代表外墙内侧贯通钢筋。其中，内侧水平贯通钢筋以H打头注写，内侧竖向贯通钢筋以V打头注写

(3) 以tb打头注写拉结筋直径、钢筋种类及间距，并注明"矩形"或"梅花"

图 5-31

表示2号外墙，长度范围为①～⑥轴之间

墙厚为300mm

DWQ2 (①～⑥), b_w=300

外侧水平贯通
钢筋为Φ18@200

OS: HΦ18@200 ,VΦ20@200

竖向贯通钢筋为Φ20@200；

IS: HΦ16@200 ,VΦ18@200

竖向贯通钢筋为Φ18@200；

内侧水平贯通
钢筋为Φ16@200

tb Φ6@400@400矩形

拉结筋为Φ6，矩形布置

拉结筋水平间距为400mm，
竖向间距为400mm

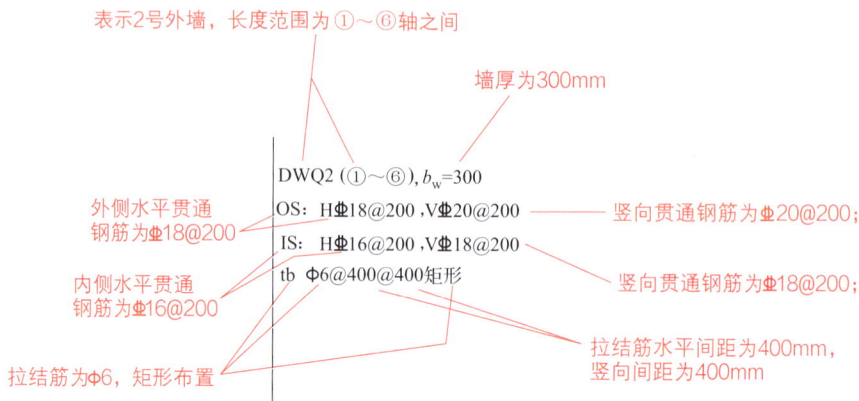

图 5-31　地下室外墙表示法的识读

5.2.25　板图的识读

有梁楼盖平法施工图的识读如图 5-32 所示。

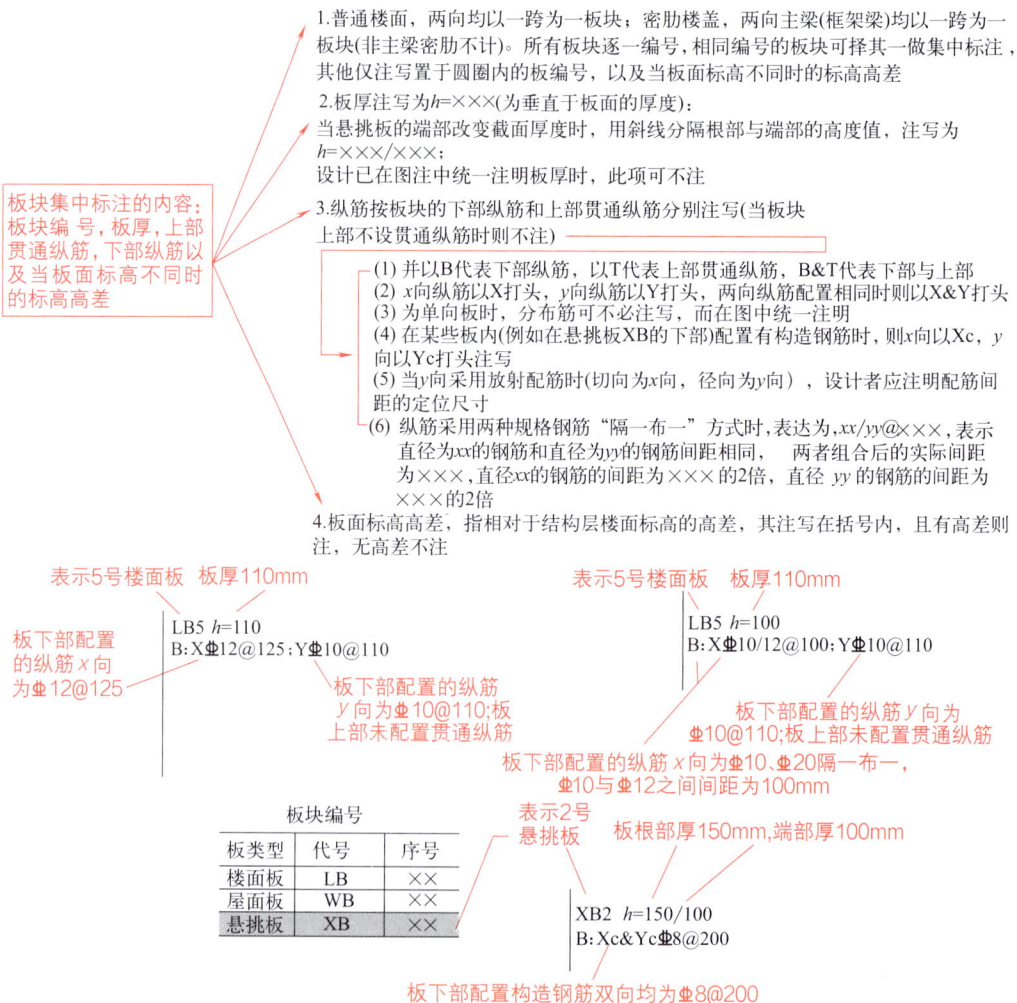

1.普通楼面，两向均以一跨为一板块；密肋楼盖，两向主梁(框架梁)均以一跨为一
板块(非主梁密肋不计)。所有板块逐一编号，相同编号的板块可择其一做集中标注，
其他仅注写置于圆圈内的板编号，以及当板面标高不同时的标高高差
2.板厚注写为h=×××(为垂直于板面的厚度)；
当悬挑板的端部改变截面厚度时，用斜线分隔根部与端部的高度值，注写为
h=×××/×××；
设计已在图注中统一注明板厚时，此项可不注
3.纵筋按板块的下部纵筋和上部贯通纵筋分别注写(当板块
上部不设贯通纵筋则不注)

板块集中标注的内容：
板块编号，板厚，上部
贯通纵筋，下部纵筋以
及当板面标高不同时
的标高高差

(1) 并以B代表下部纵筋，以T代表上部贯通纵筋，B&T代表下部与上部
(2) x向纵筋以X打头，y向纵筋以Y打头，两向纵筋配置相同时则以X&Y打头
(3) 为单向板时，分布筋可不必注写，而在图中统一注明
(4) 在某些板内(例如在悬挑板XB的下部)配置有构造钢筋时，则x向以Xc，y
向以Yc打头注写
(5) 当y向采用放射配筋时(切向为x向，径向为y向)，设计者应注明配筋间
距的定位尺寸
(6) 纵筋采用两种规格钢筋"隔一布一"方式时，表达为，xx/yy@×××，表示
直径为xx的钢筋和直径为yy的钢筋间距相同，　两者组合后的实际间距
为×××，直径xx的钢筋的间距为×××的2倍，直径 yy 的钢筋的间距为
×××的2倍

4.板面标高高差，指相对于结构层楼面标高的高差，其注写在括号内，且有高差则
注，无高差不注

表示5号楼面板　板厚110mm

LB5 h=110
B:XΦ12@125;YΦ10@110

板下部配置
的纵筋 x 向
为Φ12@125

板下部配置的纵筋
y 向为Φ10@110;板
上部未配置贯通纵筋

表示5号楼面板　板厚110mm

LB5 h=100
B:XΦ10/12@100;YΦ10@110

板下部配置的纵筋 y 向为
Φ10@110;板上部未配置贯通纵筋

板下部配置的纵筋 x 向为Φ10、Φ20隔一布一，
Φ10与Φ12之间间距为100mm

板块编号		
板类型	代号	序号
楼面板	LB	××
屋面板	WB	××
悬挑板	XB	××

表示2号
悬挑板

板根部厚150mm,端部厚100mm

XB2 h=150/100
B:Xc&YcΦ8@200

板下部配置构造钢筋双向均为Φ8@200

图 5-32　有梁楼盖平法施工图的识读

无梁楼盖平法施工图的识读如图 5-33 所示。

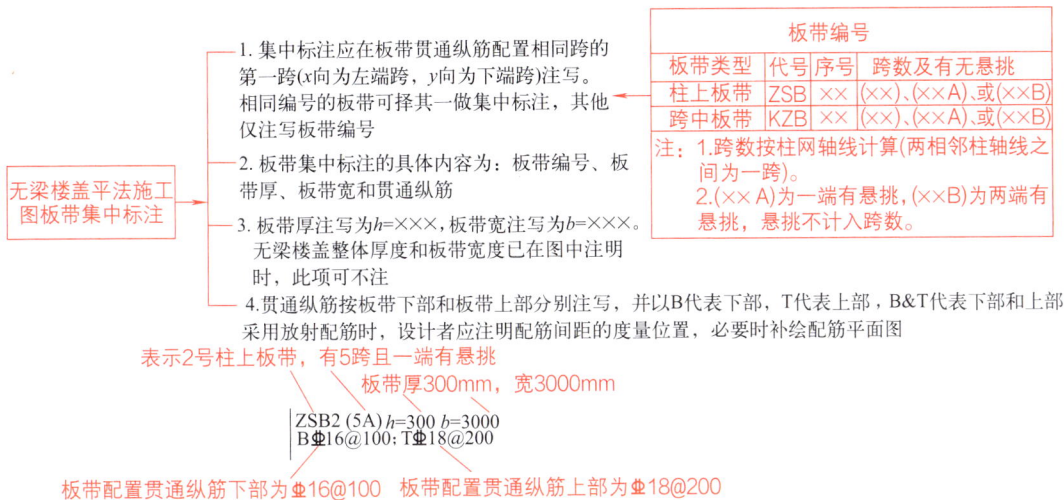

1. 集中标注应在板带贯通纵筋配置相同跨的第一跨(x向为左端跨，y向为下端跨)注写。相同编号的板带可择其一做集中标注，其他仅注写板带编号

2. 板带集中标注的具体内容为：板带编号、板带厚、板带宽和贯通纵筋

3. 板带厚注写为h=×××，板带宽注写为b=×××。无梁楼盖整体厚度和板带宽度已在图中注明时，此项可不注

4. 贯通纵筋按板带下部和板带上部分别注写，并以B代表下部，T代表上部，B&T代表下部和上部采用放射配筋时，设计者应注明配筋间距的度量位置，必要时补绘配筋平面图

无梁楼盖平法施工图板带集中标注

板带编号			
板带类型	代号	序号	跨数及有无悬挑
柱上板带	ZSB	××	(××)、(××A)、或(××B)
跨中板带	KZB	××	(××)、(××A)、或(××B)

注：1.跨数按柱网轴线计算(两相邻柱轴线之间为一跨)。
2.(××A)为一端有悬挑，(××B)为两端有悬挑，悬挑不计入跨数。

表示2号柱上板带，有5跨且一端有悬挑
板带厚300mm，宽3000mm

ZSB2 (5A) h=300 b=3000
B⚌16@100；T⚌18@200

板带配置贯通纵筋下部为⚌16@100   板带配置贯通纵筋上部为⚌18@200

图 5-33 无梁楼盖平法施工图的识读

5.2.26 楼板相关构造施工图的识读

楼板相关构造施工图的识读，如图 5-34 所示。

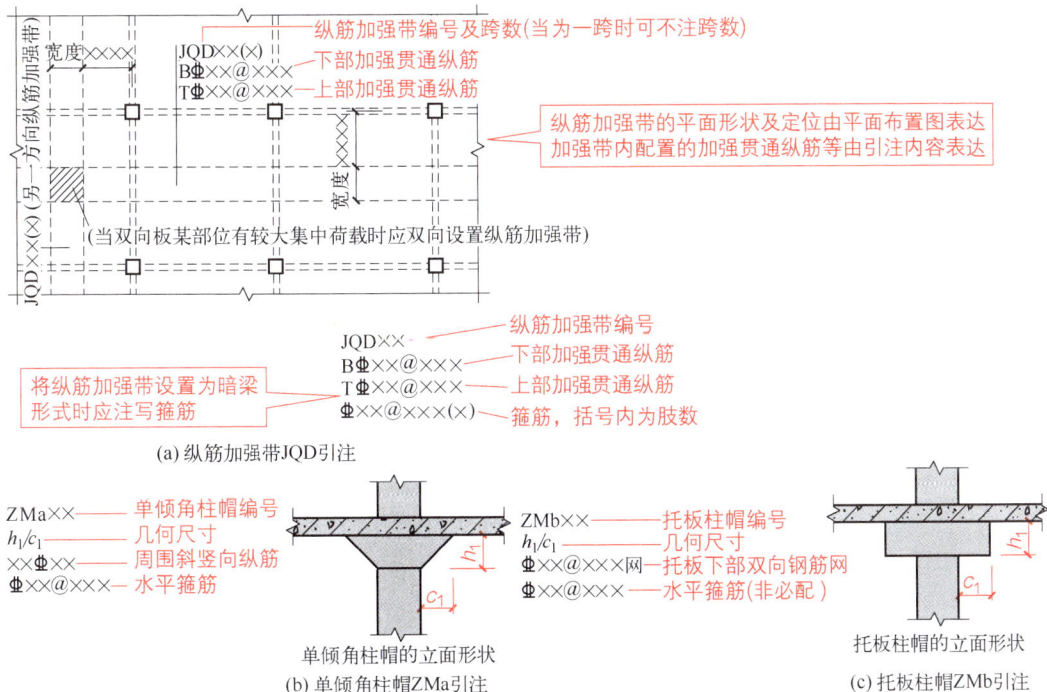

图 5-34

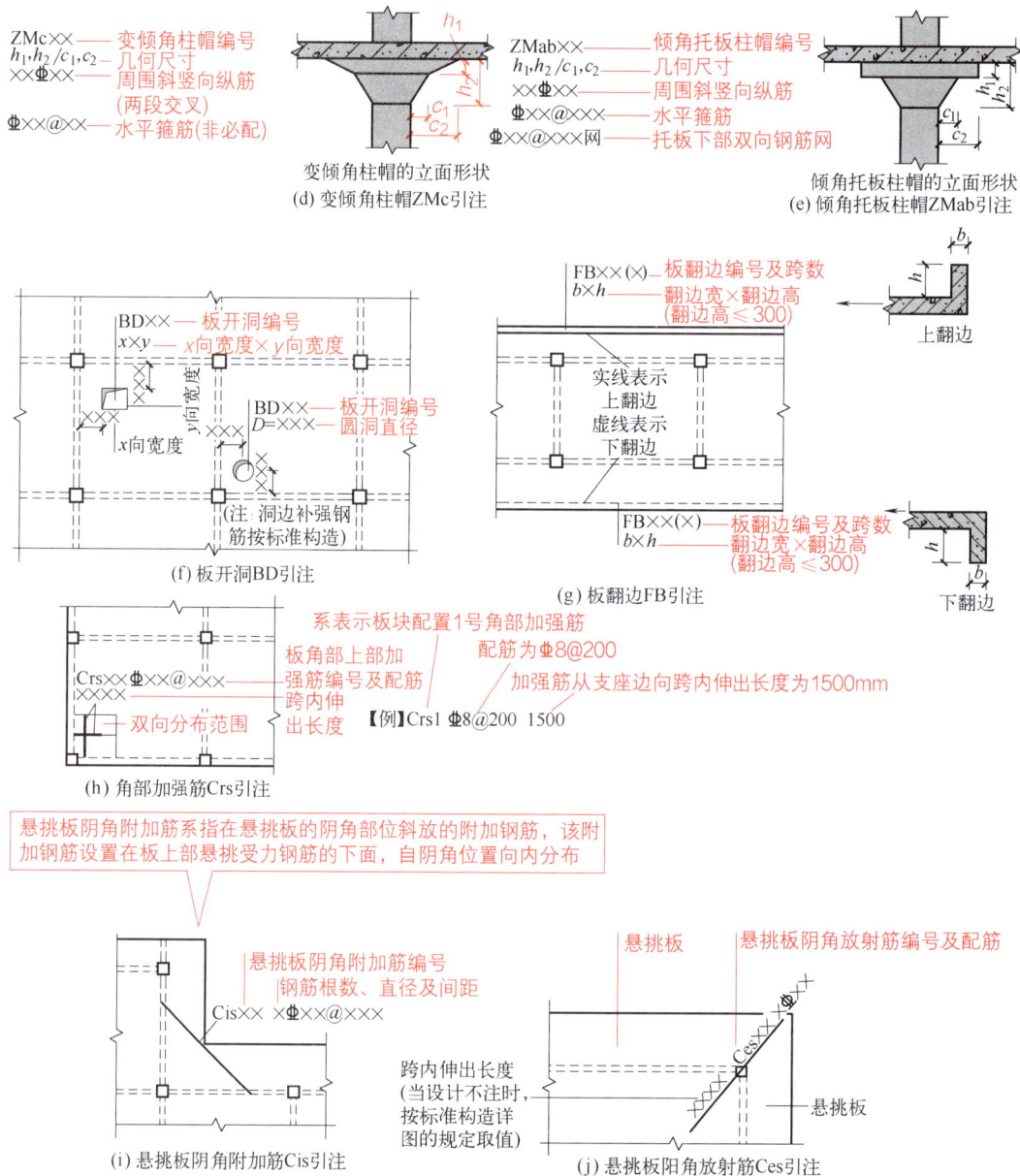

ZMc×× —— 变倾角柱帽编号
$h_1,h_2/c_1,c_2$ —— 几何尺寸
××Φ×× —— 周围斜竖向纵筋
（两段交叉）
Φ××@×× —— 水平箍筋（非必配）

变倾角柱帽的立面形状
(d) 变倾角柱帽ZMc引注

ZMab×× —— 倾角托板柱帽编号
$h_1,h_2/c_1,c_2$ —— 几何尺寸
××Φ×× —— 周围斜竖向纵筋
Φ××@××× —— 水平箍筋
Φ××@×××网 —— 托板下部双向钢筋网

倾角托板柱帽的立面形状
(e) 倾角托板柱帽ZMab引注

BD×× —— 板开洞编号
$x×y$ —— x向宽度×y向宽度

BD×× —— 板开洞编号
$D=×××$ —— 圆洞直径

（注：洞边补强钢筋按标准构造）

(f) 板开洞BD引注

FB××(×) —— 板翻边编号及跨数
$b×h$ —— 翻边宽×翻边高
（翻边高≤300）

上翻边

实线表示上翻边
虚线表示下翻边

FB××(×) —— 板翻边编号及跨数
$b×h$ —— 翻边宽×翻边高
（翻边高≤300）

下翻边

(g) 板翻边FB引注

Crs×× Φ××@××× —— 系表示板块配置1号角部加强筋
配筋为Φ8@200

板角部上部加强筋编号及配筋

跨内伸出长度

加强筋从支座边向跨内伸出长度为1500mm

【例】Crs1 Φ8@200 1500

双向分布范围

(h) 角部加强筋Crs引注

悬挑板阴角附加筋系指在悬挑板的阴角部位斜放的附加钢筋，该附加钢筋设置在板上部悬挑受力钢筋的下面，自阴角位置向内分布

悬挑板阴角附加筋编号、钢筋根数、直径及间距

Cis×× ×Φ××@×××

(i) 悬挑板阴角附加筋Cis引注

悬挑板

悬挑板阴角放射筋编号及配筋

跨内伸出长度（当设计不注时，按标准构造详图的规定取值）

悬挑板

(j) 悬挑板阳角放射筋Ces引注

图 5-34 楼板相关构造施工图的识读

一点通

22G101-1取消了"纵向钢筋弯钩与机械锚固形式"中贴焊锚筋的做法。同时增加了对500MPa级带肋钢筋的锚固要求，即：500MPa级带肋钢筋末端采用弯钩锚固措施时，当直径$d≤25$mm时，钢筋弯折的弯弧内直径不应小于钢筋直径的6倍；当直径$d>25$mm时，不应小于钢筋直径的7倍。

5.2.27　钢筋层的识读

板底部钢筋层，一般宜用 B 加数字来表示。B1 表示底部最外层。顶部钢筋层一般宜用 T 加数字来表示。T1 表示顶部最外层，如图 5-35 所示。

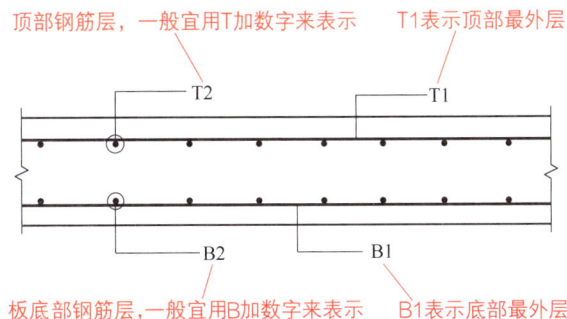

图 5-35　板底、顶部钢筋层表示的识读

墙剖面图中近面钢筋层一般宜用 N F 加数字表示。NF1 表示近面最外层。

墙剖面图中远面钢筋层一般宜用 FF 加数字表示。FF1 表示远面最外层，如图 5-36 所示。

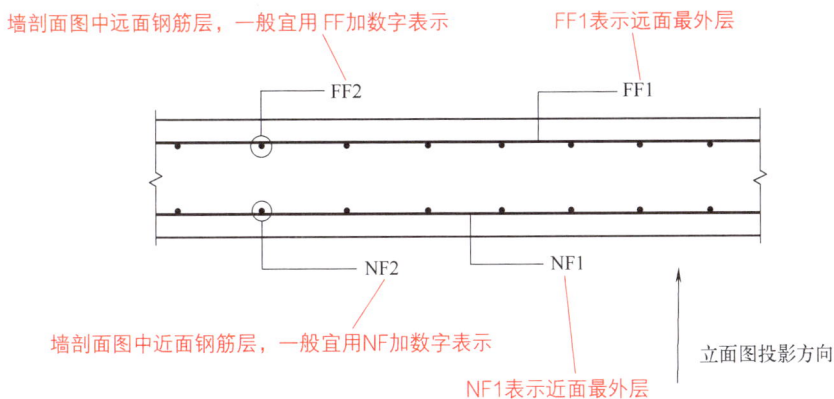

图 5-36　墙剖面图中近、远面钢筋层表示的识读

5.3　普通钢筋图的识读

5.3.1　普通钢筋标注的识读

普通钢筋标注，一般是由钢筋根数、钢筋符号与直径、钢筋编号、钢筋间距、钢筋分层、钢筋方向与备注等组成，其中钢筋根数、钢筋符号、钢筋直径、钢筋编号为必选项，钢筋间距、钢筋分层或者钢筋方向、备注，根据具体情况可省略。

普通钢筋标注的每个标注项之间，一般宜用连字符连接。当不引起误解时，各标注项之间也可以不设连接字符。

普通钢筋标注格式如图 5-37 所示。

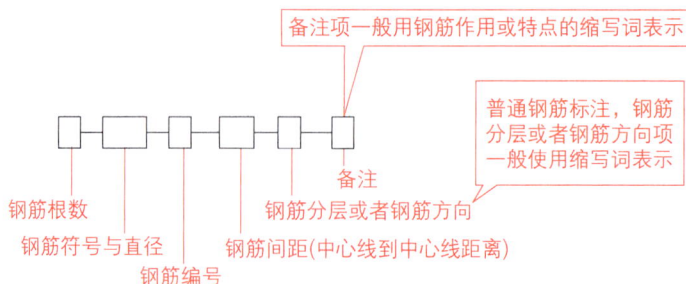

图 5-37 普通钢筋标注格式

普通钢筋标注格式中，表示钢筋分层或钢筋方向的缩写词见表 5-8。

表 5-8 钢筋分层或钢筋方向的缩写词

缩写词	意义	缩写词	意义
B1	表示底部最外层	FF	立面图的远面
B2	表示底部第 2 层	EF	立面图的每面
T1	表示顶部最外层	V	竖向
T2	表示顶部第 2 层	H	水平向
NF	立面图的近面		

普通钢筋标注中，备注项可以使用表示钢筋作用或特点的缩写词来表示，见表 5-9。

表 5-9 备注项可以使用表示钢筋作用或特点的缩写词来表示

缩写词	备注	缩写词	备注
G	梁侧面构造纵筋	架立筋	梁架立筋
N	梁侧面抗扭纵筋	缩尺	缩尺钢筋

5.3.2 单根钢筋标注的识读

单根钢筋标注的识读如图 5-38 所示。

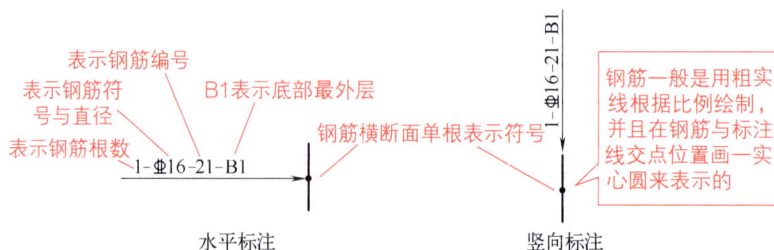

图 5-38 单根钢筋标注的识读

5.3.3 两根钢筋标注的识读

两根钢筋标注的识读如图 5-39 所示。

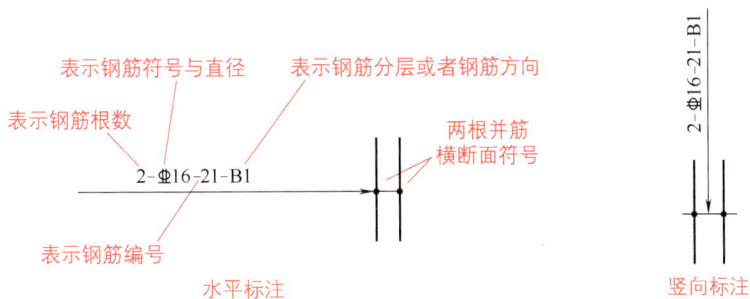

图 5-39　两根钢筋标注的识读

5.3.4　多根钢筋标注的识读

多根钢筋标注的识读，如图 5-40 所示。

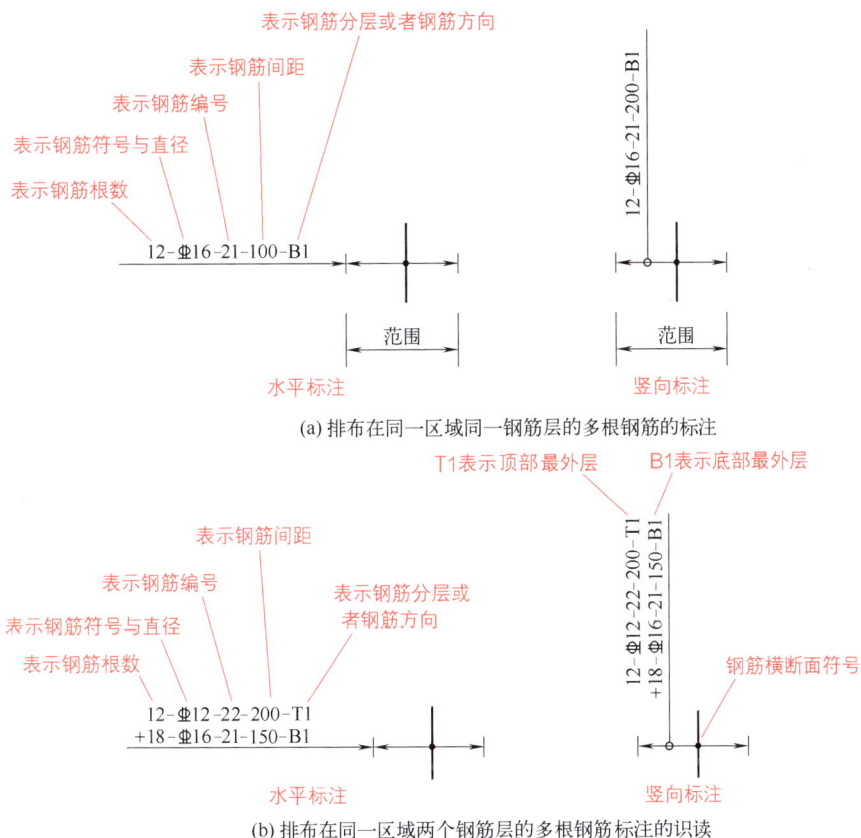

(a) 排布在同一区域同一钢筋层的多根钢筋的标注

(b) 排布在同一区域两个钢筋层的多根钢筋标注的识读

图 5-40　多根钢筋标注的识读

5.3.5　交错、交替排布的钢筋标注的识读

交错、交替排布的钢筋标注的识读如图 5-41 所示。

100表示钢筋间距，即中心
线到中心线距离为100mm

21表示编号为21的钢筋

16表示直径16mm的钢筋

B1表示底部最外层钢筋

12表示12根钢筋

12-Φ16-21-100-B1
交错

交错排布的钢筋

水平标注

12-Φ16-21-200-B1
交错

钢筋横断面符号

竖向标注

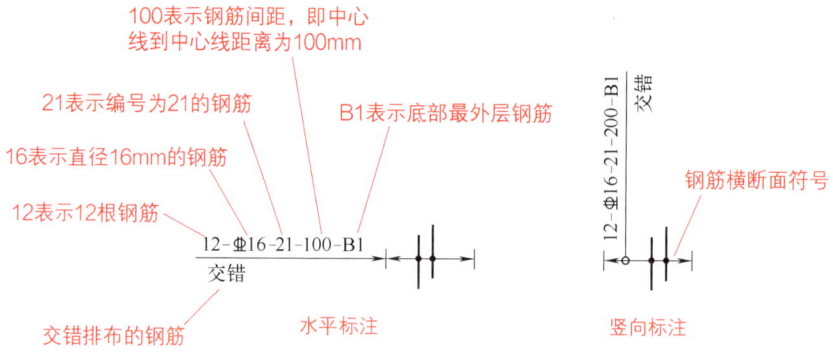

(a) 交错排布钢筋标注的识读

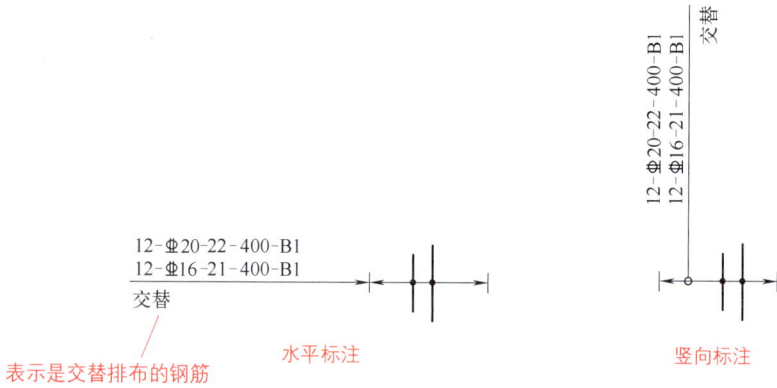

12-Φ20-22-400-B1
12-Φ16-21-400-B1
交替

表示是交替排布的钢筋

水平标注

12-Φ20-22-400-B1
12-Φ16-21-400-B1
交替

竖向标注

(b) 交替排布钢筋标注的识读

图 5-41　交错、交替排布的钢筋标注的识读

5.3.6　缩尺钢筋标注的识读

缩尺钢筋标注的识读如图 5-42 所示。

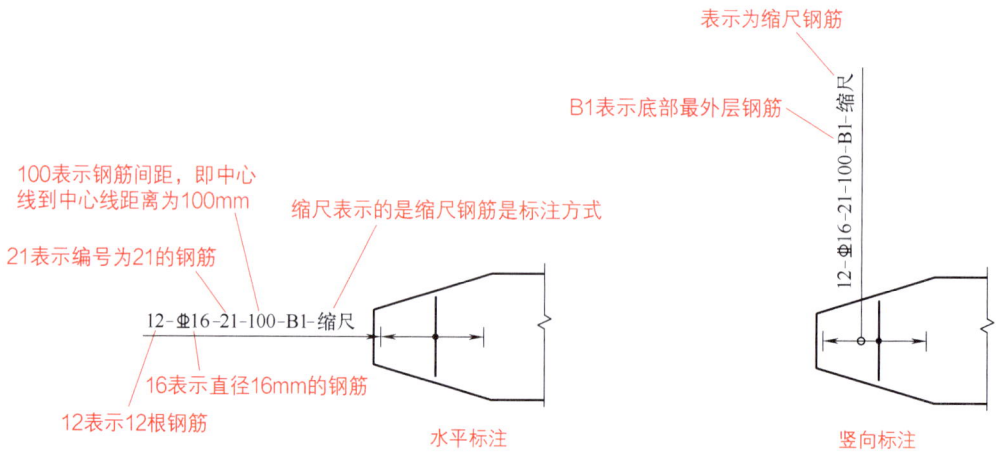

表示为缩尺钢筋

B1表示底部最外层钢筋

100表示钢筋间距，即中心
线到中心线距离为100mm

缩尺表示的是缩尺钢筋是标注方式

21表示编号为21的钢筋

12-Φ16-21-100-B1-缩尺

16表示直径16mm的钢筋

12表示12根钢筋

水平标注

12-Φ16-21-100-B1-缩尺

竖向标注

图 5-42　缩尺钢筋标注的识读

5.4 预应力筋标注的识读

5.4.1 有黏结预应力筋标注的识读

有黏结预应力筋标注，一般采用的格式由黏结预应力孔道数、每个孔道内预应力筋根数、预应力筋类型、预应力筋直径等组成，如图 5-43 所示。

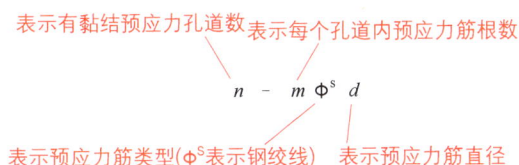

表示有黏结预应力孔道数　表示每个孔道内预应力筋根数

$$n - m\,\phi^s\,d$$

表示预应力筋类型(ϕ^s表示钢绞线)　表示预应力筋直径

图 5-43　有黏结预应力筋标注的识读

5.4.2 无黏结预应力筋标注的识读

无黏结预应力筋标注，一般采用的格式由无黏结预应力筋束数、每束预应力筋根数、无黏结预应力筋符号、预应力筋类型、预应力筋直径等组成，如图 5-44 所示。

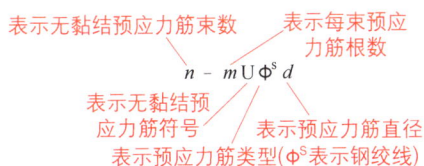

表示无黏结预应力筋束数　表示每束预应力筋根数

$$n - m\,U\,\phi^s\,d$$

表示无黏结预应力筋符号

表示预应力筋类型(ϕ^s表示钢绞线)　表示预应力筋直径

图 5-44　无黏结预应力筋标注的识读

第6章

钢筋计算

6.1 钢筋计算基础知识

6.1.1 不同钢材计算公式速查

钢管重量计算公式：[钢管外径（mm）－钢管壁厚（mm）]×钢管壁厚（mm）×0.02466×钢管长度（m）=钢管重量（kg）

圆钢重量计算公式：圆钢直径（mm）×圆钢直径（mm）×0.00617×圆钢长度（m）=圆钢重量（kg）

钢板重量计算公式：7.85×钢板长度（m）×钢板宽度（m）×钢板厚度（mm）=钢板重量（kg）

扁钢重量计算公式：扁钢边宽（mm）×扁钢厚度（mm）×扁钢长度（m）×0.00785=扁钢重量（kg）

方钢重量计算公式：方钢边宽（mm）×方钢边宽（mm）×方钢长度（m）×0.00785=方钢重量（kg）

六角钢重量计算公式：六角钢对边直径（mm）×六角钢对边直径（mm）×六角钢长度（m）×0.0068=六角钢重量（kg）

等边角钢重量计算公式：

角钢边宽（mm）×角钢厚（mm）×0.015×角钢长（m）（粗算）=等边角钢重量（kg）

不等边角钢重量计算公式：

[角钢边宽（mm）+角钢边宽（mm）]×角钢厚（mm）×0.0076×角钢长（m）（粗算）=不等边角钢重量（kg）

螺纹钢重量计算公式：

螺纹钢直径（mm）×螺纹钢直径（mm）×0.00617×螺纹钢长度（m）=螺纹钢重量（kg）

扁通重量计算公式：

[扁通边长（mm）+扁通边宽（mm）]×2×扁通厚（mm）×0.00785×扁通长（m）=扁通重量（kg）

方通重量计算公式：

方通边宽（mm）×4×方通厚（mm）×0.00785×方通长（m）=方通重量（kg）

黄铜管重量计算公式：

[黄铜管外径（mm）－黄铜管壁厚（mm）]×黄铜管厚（mm）×0.0267×黄铜管长（m）=黄铜管重量（kg）

紫铜管重量计算公式：

[紫铜管外径（mm）- 紫铜管壁厚（mm）]× 紫铜管厚（mm）×0.02796× 紫铜管长（m）=
紫铜管重量（kg）

金属板重量计算公式：

金属板重量（kg）= 板长（m）× 板宽（m）× 板厚（m）× 板材密度（kg/m³）

板材密度可取如下数值：

铝板，取 $2.96×10^3 kg/m^3$；铅板，取 $11.37×10^3 kg/m^3$；锌板，取 $7.2×10^3 kg/m^3$；紫铜板，取 $8.9×10^3 kg/m^3$；黄铜板，取 $8.5×10^3 kg/m^3$。

6.1.2　其他公式大全速查

常用图形、形体的长度、面积、体积计算公式列于表 6-1。

表 6-1　常用图形、形体的长度、面积、体积计算公式

图形 / 形体	符号意义	计算公式
螺线	n—螺线的数 p—螺距 l—螺线长	$p = \sqrt{\dfrac{l^2}{n^2} - \pi^2 d^2}$ $l = n\sqrt{p^2 + (\pi d)^2}$
涡状线	l—涡状线长 n—卷数 p—螺距	$l = \pi n\left(\dfrac{d+D}{2}\right)$ $l = \dfrac{\pi}{p}(R^2 - r^2)$
长方形	C—周长 F—面积 d—对角线长	$C = 2(a+b)$ $F = ab$ $d = \sqrt{a^2 + b^2}$
正方形	C—周长 F—面积 d—对角线长 a—边长	$C = 4a$ $F = a^2$ $d = 1.414a = 1.414\sqrt{F}$ $a = \sqrt{F} = 0.77d$
三角形	p—半周长 F—面积	$p = \dfrac{a+b+c}{2}$ $F = \dfrac{bh}{2} = \dfrac{1}{2}ab\sin\angle BCA$

续表

图形 / 形体	符号意义	计算公式
直角三角形	c—斜边长 F—面积	$c^2 = a^2 + b^2$ $c = \sqrt{a^2 + b^2}$ $s = \dfrac{1}{2}ab$
锐角三角形	c—边长 h—高 F—面积	$c = \sqrt{a^2 + b^2 - 2be}$ $h = \sqrt{a^2 - e^2}$ $F = \dfrac{1}{2}bh$
内接三角形	F—面积 p—三角形的半周长	$p = \dfrac{1}{2}(a + b + c)$ $F = \sqrt{p(p-a)(p-b)(p-c)}$ $R = \dfrac{abc}{4F} = \dfrac{abc}{4\sqrt{p(p-a)(p-b)(p-c)}}$
外切三角形	F—面积 p—三角形的半周长	$p = \dfrac{1}{2}(a + b + c)$ $F = \sqrt{p(p-a)(p-b)(p-c)}$ $r = \dfrac{F}{p} = \sqrt{\dfrac{(p-a)(p-b)(p-c)}{p}}$
任意四边形	F—面积 θ—对角线夹角	$F = \dfrac{1}{2}(h_1 + h_2)d_1 = \dfrac{1}{2}d_1 d_2 \sin\theta$
菱形	F—面积	$F = a^2 \sin\alpha = \dfrac{d_1 d_2}{2}$

续表

图形 / 形体	符号意义	计算公式
不平行四边形	F—面积	$F = \dfrac{(H+h)a+bh+cH}{2}$
正多边形	R—外接圆半径 r—内切圆半径 n—边数 C—周长 F—面积 α—顶角角度 $\theta°$—每边所对之圆心角 a——边长	$R = \sqrt{r^2 + \dfrac{a^2}{4}}$ $r = \sqrt{R^2 - \dfrac{a^2}{4}}$ $C = na$ $F = \dfrac{n}{2}R^2 \sin 2\alpha = \dfrac{Cr}{2}$ $F = K_n a^2$ 形状　　　　系数 K_n 三边形　　　$K_3 = 0.433$ 四边形　　　$K_4 = 1.000$ 五边形　　　$K_5 = 1.720$ 六边形　　　$K_6 = 2.598$ 七边形　　　$K_7 = 3.614$ 八边形　　　$K_8 = 4.828$ 九边形　　　$K_9 = 6.182$ 十边形　　　$K_{10} = 7.694$ $\alpha = \dfrac{n-2}{n}180°$ $\theta° = \dfrac{360°}{n}$ $a = 2\sqrt{R^2 - r^2} = 2R\sin\dfrac{\theta°}{2}$
圆	C—周长 d—直径 F—面积	$C = \pi d = 2\pi r$ $d = 2r$ $F = \pi r^2 = \dfrac{1}{4}\pi d^2 = 0.785 d^2 = 0.07958 p^2$
四分圆	F—面积	$F = \dfrac{\pi}{4}r^2 = 0.7854 r^2 = 0.3927 c^2$
扇形	F—面积 C—周长	$F = (\theta°/360)\pi r^2$ $C = (\theta°/180)\pi r + 2r$

图形／形体	符号意义	计算公式
圆形	F—面积	$F=\pi\left(R^2-r^2\right)$
部分圆环	R—外半径 r—内半径 D—外直径 d—内直径 t—环宽 α—圆心角 R_{pj}—圆环平均半径 F—面积	$F=\dfrac{\alpha\pi}{360}(R^2-r^2)=\dfrac{\alpha\pi}{180}R_{pj}t$
椭圆	C—周长 F—面积	$C=2\pi R+4(R-r)$ $F=\pi\sqrt{\dfrac{D^2+d^2}{2}}$ $\quad=\pi\sqrt{2(R^2+r^2)}$ $p=2\pi d+4(D-d)$
弓形	r—半径 h—弦高 c—弦长 F—面积	$r=\dfrac{c^2+4h^2}{8h}\approx\sqrt{c^2+\dfrac{16}{3}h^2}$ $h=r-\dfrac{1}{2}\sqrt{4r^2-c^2}$ $c=2\sqrt{h(2r-h)}$ $F=\dfrac{1}{2}\left[r(l-c)+ch\right]$ $\quad=\dfrac{\pi r^2\theta^\circ}{360^\circ}-\dfrac{c}{2}(r-h)$ $\quad=1/2\,r^2(\theta-\sin\theta)\approx2/3ch$
隅角	F—面积	$F=\left(1-\dfrac{\pi}{4}\right)r^2=0.2146r^2=0.1073c^2$
抛物线	l—曲线长 F—面积 b—底边 h—高	$l=\sqrt{b^2+1.3333h^2}$ $F=\dfrac{2}{3}bh=\dfrac{4}{3}\triangle ABC$ 的面积

图形 / 形体	符号意义	计算公式
长方体（棱柱） 	V—体积 F—表面积 S—侧表面积 d—对角线长	$V=abh$ $F=2(ab+ah+bh)$ $S=2h(a+b)$ $d=\sqrt{a^2+b^2+h^2}$
正方体 	m—棱数目 n—顶点数目 V—体积 F—表面积 S—侧表面积	$m=12$ $n=8$ $V=a^3$ $F=6a^2$ $S=4a^2$
棱柱 	V—体积 S—底面积 h—棱柱高	$V=Sh$
三棱柱 	V—体积 F—表面积 A—底面积 S—侧表面积	$V=Fh$ $F=(a+b+c)h+2A$ $S=(a+b+c)h$
角柱 	p—底面周长 F—表面积 A—底面积 h—高	$F=pl+2A$ $V=Ah$
圆柱	S—侧表面积 V—体积	$S=2\pi rh$ $V=\pi r^2 h$

图形 / 形体	符号意义	计算公式
空心圆柱	F—表面积 V—体积 $S_{内外}$—内外侧表面积 t—柱壁厚度 p—平均半径	$F=2\pi(R+r)h+2\pi(R^2-r^2)$ $S_{内外}=2\pi h(R+r)$ $V=\pi h(R^2-r^2)=2\pi Rpth$
交叉圆柱体	V—体积 r—圆柱体半径	$V = \pi r^2\left(l + l_1 - \dfrac{2r}{3}\right)$
斜线直圆柱	F—表面积 V—体积 S—侧表面积	$V = \pi r^2 \times \dfrac{h_1 + h_2}{2}$ $F = \pi r(h_1 + h_2) + \pi r^2\left(1 + \dfrac{1}{\cos\alpha}\right)$ $F = \pi r\left[h_1 + h_2 + r + \sqrt{r^2 + \left(\dfrac{h_1 - h_2}{2}\right)^2}\right]$ $S=\pi r(h_1+h_2)$
直角锥	F—表面积 V—体积 S—侧表面积 p—底面周长 r—内切圆半径 R—外接圆半径 a—正多边形边长 n—正多边形边数	$S = \dfrac{1}{2}pl$ $F = \dfrac{1}{2}pl + s$ $V = \dfrac{h}{3}s = \dfrac{harn}{6} = \dfrac{han}{6}\sqrt{R^2 - \dfrac{a^2}{4}}$
截头矩形角锥	V—体积	$V = \dfrac{h}{6}\big[(a_1 + 2a)b + (2a_1 + a)b_1\big]$ $\quad = \dfrac{h}{6}\big[ab + (a + a_1) \times (b + b_1) + a_1 b_1\big]$
截头直角锥	S—侧表面积 F—表面积 V—体积 p_1、p_2—两端面周长 S_2、S_2—两端面面积	$S = \dfrac{1}{2}l(p_1 + p_2)$ $F = \dfrac{1}{2}l(p_1 + p_2) + s_1 + s_2$ $V = \dfrac{h}{3}(S_1 + S_2 + \sqrt{S_1 S_2})$

续表

图形 / 形体	符号意义	计算公式
棱台	S—侧表面积 F—表面积 V—体积 S_1、S_2—两平行底面的面积 h—底面间距离 a—一个组合梯形的面积 n—组合梯形数	$V = \dfrac{1}{3}h(S_1 + S_2 + \sqrt{S_1 S_2})$ $S = an$ $F = an + S_1 + S_2$
天圆地方体	S—侧表面积	$S = \left(\dfrac{D\pi}{2} + a + b\right)H$
直圆锥	F—表面积 V—体积 S—侧表面积 l—母线长 r—底面半径 h—高	$V = \dfrac{1}{3}\pi r^2 h$ $S = \pi r\sqrt{r^2 + h^2} == \pi r l$ $l = \sqrt{r^2 + h^2}$ $F = \pi r l + \pi r^2$
截头圆锥	S—侧表面积 F—表面积 V—体积 R—底面半径 r—顶面半径	$S = \pi l(R + r)$ $F = \dfrac{\pi}{2}\left[l(D + d) + \dfrac{1}{2}(D^2 + d^2)\right]$ $V = \dfrac{\pi h}{3}(R^2 + r^2 + Rr) = \dfrac{\pi h}{12}(D^2 + d^2 + Dd)$ $l = \sqrt{(R - r)^2 + h^2}$
圆形桶体	V—体积	$V = 0.262h(2D^2 + d^2) = 0.0873h(2D + d)^2$ 对于圆形桶体积 $V = \dfrac{\pi}{12}h(2D^2 + d^2)$
抛物线形桶体	V—体积	$V = \dfrac{\pi h}{15}\left(2D^2 + Dd + \dfrac{3}{4}d^2\right)$
椭球体	V—体积 F—表面积	$F = \dfrac{4\pi}{\sqrt{2}} \cdot b \cdot \sqrt{a^2 + b^2}$ $V = \dfrac{4}{3}\pi abc = 4.189abc$

图形／形体	符号意义	计算公式
抛物线体	V—体积	$V = \dfrac{\pi}{2}R^2 h = 1.5708R^2 h = \dfrac{\pi}{8}D^2 h = 0.3927D^2 h$
正四面体	m—棱数目 n—顶点数目 F—表面积 V—体积	展开图 $m=6$ $n=4$ $F=1.7321a^2$ $V=0.1179a^3$
正八面体	m—棱数目 n—顶点数目 F—表面积 V—体积	展开图 $m=12$ $n=6$ $F=3.4641a^2$ $V=0.4714a^3$
正十二面体	m—棱数目 n—顶点数目 F—表面积 V—体积	展开图 $m=30$ $n=20$ $F=20.6457a^2$ $V=7.6631a^3$
正二十面体	m—棱数目 n—顶点数目 F—表面积 V—体积	$m=30$ $n=12$ $F=8.6603a^2$ $V=2.1817a^3$

续表

图形 / 形体	符号意义	计算公式
球体	V—体积 F—表面积 r—半径 d—直径	$V = \dfrac{4}{3}\pi r^3 = \dfrac{\pi d^3}{6} = 0.5236d^3$ $F = 4\pi r^2 = \pi d^2$
球缺	V—体积 F—表面积 $S_曲$—曲面面积 h—球缺的高 r—球缺半径 d—平切圆直径	$V = \pi h^2\left(r - \dfrac{h}{3}\right)$ $S_曲 = 2\pi rh = \pi\left(\dfrac{d^2}{4} + h^2\right)$ $F = \pi h(4r - h)$ $d^2 = 4h(2r - h)$
球扇形	V—体积 F—表面积 r—球半径 d—弓形底圆直径 h—弓形高	$V = \dfrac{2}{3}\pi r^2 h = 2.0944 r^2 h$ $F = \dfrac{\pi r}{2}(4h + d) = 1.57r(4h + d)$
球台	S—侧表面积 V—体积 F—表面积	$S = 2\pi rh$ $F = \pi(2rh + a^2 + b^2)$ $V = \dfrac{\pi h}{6}(3a^2 + 3b^2 + h^2)$ $r^2 = a^2 + \left(\dfrac{a^2 - b^2 - h^2}{2h}\right)^2$
圆环体	F—表面积 V—体积	$F = 4\pi^2 Rr = 39.478Rr$ $V = 2\pi^2 Rr^2 = 19.739Rr^2$
椭圆环	F—表面积 V—体积	$F = \pi d(\pi D + 2L)$ $V = \dfrac{\pi}{4}d^2(\pi D + 2L)$

图形 / 形体	符号意义	计算公式
矩形弯头 	S—侧表面积 R—半径 θ—圆心角（°） l—周长	$S = \dfrac{R\pi\theta}{180°}2(a+b) = 0.01745R\theta l$
圆形弯头 	S—侧表面积 θ—圆心角（°）	$S = \dfrac{R\pi^2\theta}{180°}D = 0.05483DR\theta$
大小头 	S—侧表面积 D—大圆直径 d—小圆直径 H—高	$S = \dfrac{D+d}{2}\pi H$
大小头 	l—大头周长 l_1—小头周长 S—侧表面积	$S = (a+b+a_1+b_1)H = \dfrac{l+l_1}{2}H$
矩形三通 	S—侧表面积 R—支通半径 l、l_1、l_2—周长	$S = (a+b+a_1+b_1)H + \dfrac{2}{5}\pi R(a_2+b_2)$ $= 0.5(l+l_1)H + 0.62832l_2R$
圆形三通 	S—侧表面积	$S = \dfrac{D+d}{2}\pi H + \dfrac{D+d_1}{2}\pi h$ $= 1.5708\big[(D+d)H + (D+d_1)h\big]$

6.2 钢筋计算可能涉及的数据

6.2.1 钢筋屈服强度标准值、极限强度标准值

钢筋的强度标准值需要具有不小于 95% 的保证率。普通钢筋的屈服强度标准值、极限强度标准值见表 6-2。预应力钢丝、钢绞线、预应力螺纹钢筋的极限强度标准值、屈服强度标准值见表 6-3。

表 6-2 普通钢筋屈服强度标准值、极限强度标准值

牌号	符号	公称直径 d/mm	屈服强度标准值 f_{yk}/(N/mm²)	极限强度标准值 f_{stk}/(N/mm²)
HPB300	Φ	6 ～ 14	300	420
HRB400 HRBF400 HRB400	Φ Φ F Φ R	6 ～ 50	400	540
HRB500 HRBF500	Φ Φ F	6 ～ 50	500	630

表 6-3 预应力钢丝、钢绞线、预应力螺纹钢筋的极限强度标准值、屈服强度标准值

种类		符号	公称直径 d/mm	屈服强度标准值 f_{pyk}/(N/mm²)	极限强度标准值 f_{ptk}/(N/mm²)
中强度预应力钢丝	光面 螺旋肋	Φ PM Φ HM	5、7、9	620 780 980	800 970 1270
预应力螺纹钢筋	螺纹	Φ T	18、25、32、40、50	785 930 1080	980 1080 1230
消除应力钢丝	光面	Φ P	5	— —	1570 1860
	螺旋肋	Φ H	7	—	1570
			9	— —	1470 1570
钢绞线	1×3（三股）	Φ S	8.6、10.8、12.9	— — —	1570 1860 1960
	1×7（七股）		9.5、12.7、15.2、17.8	— — —	1720 1860 1960
			21.6	—	1860

注：极限强度标准值为 1960N/mm² 的钢绞线用作后张预应力配筋时，应有可靠的工程经验。

6.2.2 钢筋强度设计值

普通钢筋的抗拉强度设计值 f_y、抗压强度设计值 f'_y 需要根据表 6-4 采用。预应力筋的抗

拉强度设计值 f_{py}、抗压强度设计值 f'_{py} 需要根据表 6-5 采用。

当构件中配有不同种类的钢筋时，每种钢筋需要采用各自的强度设计值进行计算。

表 6-4　普通钢筋强度设计值　　　　　　　　　　单位：N/mm²

牌号	抗拉强度设计值 f_y	抗压强度设计值 f'_y
HPB300	270	270
HRB400、HRBF400、RRB400	360	360
HRB500、HRBF500	435	435

> 对轴心受压构件，当采用 HRB500、HRBF500 钢筋时，钢筋的抗压强度设计值 f'_y 应取 400N/mm²。横向钢筋的抗拉强度设计值 f_{yv} 应按表中 f'_y 的数值采用；但用作受剪、受扭、受冲切承载力计算时，其数值大于 360N/mm² 时应取 360N/mm²

表 6-5　预应力筋强度设计值　　　　　　　　　　单位：N/mm²

种类	极限强度标准值 f_{ptk}	抗拉强度设计值 f_{py}	抗压强度设计值 f'_{py}
中强度预应力钢丝	800	510	410
	970	650	
	1270	810	
消除应力钢丝	1470	1040	410
	1570	1110	
	1860	1320	
钢绞线	1570	1110	390
	1720	1220	
	1860	1320	
	1960	1390	
预应力螺纹钢筋	980	650	400
	1080	770	
	1230	900	

注：当预应力筋的强度标准值不符合表中的规定时，其强度设计值应进行相应的比例换算。

6.2.3　最大力总延伸率限值

普通钢筋及预应力筋的最大力总延伸率 δ_{gt} 不应小于表 6-6 规定的数值。

表 6-6　普通钢筋及预应力筋的最大力总延伸率 δ_{gt} 限值

钢筋品种	普通钢筋				预应力筋	
	HPB300	HRB400、HRBF400、HRB500、HRBF500	HRB400E HRB500E	RRB400	中强度预应力钢丝	消除应力钢丝钢绞线预应力螺纹钢筋
δ_{gt}/%	10.0	7.5	9.0	5.0	4.0	4.5

6.2.4 钢筋的弹性模量

普通钢筋和预应力筋的弹性模量 E_s 需要根据表 6-7 采用。

表 6-7　钢筋的弹性模量

牌号或种类	弹性模量 E_s（$\times 10^5 \text{N/mm}^2$）
HPB300	2.10
HRB400、HRB500 HRBF400、HRBF500、RRB400 预应力螺纹钢筋	2.00
消除应力钢丝、中强度预应力钢丝	2.05
钢绞线	1.95

6.2.5 钢筋疲劳应力幅限值

普通钢筋和预应力筋的疲劳应力幅限值见表 6-8 和表 6-9。普通钢筋疲劳应力幅限值 Δf_y^f 应根据钢筋疲劳应力比值 ρ_p^f，按表 6-8 线性内插取值。

表 6-8　普通钢筋的疲劳应力幅限值　　　　　　　单位：N/mm²

疲劳应力比值 ρ_s^f	疲劳应力幅限值 Δf_y^f	疲劳应力比值 ρ_s^f	疲劳应力幅限值 Δf_y^f
	HRB400		HRB400
0	175	0.5	123
0.1	162	0.6	106
0.2	156	0.7	85
0.3	149	0.8	60
0.4	137	0.9	31

注：当纵向受拉钢筋采用闪光接触对焊连接时，其接头处的钢筋疲劳应力幅限值应按表中数值乘以 0.8 取用。

表 6-9　预应力筋疲劳应力幅限值　　　　　　　单位：N/mm²

疲劳应力比值 ρ_p^f	钢绞线 $f_{pak}=1570$	消除应力钢丝 $f_{pak}=1570$
0.7	144	240
0.8	118	168
0.9	70	88

注：1. 当 ρ_p^f 不小于 0.9 时，可不作预应力筋疲劳验算；
2. 当有充分依据时，可对表中规定的疲劳应力幅限值作适当调整。

预应力筋的疲劳应力幅限值 Δf_{py}^f 应根据钢筋疲劳应力比值 ρ_p^f，按表 6-9 线性内插取值。

6.2.6 现浇钢筋混凝土板厚度要求

现浇钢筋混凝土板最小厚度要求见表 6-10。

板的跨厚比：钢筋混凝土单向板不大于 30，双向板不大于 40；无梁支承的有柱帽板不大于 35，无梁支承的无柱帽板不大于 30。预应力板可适当增加；当板的荷载、跨度较大时宜适当减小。

表 6-10　现浇钢筋混凝土板最小厚度要求

板的类别		最小厚度 /mm
实心楼板		80
实心屋面板		100
密肋楼盖	面板	50
	肋高	250
悬臂板（根部）	悬臂长度不大于 500mm	80
	悬臂长度 500 ～ 1000mm	100
无梁楼板		150
现浇空心楼盖		200

6.2.7　钢筋搭接面积百分率

同一连接区段内，纵向钢筋搭接接头面积百分率为该区段内有搭接接头的纵向受力钢筋截面面积与全部纵向受力钢筋截面面积的比值，简单而言，就是一定的长度内，有接头的纵向钢筋占全部纵向钢筋的百分数。

钢筋搭接面积百分率的计算如图 6-1 所示。

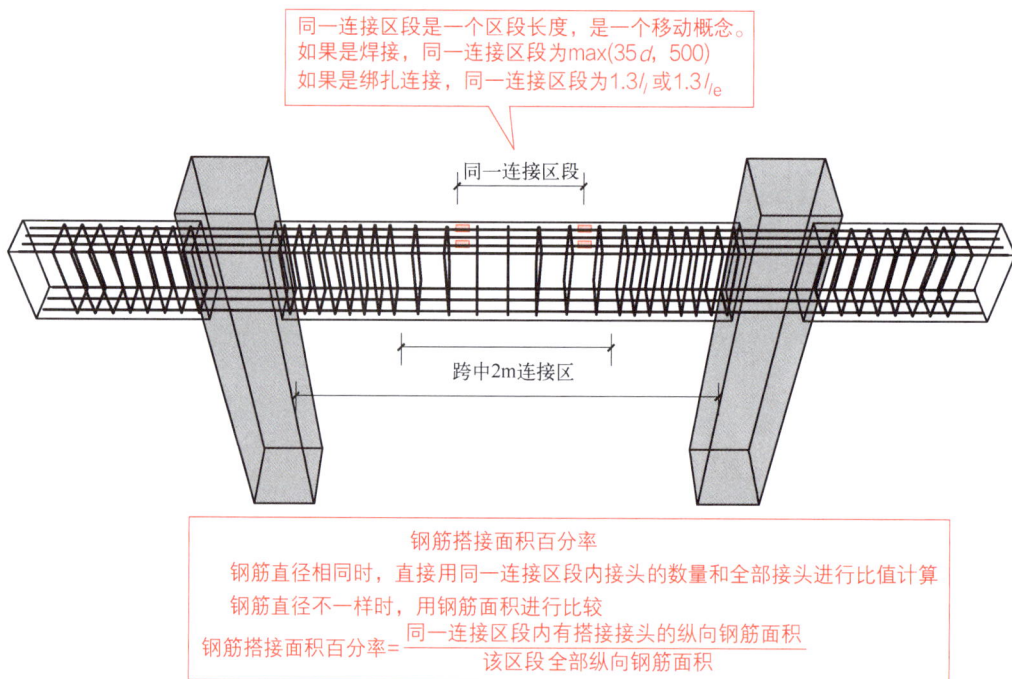

同一连接区段是一个区段长度，是一个移动概念。
如果是焊接，同一连接区段为max($35d$, 500)
如果是绑扎连接，同一连接区段为1.3l_l或1.3l_{le}

同一连接区段

跨中2m连接区

钢筋搭接面积百分率
钢筋直径相同时，直接用同一连接区段内接头的数量和全部接头进行比值计算
钢筋直径不一样时，用钢筋面积进行比较

$$钢筋搭接面积百分率 = \frac{同一连接区段内有搭接接头的纵向钢筋面积}{该区段全部纵向钢筋面积}$$

图 6-1　钢筋搭接面积百分率

① 钢筋绑扎搭接接头连接区段，凡搭接接头中点位于该连接区段长度内的搭接接头均属于同一连接区段。同一连接区段内，纵向受拉钢筋搭接接头面积百分率需要符合设计要求；当设计无具体要求时，则需要符合的规定如下：

a. 对梁类、板类、墙类构件，不宜大于 25%。

b. 对柱类构件，不宜大于 50%。

c. 当工程中确有必要增大接头面积百分率时，对梁类构件，不应大于 50%；对其他构件，可以根据实际情况放宽。

② 纵向受压钢筋搭接接头面积百分率不宜大于 50%。

③ 绑扎搭接接头中钢筋的横向净距不应小于钢筋直径，并且不应小于 25mm。

④ 纵向受力钢筋机械连接接头及焊接接头连接区段的长度为 35d（d 为纵向受力钢筋的较大直径），并且不小于 500mm，凡接头中点位于该连接区段长度内的接头均属于同一连接区段。同一连接区段内，纵向受力钢筋的接头面积百分率应符合设计要求；当设计无具体要求时，则需要符合的规定如下：

a. 在受拉区不宜大于 50%；受压区不受限制；

b. 接头不宜设置在有抗震设防要求的框架梁端、柱端的箍筋加密区。如果无法避开时，对等强度高质量机械连接接头，则不应大于 50%。

c. 直接承受动力荷载的结构构件中，不宜采用焊接接头。当采用机械连接接头时，不应大于 50%。

6.2.8 墙与柱钢筋的配筋率

对于房屋高度不大于 10m 并且不超过 3 层的墙，其截面厚度不应小于 120mm，其水平与竖向分布钢筋的配筋率均不应小于 0.15%。

框架柱和框支柱的钢筋配置需要符合的要求如下。

① 框架柱、框支柱中全部纵向受力钢筋的配筋率不应小于表 6-11 规定的数值，同时，每一侧的配筋率不应小于 0.20%。

表 6-11　柱全部纵向受力钢筋最小配筋率　　　　　　　单位：%

柱类型	抗震等级			
	一级	二级	三级	四级
中柱、边柱	0.90（1.00）	0.70（0.80）	0.60（0.70）	0.50（0.60）
角柱、框支柱	1.10	0.90	0.80	0.70

注：1. 表中括号内数值用于框架结构的柱。

2. 采用 400MPa 级纵向受力钢筋时，应按表中数值增加 0.05% 采用。

3. 当混凝土强度等级为 C60 以上时，应按表中数值增加 0.10% 采用。

② 框架柱和框支柱上、下两端箍筋应加密，加密区的箍筋最大间距与箍筋最小直径应符合表 6-12 的规定。

表 6-12　柱端箍筋加密区的构造要求　　　　　　　单位：mm

抗震等级	箍筋最大间距	箍筋最小直径
一级	纵向钢筋直径的 6 倍和 100 中的较小值	10
二级	纵向钢筋直径的 8 倍和 100 中的较小值	8
三级、四级	纵向钢筋直径的 8 倍和 150（柱根 100）中的较小值	8

注：1. 柱根系指柱底部嵌固部位的箍筋加密区范围。

2. 框支柱与剪跨比不大于 2 的框架柱需要在柱全高范围内加密箍筋，并且箍筋间距应符合一级抗震等级的要求。

3. 一级抗震等级框架柱的箍筋直径大于 12mm 并且箍筋肢距不大于 150mm 及二级抗震等级框架柱的箍筋直径不小于 10mm 并且箍筋肢距不大于 200mm 时，除底层柱下端外，箍筋间距可采用 150mm。三级、四级框架柱的截面尺寸不大于 400mm 时，箍筋的最小直径可采用 6mm。

6.2.9 梁钢筋的配筋率

深梁的截面宽度不应小于 140mm。当 l_0/h 不小于 1 时，h/b 不宜大于 25；当 l_0/h 小于 1 时，l_0/b 不宜大于 25。当深梁支承在钢筋混凝土柱上时，宜将柱伸到深梁顶。深梁顶部应与楼板等水平构件可靠连接。

深梁的纵向受拉钢筋配筋率、水平分布钢筋配筋率、竖向分布钢筋配筋率不宜小于表 6-13 规定的数值。

表 6-13　深梁中钢筋的最小配筋率　　　　　　　　　　　　　　　　　单位：%

钢筋牌号	纵向受拉钢筋	水平分布钢筋	竖向分布钢筋
HPB300	0.25	0.25	0.20
HRB400、HRBF400、RRB400	0.20	0.20	0.15
HRB500、HRBF500	0.20	0.15	0.15

注：当集中荷载作用于连续深梁上部 1/4 高度范围内且 l_0/h 大于 1.5 时，竖向分布钢筋最小配筋率应增加 0.05% 采用。

6.3　钢筋锚固与最小配筋率的计算

6.3.1　钢筋锚固的计算

为了使钢筋不被拔出，就必须有一定的埋入长度使得钢筋能通过黏结应力把拉拔作用传递给混凝土，此埋入长度即为锚固长度。

钢筋锚固图示如图 6-2 所示。

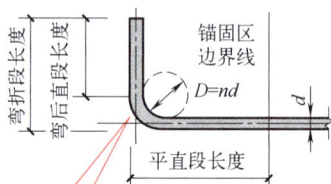

注意　钢筋采用90°弯折锚固时，有的图示包括了"平直段长度""弯折段长度"，均指包括弯弧在内的投影长

注意　非框架梁、井字梁的上部纵向钢筋在端支座的锚固要求：当设计按铰接时(代号 L、JZL)，平直段伸至端支座对边后弯折，且平直段长度 $\geq 0.35 l_{ab}$，弯后直段长度 12d(d 为纵向钢筋直径)当充分利用钢筋的抗拉强度时(代号 Lg、JZLg 或原位标注"g"的支座)，平直段伸至端支座对边后弯折，且平直段长度 $\geq 0.6 l_{ab}$，弯后直段长度 12d

注意　受扭非框架梁(代号 LN)纵向钢筋锚入支座的长度为 l_{ab}，在端支座直锚长度不足时可伸至端支座对边后弯折，且平直段长度 $\geq 0.6 l_{ab}$，弯后直段长度 12d

图 6-2　钢筋锚固图示

非抗震锚固长度与抗震锚固长度的符号、关系如图 6-3 所示。

非抗震锚固长度：l_a
抗震锚固长度：l_{aE}

一级、二级抗震等级 $l_{aE}=1.15l_a$

抗震锚固长度计算 —— 三级抗震等级 $l_{aE}=1.05l_a$

四级抗震等级 $l_{aE}=1.05l_a$

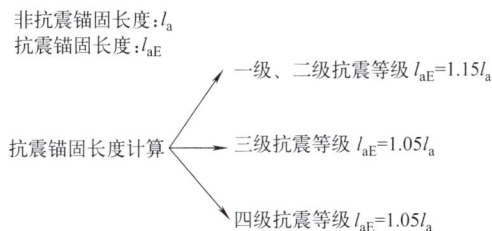

图 6-3　非抗震锚固长度与抗震锚固长度的符号、关系

受拉钢筋的基本锚固长度计算如图 6-4 所示。

l_{ab} — 受拉钢筋的基本锚固长度　　f_y — 普通钢筋的抗拉强度设计值

$$l_{ab}=\alpha\frac{f_y}{f_t}d$$

d — 锚固钢筋的直径

α — 锚固钢筋的外形系数，按表取用

f_t — 混凝土轴心抗拉强度设计值，当混凝土强度等级高于C60时，按C60取值

锚固钢筋的外形系数 α

钢筋类型	光面钢筋	带肋钢筋	螺旋肋钢丝	三股钢绞线	七股钢绞线
α	0.16	0.14	0.13	0.16	0.17

"受拉钢筋锚固长度"字母

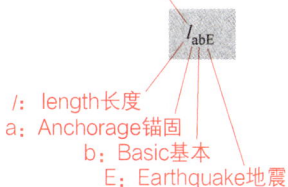

l_{abE}

l：length长度
a：Anchorage锚固
b：Basic基本
E：Earthquake地震

　钢筋与混凝土之所以能够可靠地结合，实现共同工作的材料特点，主要一点就是它们之间存在黏结力。很显然，钢筋探入混凝土内的长度越长，黏结效果越好。钢筋的锚固长度是指钢筋伸入支座内的长度。其目的是防止钢筋被拔出

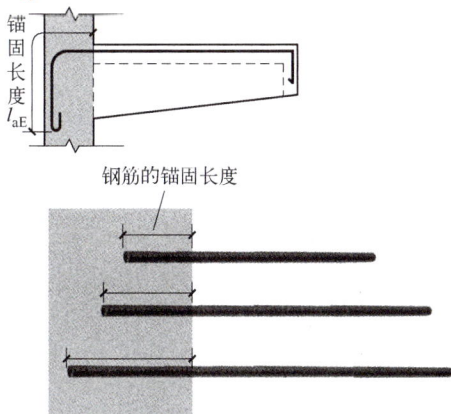

锚固长度 l_{aE}

钢筋的锚固长度

图 6-4　受拉钢筋的基本锚固长度计算

受拉钢筋的锚固长度，需要根据锚固条件根据下列公式计算，并且不应小于 200mm，如图 6-5 所示。

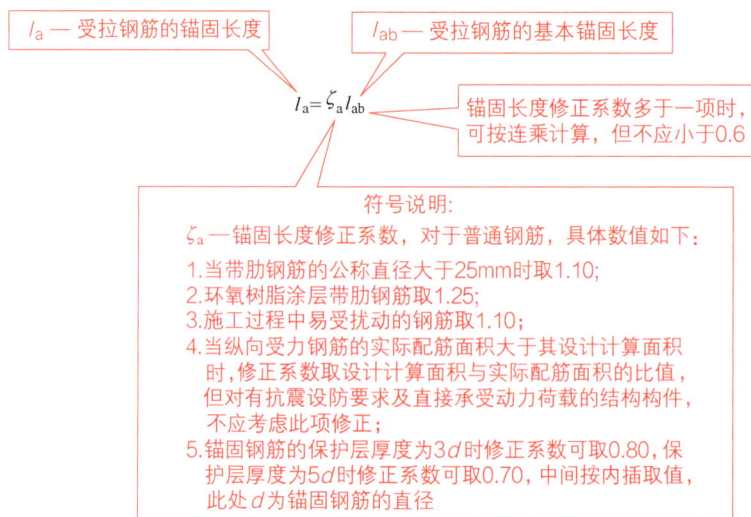

$$l_a = \zeta_a l_{ab}$$

l_a — 受拉钢筋的锚固长度

l_{ab} — 受拉钢筋的基本锚固长度

锚固长度修正系数多于一项时，可按连乘计算，但不应小于0.6

符号说明：

ζ_a — 锚固长度修正系数，对于普通钢筋，具体数值如下：

1. 当带肋钢筋的公称直径大于25mm时取1.10；
2. 环氧树脂涂层带肋钢筋取1.25；
3. 施工过程中易受扰动的钢筋取1.10；
4. 当纵向受力钢筋的实际配筋面积大于其设计计算面积时，修正系数取设计计算面积与实际配筋面积的比值，但对有抗震设防要求及直接承受动力荷载的结构构件，不应考虑此项修正；
5. 锚固钢筋的保护层厚度为3d时修正系数可取0.80，保护层厚度为5d时修正系数可取0.70，中间按内插取值，此处d为锚固钢筋的直径

图 6-5　受拉钢筋的锚固长度的计算公式

抗震设计时受拉钢筋基本锚固长度的计算如图 6-6 所示。

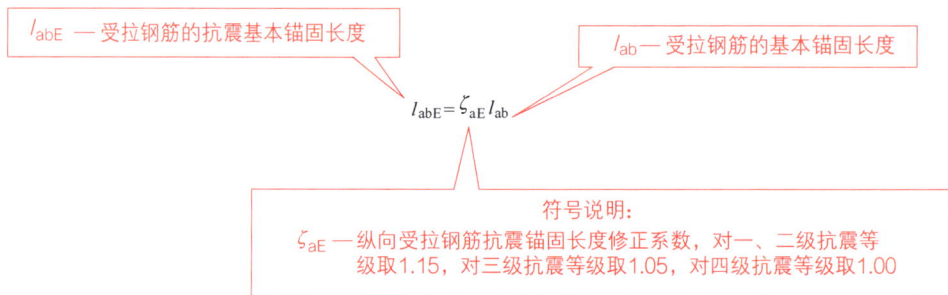

$$l_{abE} = \zeta_{aE} l_{ab}$$

l_{abE} — 受拉钢筋的抗震基本锚固长度

l_{ab} — 受拉钢筋的基本锚固长度

符号说明：

ζ_{aE} — 纵向受拉钢筋抗震锚固长度修正系数，对一、二级抗震等级取1.15，对三级抗震等级取1.05，对四级抗震等级取1.00

图 6-6　抗震设计时受拉钢筋基本锚固长度的计算

纵向受拉钢筋抗震锚固长度的计算如图 6-7 所示。

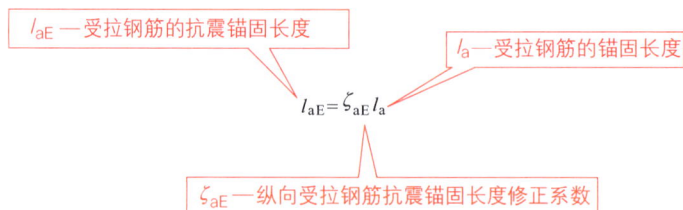

$$l_{aE} = \zeta_{aE} l_a$$

l_{aE} — 受拉钢筋的抗震锚固长度

l_a — 受拉钢筋的锚固长度

ζ_{aE} — 纵向受拉钢筋抗震锚固长度修正系数

图 6-7　纵向受拉钢筋抗震锚固长度的计算

当计算中充分利用钢筋的抗拉强度时，受拉钢筋的锚固需要符合的要求如下。

① 基本锚固长度的计算如图 6-8 所示。

② 受拉钢筋的锚固长度应根据锚固条件计算，并且不应小于 200mm，如图 6-9 所示。

普通钢筋基本锚固长度计算 → $l_{ab} = \alpha \dfrac{f_y}{f_t} d$　　预应力筋基本锚固长度计算 → $l_{ab} = \alpha \dfrac{f_{py}}{f_t} d$

式中　l_{ab} —— 受拉钢筋的基本锚固长度；

　　　f_y、f_{py} —— 普通钢筋、预应力筋的抗拉强度设计值；

　　　f_t —— 混凝土轴心抗拉强度设计值，当混凝土强度等级高于C60时，按C60取值；

　　　d —— 锚固钢筋的直径；

　　　α —— 锚固钢筋的外形系数。

锚固钢筋的外形系数 α

钢筋类型	光圆钢筋	带肋钢筋	螺旋肋钢丝	三股钢绞线	七股钢绞线
α	0.16	0.14	0.13	0.16	0.17

说明：光圆钢筋末端应做180°弯钩，弯后平直段长度不应小于$3d$，但是作受压钢筋时可不做弯钩。

图 6-8　基本锚固长度的计算

受拉钢筋的锚固长度计算 → $l_a = \zeta_a l_{ab}$

式中　l_a —— 受拉钢筋的锚固长度；

　　　ζ_a —— 锚固长度修正系数，当多于一项时，可按连乘计算，但不宜小于0.6；对预应力筋，可取1.0。

图 6-9　受拉钢筋锚固长度的计算

③ 当锚固钢筋的保护层厚度不大于 $5d$ 时，锚固长度范围内应配置横向构造钢筋，其直径不应小于 $d/4$；对梁、柱、斜撑等构件间距不应大于 $5d$，对板、墙等平面构件间距不应大于 $10d$，并且均不应大于100mm，此处 d 表示锚固钢筋的直径。

④ 钢筋基本锚固长度，即纵向受拉钢筋锚固长度的计算如图 6-10 所示。

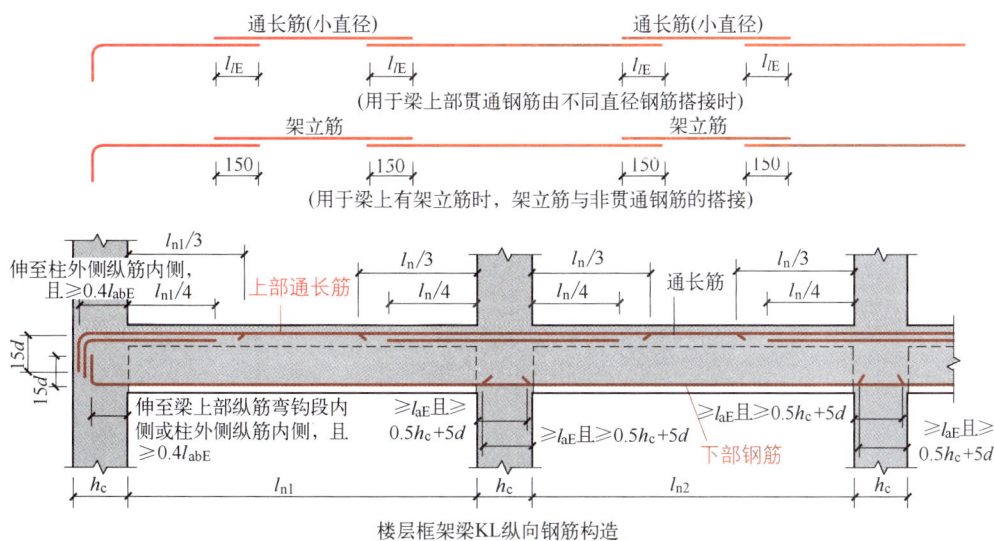

图 6-10　纵向受拉钢筋锚固长度的计算

⑤ 单跨梁钢筋的计算如图 6-11 所示。

上通筋长度计算公式：长度＝净跨长＋左支座锚固长度＋右支座锚固长度
下部通筋长度计算公式：长度＝净跨长＋左支座锚固长度＋右支座锚固长度

左、右支座锚固长度的取值判断
- 当截面长边保护层(直锚长度)＞l_{aE}时，取max(l_{aE} 0.5h_c+5d)
- 当截面长边保护层(直锚长度)≤l_{aE}时，必须弯锚，
- 算法：锚固长度＝h_c－保护层厚度+15d

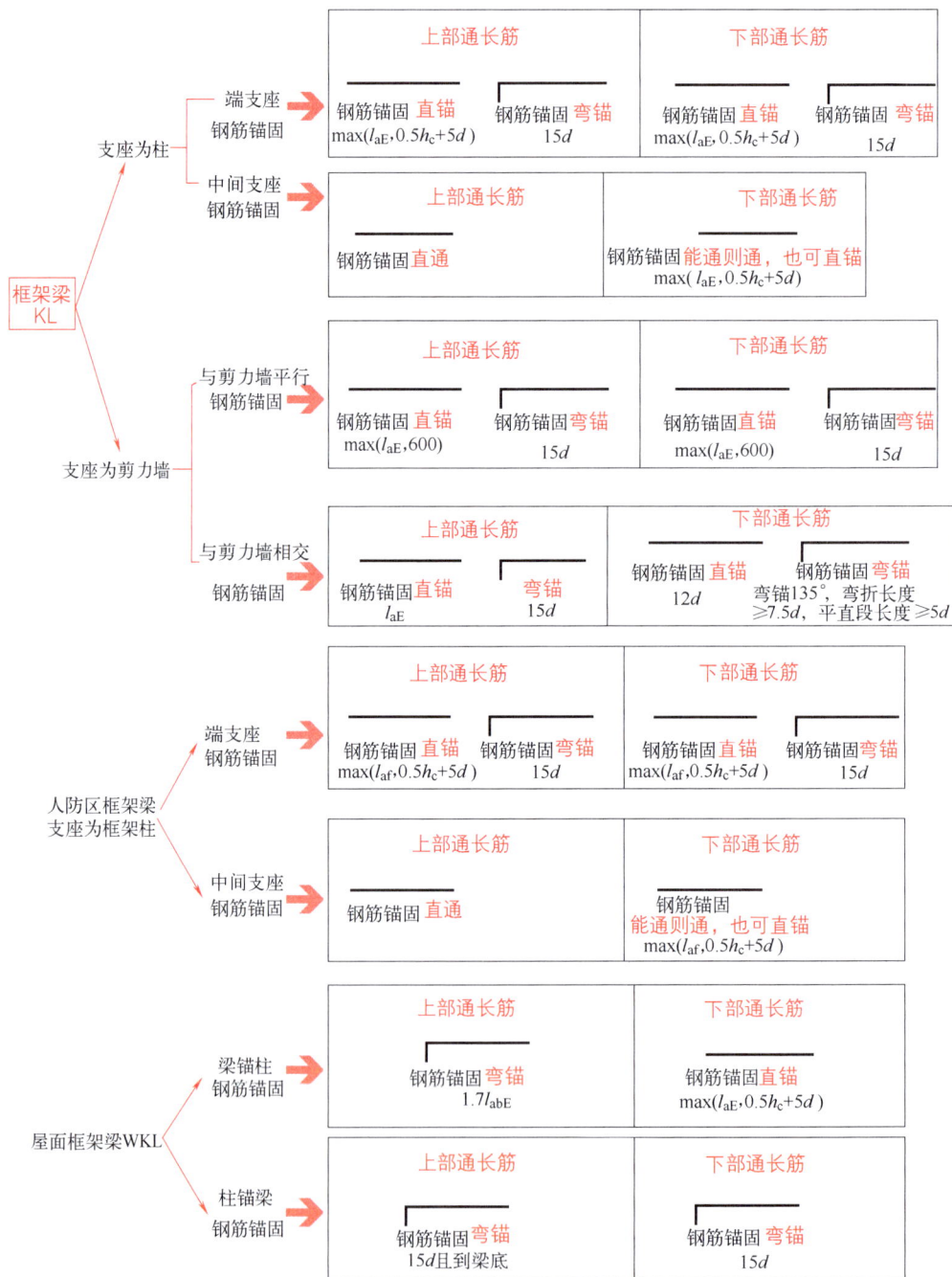

框架梁 KL

支座为柱

端支座钢筋锚固

上部通长筋		下部通长筋	
钢筋锚固 直锚 max(l_{aE},0.5h_c+5d)	钢筋锚固 弯锚 15d	钢筋锚固 直锚 max(l_{aE},0.5h_c+5d)	钢筋锚固 弯锚 15d

中间支座钢筋锚固

上部通长筋	下部通长筋
钢筋锚固 直通	钢筋锚固 能通则通，也可直锚 max(l_{aE},0.5h_c+5d)

支座为剪力墙

与剪力墙平行钢筋锚固

上部通长筋		下部通长筋	
钢筋锚固 直锚 max(l_{aE},600)	钢筋锚固 弯锚 15d	钢筋锚固 直锚 max(l_{aE},600)	钢筋锚固 弯锚 15d

与剪力墙相交钢筋锚固

上部通长筋		下部通长筋	
钢筋锚固 直锚 l_{aE}	弯锚 15d	钢筋锚固 直锚 12d	钢筋锚固 弯锚 弯锚135°，弯折长度 ≥7.5d，平直段长度 ≥5d

人防区框架梁 支座为框架柱

端支座钢筋锚固

上部通长筋		下部通长筋	
钢筋锚固 直锚 max(l_{af},0.5h_c+5d)	钢筋锚固 弯锚 15d	钢筋锚固 直锚 max(l_{af},0.5h_c+5d)	钢筋锚固 弯锚 15d

中间支座钢筋锚固

上部通长筋	下部通长筋
钢筋锚固 直通	钢筋锚固 能通则通，也可直锚 max(l_{af},0.5h_c+5d)

屋面框架梁WKL

梁锚柱钢筋锚固

上部通长筋	下部通长筋
钢筋锚固 弯锚 1.7l_{abE}	钢筋锚固 直锚 max(l_{aE},0.5h_c+5d)

柱锚梁钢筋锚固

上部通长筋	下部通长筋
钢筋锚固 弯锚 15d且到梁底	钢筋锚固 弯锚 15d

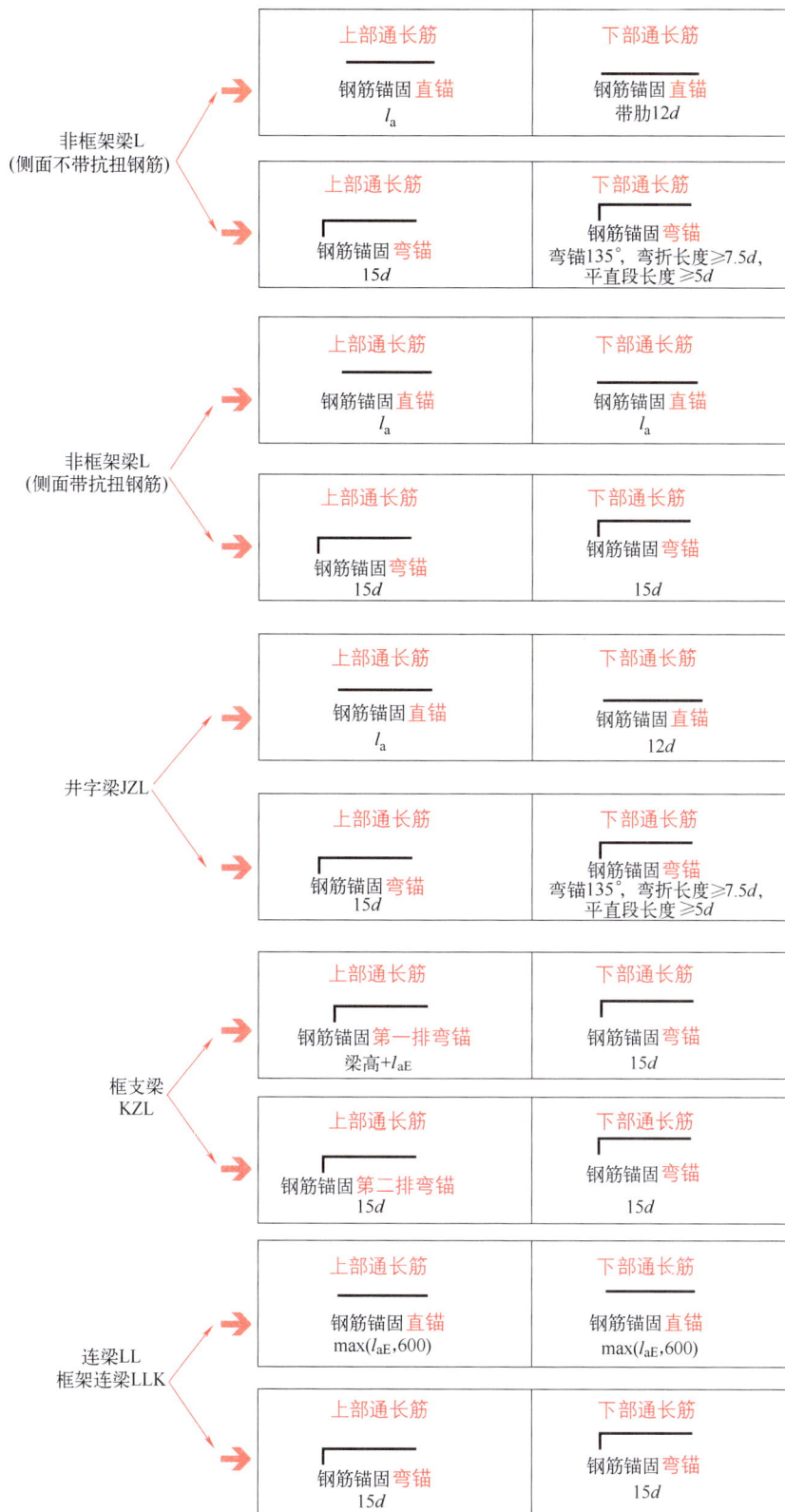

非框架梁L
(侧面不带抗扭钢筋)

上部通长筋	下部通长筋
钢筋锚固直锚 l_a	钢筋锚固直锚 带肋12d

上部通长筋	下部通长筋
钢筋锚固弯锚 15d	钢筋锚固弯锚 弯锚135°，弯折长度≥7.5d，平直段长度≥5d

非框架梁L
(侧面带抗扭钢筋)

上部通长筋	下部通长筋
钢筋锚固直锚 l_a	钢筋锚固直锚 l_a

上部通长筋	下部通长筋
钢筋锚固弯锚 15d	钢筋锚固弯锚 15d

井字梁JZL

上部通长筋	下部通长筋
钢筋锚固直锚 l_a	钢筋锚固直锚 12d

上部通长筋	下部通长筋
钢筋锚固弯锚 15d	钢筋锚固弯锚 弯锚135°，弯折长度≥7.5d，平直段长度≥5d

框支梁
KZL

上部通长筋	下部通长筋
钢筋锚固第一排弯锚 梁高+l_{aE}	钢筋锚固弯锚 15d

上部通长筋	下部通长筋
钢筋锚固第二排弯锚 15d	钢筋锚固弯锚 15d

连梁LL
框架连梁LLK

上部通长筋	下部通长筋
钢筋锚固直锚 max(l_{aE},600)	钢筋锚固直锚 max(l_{aE},600)

上部通长筋	下部通长筋
钢筋锚固弯锚 15d	钢筋锚固弯锚 15d

图6-11

图 6-11　单跨梁钢筋计算

L 为悬挑梁净长；h_b 为根部梁净高；l_a—钢筋锚固长度；l_{ab}—钢筋基本锚固长度；l_{aE}—钢筋抗震锚固长度；l_{abE}—钢筋抗震基本锚固长度

6.3.2　纵向受力钢筋最小配筋率的计算

对结构中次要的钢筋混凝土受弯构件，当构造所需截面高度远大于承载的需求时，其纵向受拉钢筋的配筋率的参考计算，如图 6-12 所示。

对结构中次要的钢筋混凝土受弯构件，当构造所需截面高度远大于承载的需求时，其纵向受拉钢筋配筋率的计算：

$$\rho_s \geqslant \frac{h_{cr}}{h}\rho_{min}$$

$$h_{cr}=1.05\sqrt{\frac{M}{\rho_{min}f_y b}}$$

式中　ρ_s —— 构件按全截面计算的纵向受拉钢筋的配筋率；
ρ_{min} —— 纵向受力钢筋的最小配筋率；
h_{cr} —— 构件截面的临界高度，当小于$h/2$时取$h/2$；
h —— 构件的截面高度；
b —— 构件的截面宽度；
M —— 构件的正截面弯矩设计值

图 6-12　纵向受力钢筋最小配筋率的计算

6.4　钢筋下料一般规定与普通钢筋下料计算

6.4.1　钢筋下料一般规定

① 结构构件的混凝土保护层厚度，一般应由最外层钢筋外边缘到构件表面的距离来确定，除了设计有特殊要求外，不应考虑拉筋。

钢筋下料的技巧　钢筋相加下料的技巧　钢筋混合下料的技巧

扫码观看视频　扫码观看视频　扫码观看视频

② 钢筋采用机械连接时，连接件的混凝土保护层厚度宜满足有关钢筋最小保护层厚度的规定，并且不得小于钢筋最小保护层厚度的 75% 与 15mm 的较大值，必要时可以采用具有防锈措施的连接件。

③ 预制混凝土构件在灌浆套筒长度范围内，箍筋的混凝土保护层厚度不得小于 20mm，预制混凝土墙最外层钢筋的混凝土保护层厚度不得小于 15mm。

④ 当受拉钢筋锚固在两种不同强度等级的混凝土里时，钢筋的锚固长度 l_a 及抗震锚固长度 l_{aE} 的计算公式，如图 6-13 所示。

$$l_a = l_1 + (l_{a1} - l_1)\frac{f_{t1}}{f_{t2}}$$

$$l_{aE} = l_1 + (l_{aE1} - l_1)\frac{f_{t1}}{f_{t2}}$$

式中 l_a —— 钢筋的锚固长度，mm；
l_{aE} —— 抗震锚固长度，mm；
l_1 —— 钢筋穿过第一种混凝土的长度，mm；
l_{a1} —— 根据钢筋穿过第一种混凝土强度等级计算的受拉钢筋锚固长度，mm；
l_{aE1} —— 根据钢筋穿过第一种混凝土强度等级计算的受拉钢筋抗震锚固长度，mm；
f_{t1} —— 钢筋穿过第一种混凝土的轴心抗拉强度设计值，N/mm²；
f_{t2} —— 第二种混凝土的轴心抗拉强度设计值，N/mm²

图 6-13   锚固长度计算公式

⑤ 纵筋采用电渣压力焊连接时，每一接头两侧钢筋的下料长度可增加钢筋直径的 1.0 ~ 1.5 倍。

⑥ 采用钢筋机械连接时，对于需要切平原材端头的钢筋，每切平一个端头，钢筋下料长度宜增加 1 个钢筋直径和 25mm 的较大值。

⑦ 纵筋采用绑扎搭接连接时，搭接长度可在现行国家标准《混凝土结构设计规范》（GB 50010）规定值的基础上增加 10 ~ 25mm。

⑧ 钢筋采用搭接焊连接时，搭接长度可在现行行业标准《钢筋焊接及验收规程》（JGJ 18）规定值的基础上增加 10 ~ 20mm。

⑨ 当计算一组等间距排布钢筋的根数出现小数时，需要取大于该小数的最小整数作为该组钢筋的根数。

⑩ 除了焊接封闭环式箍筋外，箍筋的末端应做弯钩，并且弯钩形式需要符合设计要求。当设计无具体要求时，需要符合的规定如下：

a. 箍筋弯钩的弯折角度，需要符合的规定：对于不考虑地震作用的结构构件，圆柱箍筋、梁受扭箍筋、全部纵筋配筋率大于 3% 的非圆形截面柱箍筋应为 135°，其余箍筋应不小于 90°。对考虑地震作用的结构构件，全部箍筋应为 135°。

b. 箍筋弯后平直段长度需要符合的规定：对于不考虑地震作用的结构构件，梁受扭箍筋、全部纵筋配筋率大于 3% 的柱箍筋不宜小于箍筋直径的 10 倍，其余箍筋不宜小于箍筋直径的 5 倍。对于考虑地震作用的结构构件，多层建筑结构构件箍筋不得小于箍筋直径的 10 倍；高层建筑结构构件箍筋不得小于箍筋直径的 10 倍和 75mm 的较大值。

⑪ 组合结构梁、柱箍筋穿过型钢施工较困难时，可由 U 形、L 形钢筋组成封闭箍筋，等其穿过型钢后再焊接成封闭箍筋。焊接位置需要避开纵筋，并且相邻两组箍筋的焊接位置要错开，如图 6-14 所示。

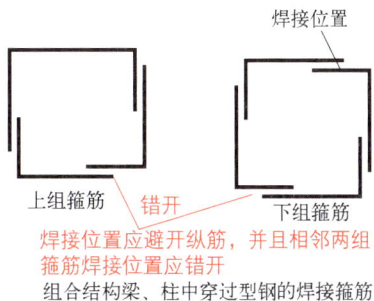

焊接位置
上组箍筋   错开   下组箍筋
焊接位置应避开纵筋，并且相邻两组箍筋焊接位置应错开
组合结构梁、柱中穿过型钢的焊接箍筋

图 6-14   相邻两组箍筋焊接位置要错开

⑫ 拉筋的末端要做弯钩，并且弯钩形式需要符合设计要求。当设计无具体要求时，需要符合的规定如下：用作梁、柱复合箍筋中的单肢箍筋或梁腰筋间的拉结筋，两端弯钩均不得小于135°，弯后平直段长度需要符合的规定包括对不考虑地震作用的结构构件，不得小于拉筋直径的5倍；考虑地震作用的结构构件，多层建筑结构构件不得小于拉筋直径的10倍，高层建筑结构构件不得小于拉筋直径的10倍和75mm的较大值。

⑬ 用于剪力墙分布筋的拉结筋、楼板等构件中的拉结筋，两端弯钩可采用一端135°，另一端90°，弯后平直段长度不得小于拉筋直径的5倍。

⑭ 螺旋箍筋在开始与结束的位置需要设有水平段，长度不得小于一圈半，端部要设135°弯钩。

⑮ 钢筋弯折的弯弧内直径要求见表6-14。

表6-14　钢筋弯折的弯弧内直径要求

钢筋用途与类别			弯弧内直径 D/mm
顶层边节点处框架梁上部纵筋与柱外侧纵筋	直径≤25mm		≥12d
	直径＞25mm		≥16d
非顶层边节点处框架梁上部纵筋与柱外侧纵筋	400MPa带肋钢筋	直径：6～25mm	≥4d
		直径：28～40mm	≥5d
		直径：大于40mm	≥6d
	500MPa、600MPa带肋钢筋	直径：6～25mm	≥6d
		直径：28～40mm	≥7d
		直径：大于40mm	≥8d
	CRB550、CRB600H		≥5d

注：d为钢筋直径。

⑯ 非顶层边节点处框架梁上部纵筋与柱外侧纵筋的规定除HPB300钢筋不小于2.5d外，尚应符合的规定如下：箍筋弯弧内直径不得小于弯折处纵筋直径；弯折位置为纵筋搭接处或并筋时，需要根据钢筋实际排布情况确定箍筋弯弧内直径。拉筋弯弧内直径需要考虑拉筋实际勾住钢筋的具体情况。

⑰ 构件相交处的钢筋排布，需要保证主要受力构件钢筋与构件中的主要受力钢筋处于有利的受力位置。

⑱ 圆弧形成型钢筋的最大半径、最大长度见表6-15。

表6-15　圆弧形成型钢筋的最大半径、最大长度　　　　　单位：mm

钢筋公称直径	半径	长度	钢筋公称直径	半径	长度
10	1500	3000	25	18000	9000
12	3000	3000	28	27000	9000
14	4000	3000	32	33000	9000
16	4500	3000	36	33000	18000
18	12000	3000	40	54000	18000
20	12000	3000	50	90000	18000
22	12000	3000			

注：用于圆形基础、圆弧墙等构件的圆弧形钢筋，半径或长度小于该表所列值时，宜在加工厂加工成型。半径或长度大于等于该表所列值时，宜将直钢筋送到现场弯曲。

⑲ 排布梁柱节点钢筋计算钢筋净距时，带肋钢筋可使用的外轮廓直径，见表6-16。

表6-16 带肋钢筋外轮廓直径 单位：mm

公称直径	外轮廓直径	公称直径	外轮廓直径
6	8	22	26
8	10	25	30
10	12	28	33
12	15	32	37
14	17	36	42
16	19	40	46
18	21	50	57
20	24		

6.4.2 墙普通钢筋下料

墙普通钢筋下料要求如下。

① 配置在约束边缘构件非阴影区的箍筋，需要包括在约束边缘构件的钢筋配料单中，配置在约束边缘构件非阴影区的拉筋宜包括在墙身钢筋配料单中。

② 墙变截面处的上墙插筋，需要包括在下墙构件配料单中。

⚡ 一点通

柱、墙基础插筋及其对应的封闭箍筋、水平分布筋与拉筋，需要包括在基础构件的钢筋配料单中。

6.4.3 柱普通钢筋下料

箍筋分段等间距配置时，下端第一段箍筋根数 n_1、上端第三段箍筋根数 n_3 应包括两端端部箍筋，中间第二段箍筋根数 n_2 不应包括两端端部箍筋，如图6-15所示。柱变截面位置的上柱插筋需要包括在下柱构件配料单中。

计算柱端箍筋加密区箍筋根数出现小数时，可取大于该小数的最小整数作为箍筋根数，并且根据箍筋等距排布规则将加密区长度延长，由 h_1 变为 h_1'，如图6-16所示。

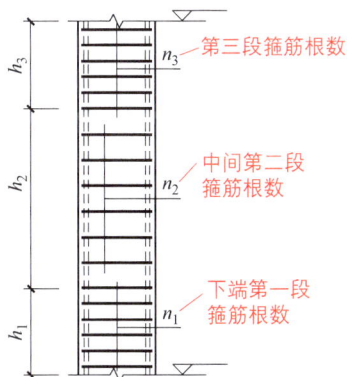

图6-15 柱箍筋分段配置

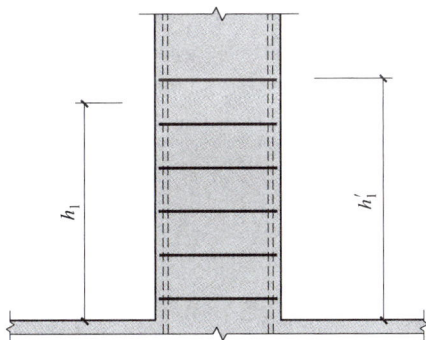

图6-16 在不增加箍筋组数的情况下延长柱箍筋加密区长度

6.4.4　梁普通钢筋下料

箍筋分段等间距配置时，左端第一段箍筋根数 n_1、右端第三段箍筋根数 n_3，需要包括两端端部箍筋，中间第二段箍筋根数 n_2 不应包括两端端部箍筋，如图 6-17 所示。

计算梁端箍筋加密区箍筋根数出现小数时，可取大于该小数的最小整数作为箍筋根数，并根据箍筋等距排布规则将加密区长度延长，由 h_1 变为 h_1'，如图 6-18 所示。

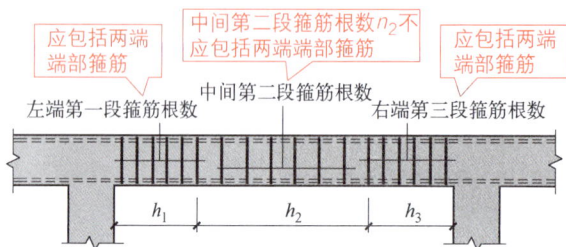

图 6-17　梁箍筋分段配置计数

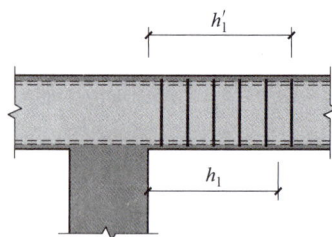

图 6-18　不增加箍筋组数的情况下延长梁箍筋加密区长度

6.4.5　多直段钢筋下料长度的计算

多直段钢筋下料长度的计算如图 6-19 所示。

$$L = \sum L_i - \sum \Delta_j$$

表示钢筋下料长度(mm)

表示第 i 个钢筋弯折点长度调整值(mm)

表示第 i 个直段内皮、外皮或中心线标注尺寸(mm)

图 6-19　多直段钢筋下料长度的计算

6.4.6　圆弧形钢筋下料长度的计算

圆弧形钢筋下料长度的计算如图 6-20 所示。

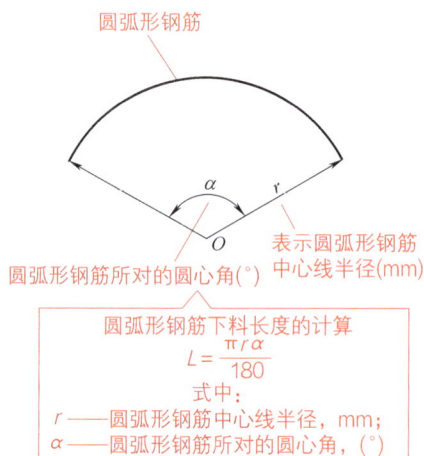

圆弧形钢筋

表示圆弧形钢筋中心线半径(mm)

圆弧形钢筋所对的圆心角(°)

圆弧形钢筋下料长度的计算

$$L = \frac{\pi r \alpha}{180}$$

式中：
r ——圆弧形钢筋中心线半径，mm；
α ——圆弧形钢筋所对的圆心角，(°)

图 6-20　圆弧形钢筋下料长度的计算

6.4.7 螺旋形钢筋下料长度的计算

螺旋形钢筋下料长度的计算如图 6-21 所示。

6.4.8 两端带弯钩曲线形钢筋的下料长度的计算

两端带弯钩曲线形钢筋的下料长度的计算如图 6-22 所示。

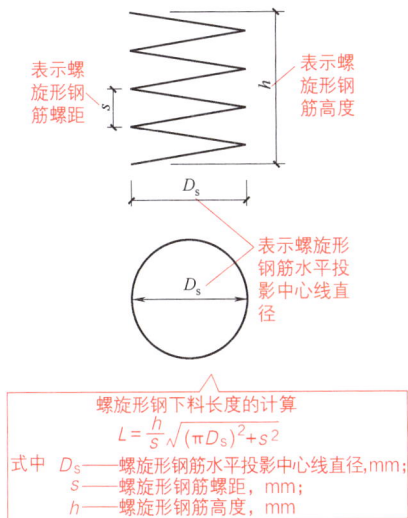

表示螺旋形钢筋螺距

表示螺旋形钢筋高度

表示螺旋形钢筋水平投影中心线直径

螺旋形钢下料长度的计算
$$L = \frac{h}{s}\sqrt{(\pi D_s)^2 + s^2}$$
式中 D_s——螺旋形钢筋水平投影中心线直径，mm；
s——螺旋形钢筋螺距，mm；
h——螺旋形钢筋高度，mm

图 6-21 螺旋形钢筋下料长度的计算

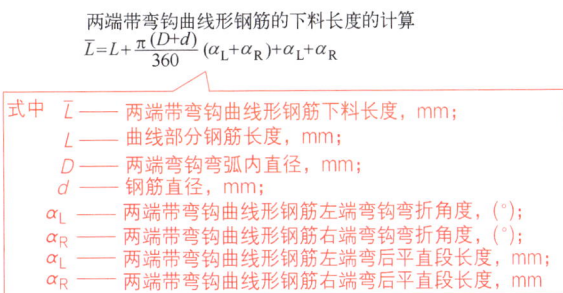

两端带弯钩曲线形钢筋的下料长度的计算
$$\bar{L} = L + \frac{\pi(D+d)}{360}(\alpha_L + \alpha_R) + \alpha_L + \alpha_R$$
式中 $\bar{L}$——两端带弯钩曲线形钢筋下料长度，mm；
L——曲线部分钢筋长度，mm；
D——两端弯钩弯弧内直径，mm；
d——钢筋直径，mm；
α_L——两端带弯钩曲线形钢筋左端弯钩弯折角度，(°)；
α_R——两端带弯钩曲线形钢筋右端弯钩弯折角度，(°)；
α_L——两端带弯钩曲线形钢筋左端弯后平直段长度，mm；
α_R——两端带弯钩曲线形钢筋右端弯后平直段长度，mm

图 6-22 两端带弯钩曲线形钢筋的下料长度的计算

6.4.9 焊接箍筋下料长度的计算

焊接箍筋下料长度的计算如图 6-23 所示。

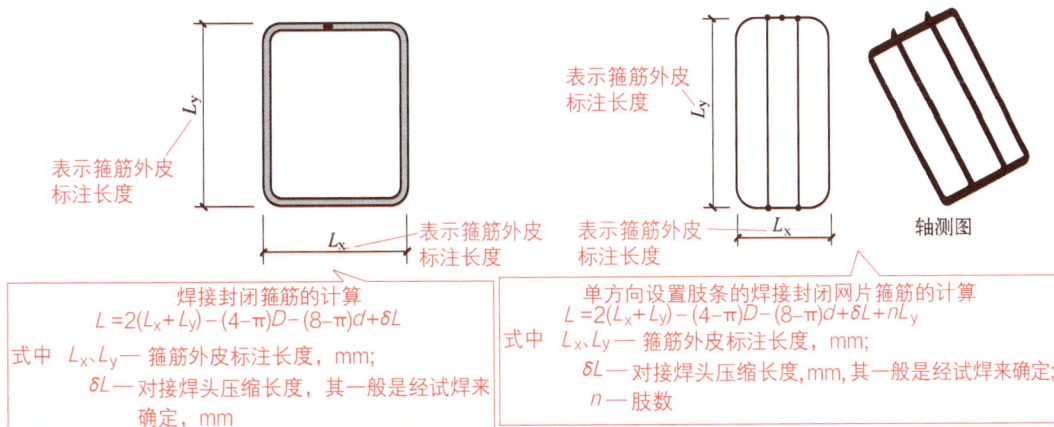

表示箍筋外皮标注长度

表示箍筋外皮标注长度

焊接封闭箍筋的计算
$$L = 2(L_x + L_y) - (4-\pi)D - (8-\pi)d + \delta L$$
式中 L_x、L_y——箍筋外皮标注长度，mm；
δL——对接焊头压缩长度，其一般是经试焊来确定，mm

表示箍筋外皮标注长度

轴测图

单方向设置肢条的焊接封闭网片箍筋的计算
$$L = 2(L_x + L_y) - (4-\pi)D - (8-\pi)d + \delta L + nL_y$$
式中 L_x、L_y——箍筋外皮标注长度，mm；
δL——对接焊头压缩长度，mm，其一般是经试焊来确定；
n——肢数

图 6-23 焊接箍筋下料长度的计算

6.4.10　螺旋箍筋的下料长度的计算

在开始与结束位置设置长度为一圈半水平段、两端有 135° 弯钩的螺旋箍筋的下料长度的计算如图 6-24 所示。

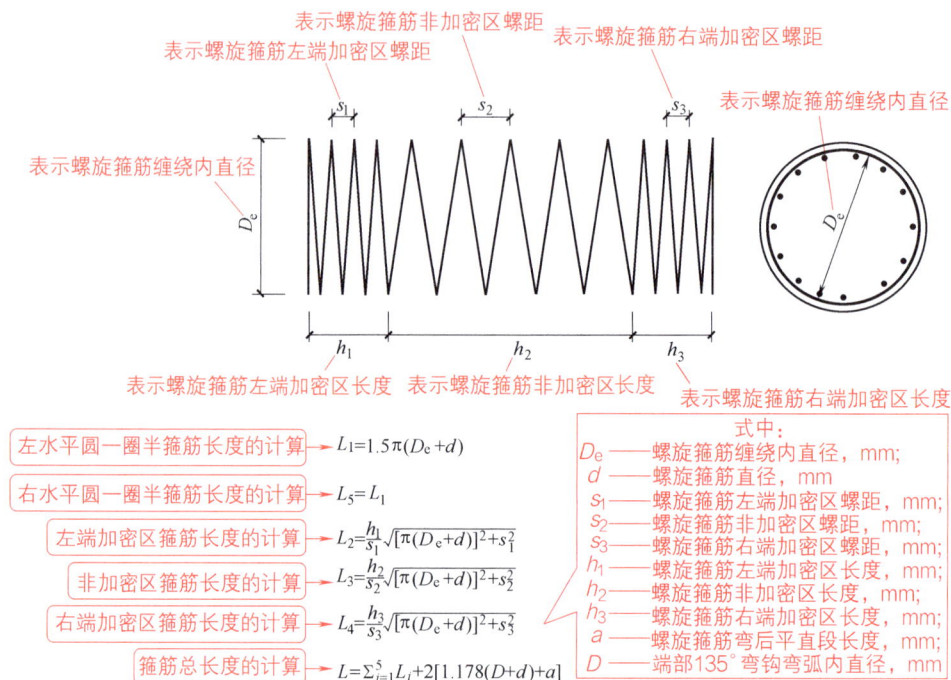

图 6-24　螺旋箍筋的标注与计算

6.4.11　多边形连续箍筋下料长度的计算

对于在开始与结束位置设置水平段、两端有 135° 弯钩的任意多边形连续箍筋下料长度的计算如图 6-25 所示。

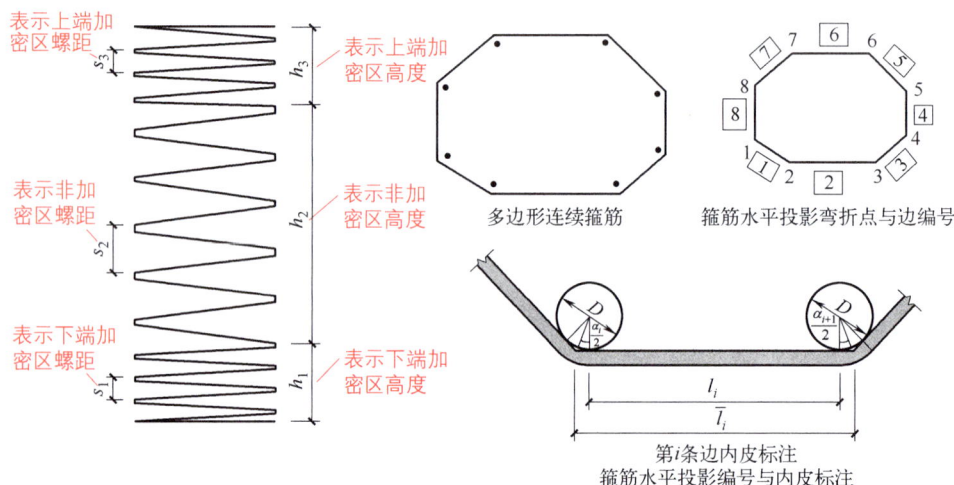

一圈连续箍筋水平投影长度的计算

$$l_c = \sum_{i=1}^{n} \left[l_i + \frac{(D+d)\pi\alpha_i}{360} \right]$$

$$l_i = \overline{l}_i - \frac{D}{2} \left[\tan(\frac{\alpha_i}{2}) + \tan(\frac{\alpha_{i+1}}{2}) \right]$$

式中　l_c ——一圈连续箍筋水平投影长度，mm；
　　　l_i ——第 i 条边直段部分水平投影长度，mm；
　　　α_i ——第 i 个弯折角水平投影值，(°)；
　　　n ——箍筋边数；
　　　$\overline{l}_i$ ——第 i 条边水平投影的内皮标注长度，mm；
　　　D ——弯钩弯弧内直径，mm；
　　　d ——钢筋直径，mm

下端水平段箍筋长度的计算

$$L_1 = \sum_{k=1}^{m} l_k + \sum_{k=1}^{m-1} \frac{(D+d)\pi\beta_k}{360} + \frac{(D+d)\pi\gamma}{720}$$

式中　L_1 ——下端水平段箍筋长度，mm；
　　　m ——下端水平段包含的箍筋段数，其值可以大于 n；
　　　β_k —— m 段水平段箍筋中的第 k 个弯折角度，(°)；
　　　D ——弯钩弯弧内直径，mm；
　　　d ——钢筋直径，mm；
　　　γ ——箍筋上行起点弯折角度的水平投影值，(°)

下端加密区箍筋长度的计算

$$L_2 = \frac{h_1}{s_1} \sqrt{l_c^2 + s_1^2}$$

式中　L_2 ——下端加密区箍筋长度，mm；
　　　h_1 ——下端加密区高度，mm；
　　　s_1 ——下端加密区螺距，mm；
　　　l_c ——一圈连续箍筋水平投影长度，mm

非加密区箍筋长度的计算

$$L_3 = \frac{h_2}{s_2} \sqrt{l_c^2 + s_2^2}$$

式中　L_3 ——非加密区箍筋长度，mm；
　　　h_2 ——非加密区高度，mm；
　　　s_2 ——非加密区螺距，mm；
　　　l_c ——一圈连续箍筋水平投影长度，mm

上端加密区箍筋长度的计算

$$L_4 = \frac{h_3}{s_3} \sqrt{l_c^2 + s_3^2}$$

式中　L_4 ——上端加密区箍筋长度，mm；
　　　h_3 ——上端加密区高度，mm；
　　　s_3 ——上端加密区螺距，mm；
　　　l_c ——一圈连续箍筋水平投影长度，mm

上端水平段箍筋长度的计算

$$L_5 = \sum_{k=1}^{t} l_k + \sum_{k=1}^{t-1} \frac{(D+d)\pi\beta_k}{360} + \frac{(D+d)\pi\delta}{720}$$

式中　L_5 ——上端水平段箍筋长度，mm；
　　　t ——上端水平段包含的箍筋段数，其值可以大于 n；
　　　δ ——箍筋下行起点弯折角度的水平投影值，(°)；
　　　D ——弯钩弯弧内直径，mm；
　　　d ——钢筋直径，mm

图 6-25　多边形连续箍筋下料长度的计算

钢筋内皮、外皮
的标注

扫码观看视频

6.4.12　多直段普通钢筋弯折点两侧标注延长值与长度调整值

　　钢筋简图采用内皮标注时，其弯折点两侧直段钢筋的标注延长值一般是通过计算得出的。普通钢筋简图（内皮标注）常见的标注如图 6-26 所示。

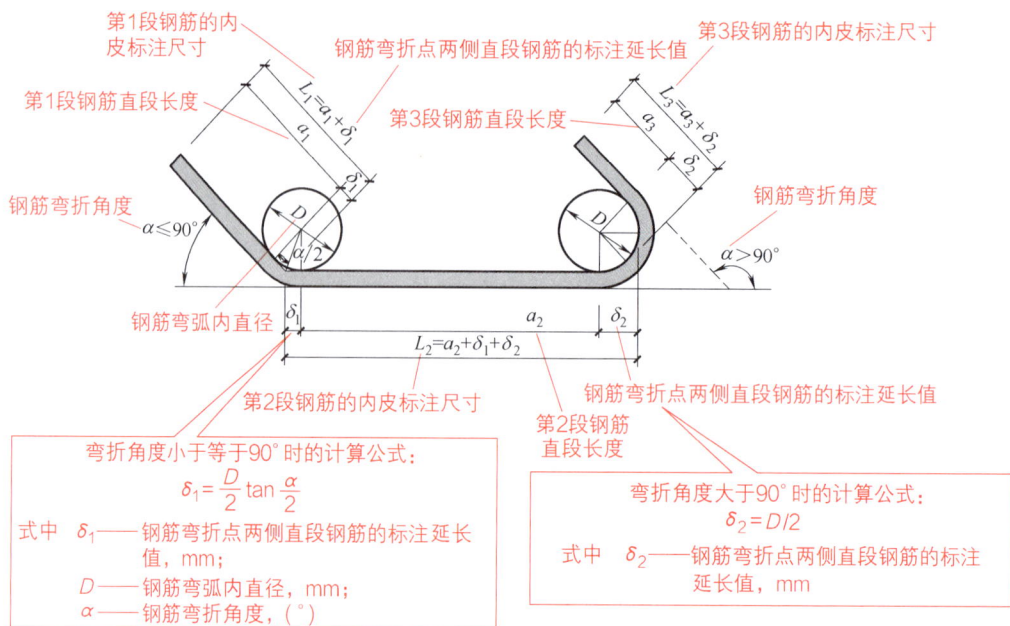

图 6-26　普通钢筋简图（内皮标注）常见的标注

　　钢筋简图采用外皮标注时，弯折点两侧直段钢筋的标注延长值一般是通过计算得出的。普通钢筋简图外皮标注如图 6-27 所示。

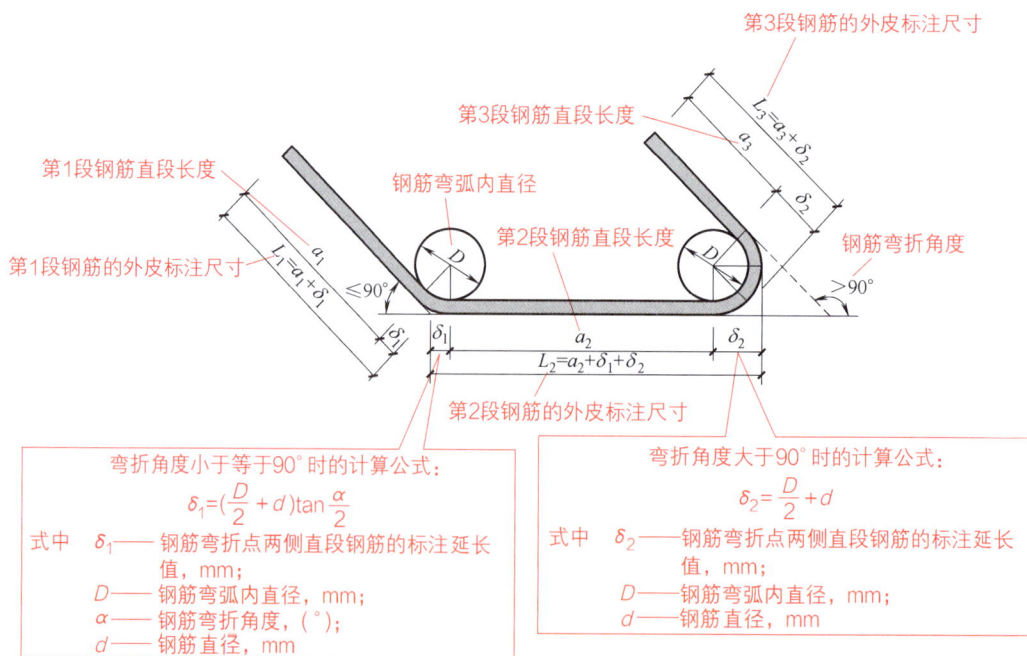

图 6-27　普通钢筋简图外皮标注

　　钢筋简图采用中心线标注时，其弯折点两侧直段钢筋的标注延长值一般应取零值。普通钢筋简图中心线标注如图 6-28 所示。

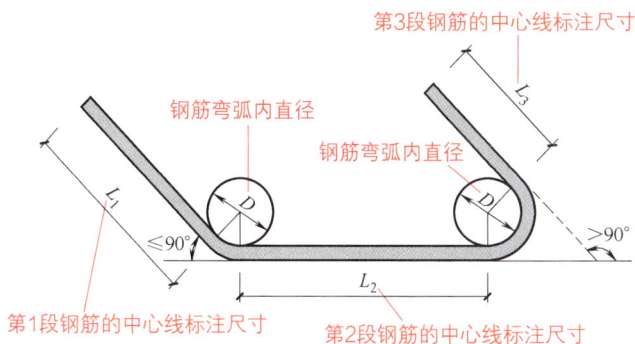

图 6-28　普通钢筋简图中心线标注

6.4.13　钢筋弯折点长度调整值的计算

弯折角度小于等于 90° 时的内皮标注与计算如图 6-29 所示。

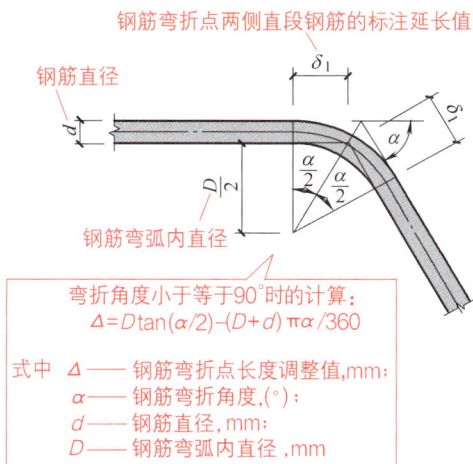

弯折角度小于等于90°时的计算：
$$\Delta = D\tan(\alpha/2) - (D+d)\pi\alpha/360$$

式中　Δ —— 钢筋弯折点长度调整值，mm；
α —— 钢筋弯折角度，(°)；
d —— 钢筋直径，mm；
D —— 钢筋弯弧内直径，mm

图 6-29　弯折角度小于等于 90° 时的内皮标注与计算

弯折角度大于 90°、小于等于 180° 时，内皮标注与计算如图 6-30 所示。

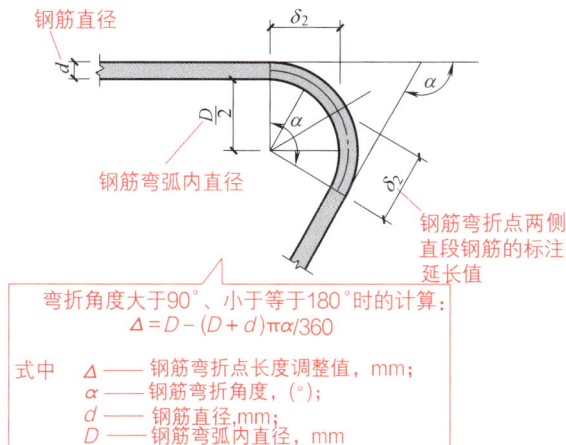

弯折角度大于90°、小于等于180°时的计算：
$$\Delta = D - (D+d)\pi\alpha/360$$

式中　Δ —— 钢筋弯折点长度调整值，mm；
α —— 钢筋弯折角度，(°)；
d —— 钢筋直径，mm；
D —— 钢筋弯弧内直径，mm

图 6-30　弯折角度大于 90°、小于等于 180° 时内皮标注与计算

钢筋弯折计算要求

扫码观看视频

钢筋简图采用外皮标注、中心线标注时的标注与计算如图 6-31 所示。

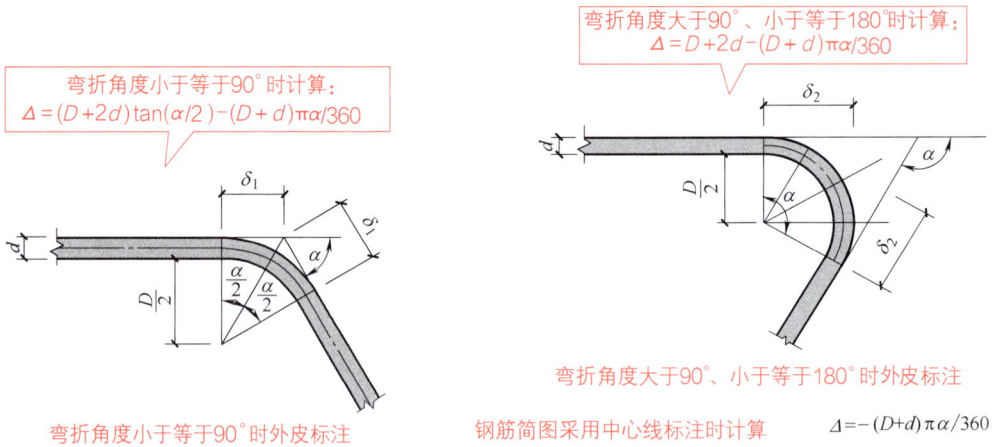

弯折角度小于等于90°时计算：
$\Delta = (D+2d)\tan(\alpha/2) - (D+d)\pi\alpha/360$

弯折角度大于90°、小于等于180°时计算：
$\Delta = D+2d - (D+d)\pi\alpha/360$

弯折角度小于等于90°时外皮标注

弯折角度大于90°、小于等于180°时外皮标注

钢筋简图采用中心线标注时计算 $\Delta = -(D+d)\pi\alpha/360$

图 6-31   钢筋简图采用外皮标注、中心线标注时的标注与计算

钢筋弯折点长度调整值的计算，如图 6-32 所示。

$$\Delta = \eta d$$

式中 Δ——钢筋弯折点长度调整值；
　　　　η——钢筋弯折点长度调整值系数；
　　　　d——钢筋直径

图 6-32   钢筋弯折点长度调整值的计算

采用内皮标注时，钢筋弯折点长度调整值系数应根据表 6-17 的规定取值。

表 6-17   内皮标注钢筋弯折点长度调整值系数

弯折角度	D							
	2.5d	4d	5d	6d	7d	8d	12d	16d
30°	−0.246	−0.237	−0.231	−0.225	−0.219	−0.213	−0.188	−0.163
45°	−0.339	−0.307	−0.285	−0.264	−0.242	−0.221	−0.135	−0.048
60°	−0.389	−0.309	−0.255	−0.201	−0.147	−0.094	−0.121	−0.336
90°	−0.249	0.073	0.288	0.502	0.717	0.931	1.790	2.648
135°	−1.623	−1.891	−2.069	−2.247	−2.425	−2.603	−3.315	−4.028
180°	−2.998	—	—	—	—	—	—	—

注：D 表示钢筋弯弧内直径；d 表示钢筋直径。

采用外皮标注时，钢筋弯折点长度调整值系数应根据表 6-18 的规定取值。

表 6-18   外皮标注钢筋弯折点长度调整值系数

弯折角度	D							
	2.5d	4d	5d	6d	7d	8d	12d	16d
30°	0.289	0.299	0.305	0.311	0.317	0.323	0.348	0.373
45°	0.490	0.522	0.543	0.565	0.586	0.608	0.694	0.780
60°	0.765	0.846	0.900	0.954	1.007	1.061	1.276	1.491
90°	1.751	2.073	2.288	2.502	2.717	2.931	3.790	4.648
135°	0.377	0.110	−0.069	−0.247	−0.425	−0.603	−1.315	−2.028
180°	−0.998	—	—	—	—	—	—	—

注：D 表示钢筋弯弧内直径；d 表示钢筋直径。

采用中心线标注时，钢筋弯折点长度调整值系数应根据表 6-19 的规定取值。

表 6-19　中心线标注钢筋弯折点长度调整值系数

弯折角度	D							
	2.5d	4d	5d	6d	7d	8d	12d	16d
30°	−0.916	−1.309	−1.571	−1.833	−2.094	−2.356	−3.403	−4.451
45°	−1.374	−1.963	−2.356	−2.749	−3.142	−3.534	−5.105	−6.676
60°	−1.833	−2.618	−3.142	−3.665	−4.189	−4.712	−6.807	−8.901
90°	−2.749	−3.927	−4.712	−5.498	−6.283	−7.069	−10.210	−13.352
135°	−4.123	−5.891	−7.069	−8.247	−9.425	−10.603	−15.315	−20.028
180°	−5.498	—	—	—	—	—	—	—

注：D 表示钢筋弯弧内直径；d 表示钢筋直径。

6.5　预应力筋与预制构件钢筋下料计算

6.5.1　预应力筋下料

① 预应力钢丝镦头的头形尺寸应符合的规定如图 6-33 所示。

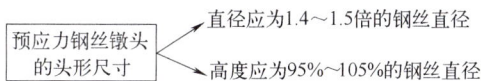

图 6-33　预应力钢丝镦头的头形尺寸应符合的规定

② 钢丝束两端采用镦头锚具时，同一束中钢丝长度的最大偏差不应大于钢丝长度的 1/5000，并且不应大于 5mm。

③ 钢绞线挤压锚具成型后，钢绞线外端应露出挤压头 1 ～ 5mm。

6.5.2　预制柱底箍筋加密区与箍筋排布

预制柱纵向受力钢筋在柱底采用套筒灌浆连接时，计算自套筒上端第一道箍筋到箍筋加密区边界范围内箍筋的根数出现小数时，可取大于该小数的最小整数作为箍筋根数，并且根据箍筋等距排布规则将加密区长度延长 e，如图 6-34 所示。

6.5.3　预制剪力墙水平分布筋加密区钢筋排布

预制剪力墙纵向受力钢筋在墙底采用套筒灌浆连接时，计算自套筒上端第一道水平分布筋到水平分布筋加密区边界范围内水平分布筋的根数出现小数时，可以取大于该小数的最小整数作为水平分布筋的根数，并且宜根据水平分布筋等距排布规则将加密区长度延长 e，如图 6-35 所示。

6.5.4　预应力筋下料长度——先张法构件

长线台座预应力螺纹钢筋下料长度计算简图如图 6-36 所示。

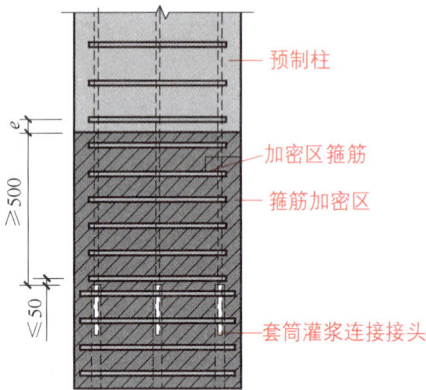

图 6-34　纵筋采用套筒灌浆连接时柱底箍筋
加密区与箍筋排布

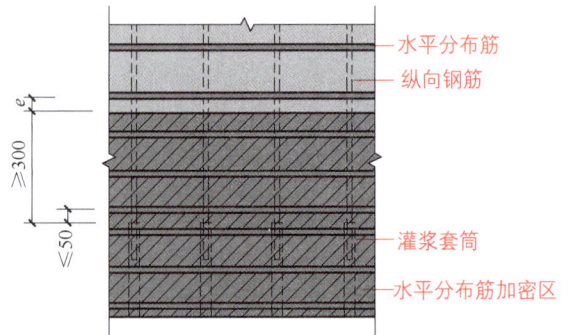

图 6-35　纵筋套筒灌浆连接部位剪力墙水平分布筋加密区
钢筋排布

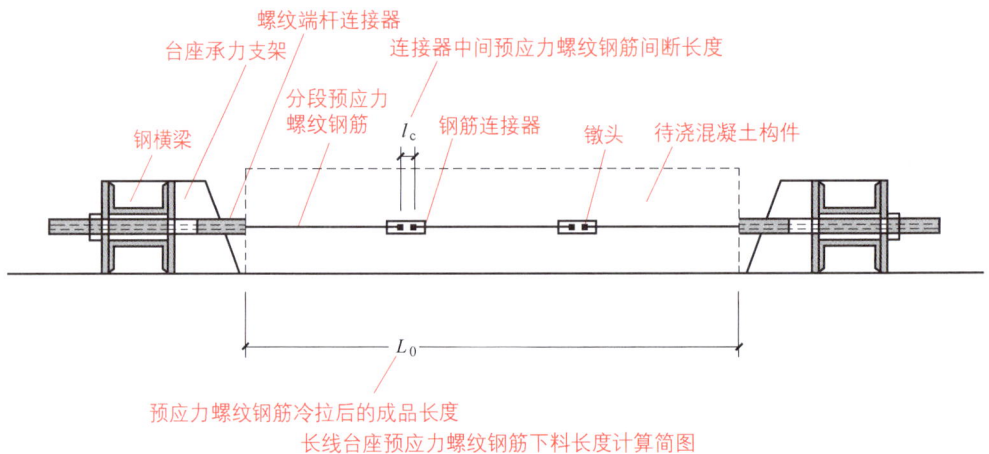

长线台座预应力螺纹钢筋下料长度计算简图

配制预应力螺纹钢筋的先张法预应力混凝土
构件，采用长线台座生产工艺，分段预应力
螺纹钢筋通过连接器连接时，预应力螺纹钢
筋的下料长度

$$L = \frac{L_0 - ml_c}{1 + \gamma - \delta} + 2(m+1)l_{c0}$$

式中　L ——预应力螺纹钢筋下料长度，mm；
　　　L_0 ——预应力螺纹钢筋冷拉后的成品长度，mm；
　　　m ——连接器个数；
　　　l_c ——连接器中间预应力螺纹钢筋间断长度，mm，
　　　　　根据实际情况取值；
　　　l_{c0} ——连接器中预应力螺纹钢筋镦头压缩长度，mm，
　　　　　根据实际情况取值；
　　　γ ——预应力螺纹钢筋冷拉伸长率；
　　　δ ——预应力螺纹钢筋冷拉弹性回缩率

图 6-36　长线台座预应力螺纹钢筋下料长度计算简图

长线台座预应力钢丝或钢绞线下料长度计算简图如图 6-37 所示。

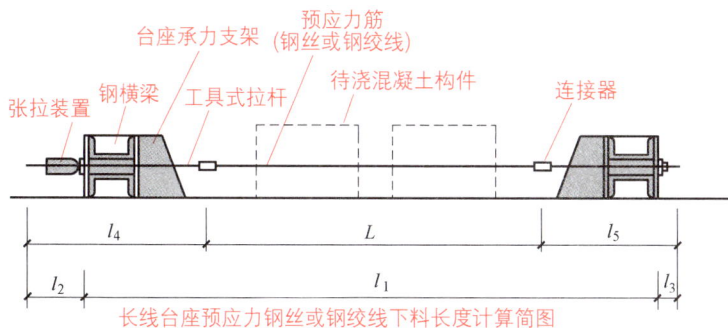

图 6-37　长线台座预应力钢丝或钢绞线下料长度计算简图

6.5.5　预应力筋下料长度——后张法构件

配置预应力螺纹钢筋的后张法预应力混凝土构件，预应力螺纹钢筋的下料长度的计算如图 6-38 所示。

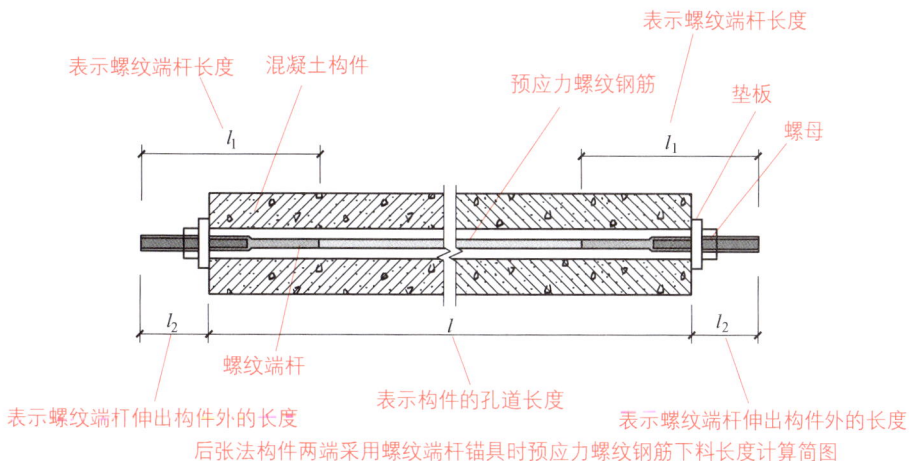

图 6-38

一端采用螺纹端杆锚具，另一端采用帮条锚具时

$$L = \frac{l + l_2 + l_3 - l_1 - ml_c}{1 + \gamma - \delta} + 2ml_{c0}$$

式中　l_3——帮条锚具长度，mm，可取70~80mm

螺纹端杆长度

l_1

螺纹端杆　预应力螺纹钢筋

混凝土构件　　　　　　　　　　　　　帮条锚具

l_2　　　　　　　l　　　　　　　l_3

螺纹端杆伸出构件外的长度　　　构件的孔道长度　　　　帮条锚具长度

后张法构件一端采用螺纹端杆锚具另一端采用
帮条锚具时预应力螺纹钢筋下料长度计算简图

一端采用螺纹端杆锚具另一端采用镦头锚具时的计算

$$L = \frac{l + l_2 + l_4 - l_1 - ml_c}{1 + \gamma - \delta} + 2ml_{c0}$$

式中　l_4——镦头锚具长度，mm，可取2.25倍钢筋
直径加垫板厚度

螺纹端杆长度

l_1

螺纹端杆　预应力螺纹钢筋

混凝土构件　　　　　　　　　　　　　镦头锚具

l_2　　　　　　　l　　　　　　　l_4

螺纹端杆伸出构件外的长度　　　构件的孔道长度　　　表示镦头锚具长度

后张法构件一端采用螺纹端杆锚具另一端采用镦头锚具时预应力螺纹钢筋下料长度计算简图

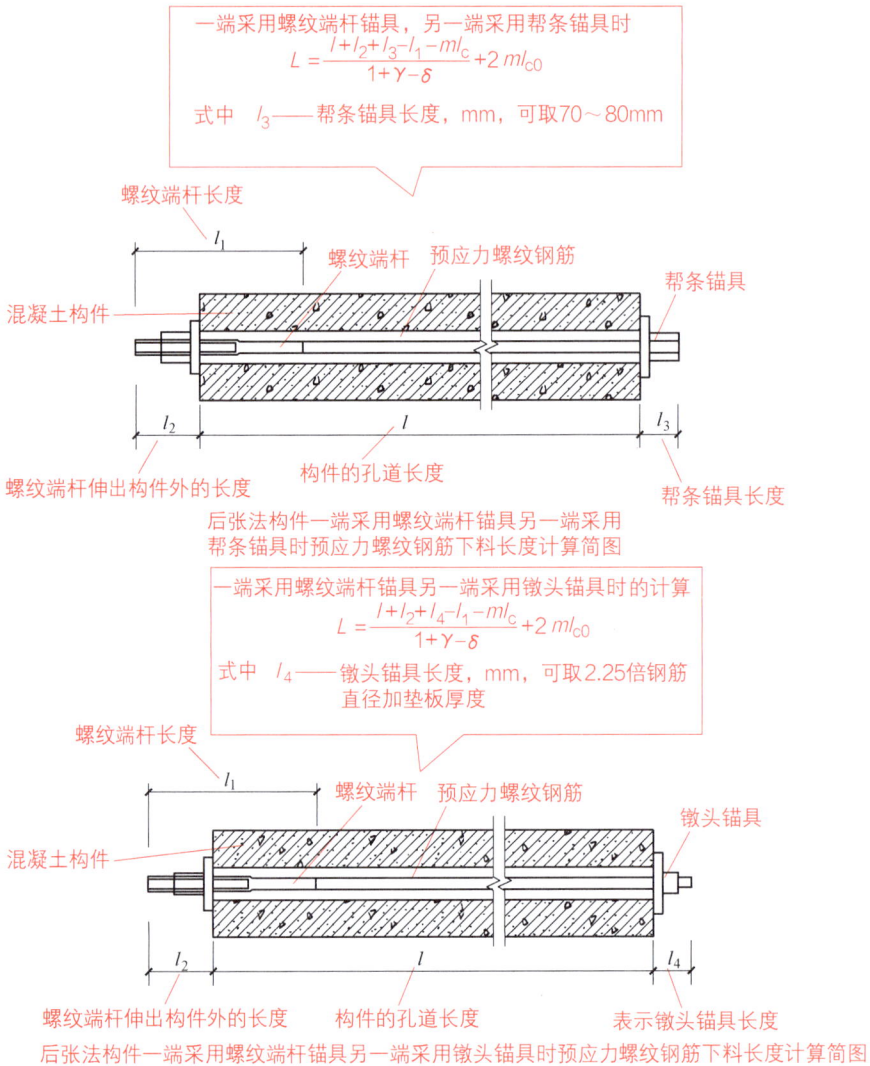

图6-38　预应力筋下料长度的计算（后张法构件）

配置钢丝束的后张法预应力混凝土构件，钢丝的下料长度的计算如图6-39所示。

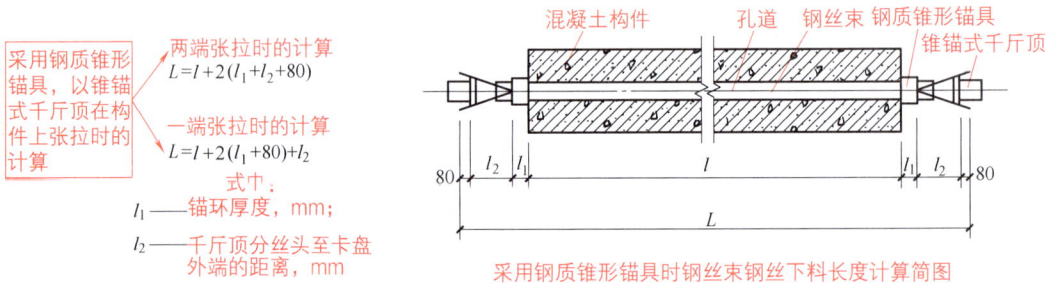

采用钢质锥形
锚具，以锥锚
式千斤顶在构
件上张拉时的
计算

两端张拉时的计算
$L = l + 2(l_1 + l_2 + 80)$

一端张拉时的计算
$L = l + 2(l_1 + 80) + l_2$

式中：
l_1——锚环厚度，mm；
l_2——千斤顶分丝头至卡盘
外端的距离，mm

混凝土构件　　　孔道　钢丝束　钢质锥形锚具
锥锚式千斤顶

80　l_2　l_1　　　　　　　l　　　　　　　l_1　l_2　80

L

采用钢质锥形锚具时钢丝束钢丝下料长度计算简图

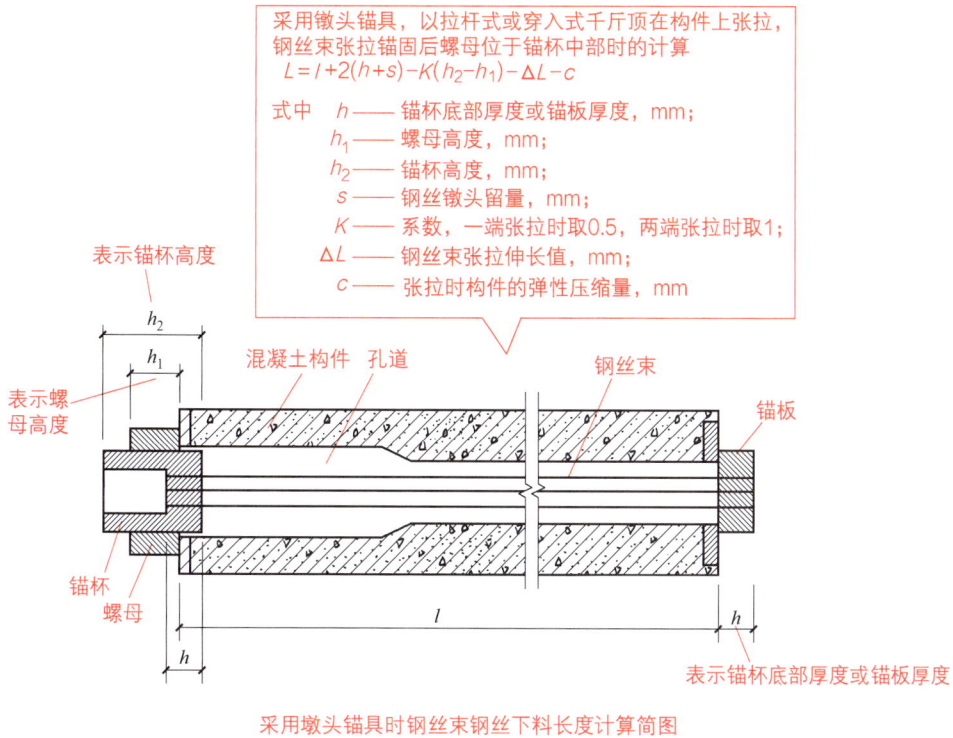

采用墩头锚具时钢丝束钢丝下料长度计算简图

图 6-39 配置钢丝束的后张法预应力混凝土构件，钢丝的下料长度的计算

配置钢绞线束的后张法预应力混凝土构件采用钢绞线束夹片锚具时，钢绞线的下料长度的计算如图 6-40 所示。

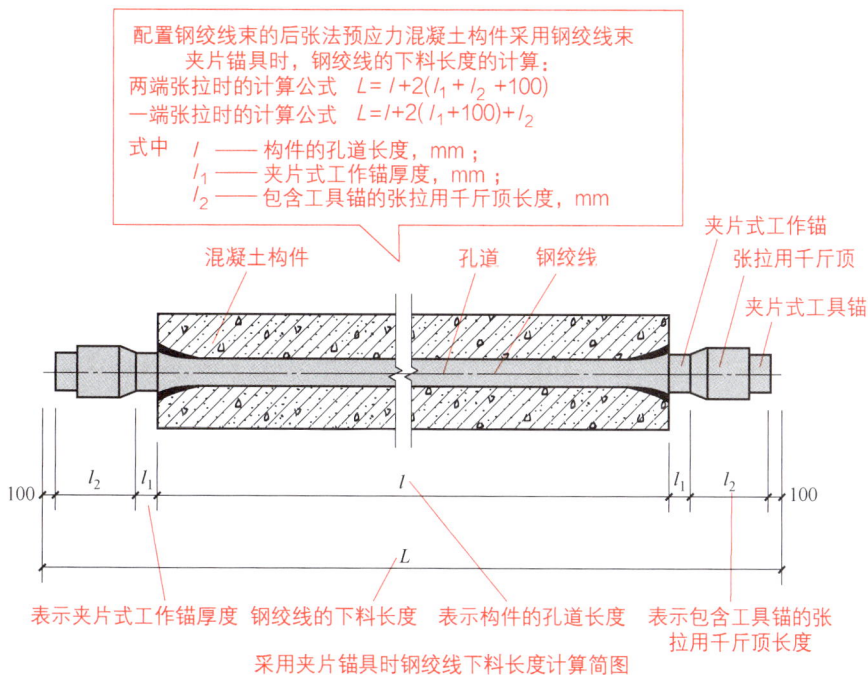

采用夹片锚具时钢绞线下料长度计算简图

图 6-40 采用钢绞线束夹片锚具时，钢绞线的下料长度的计算

6.6　钢筋连接长度、起步距离的计算

6.6.1　钢筋连接区段与长度的计算

梁钢筋连接区段与长度的计算如图 6-41 所示。

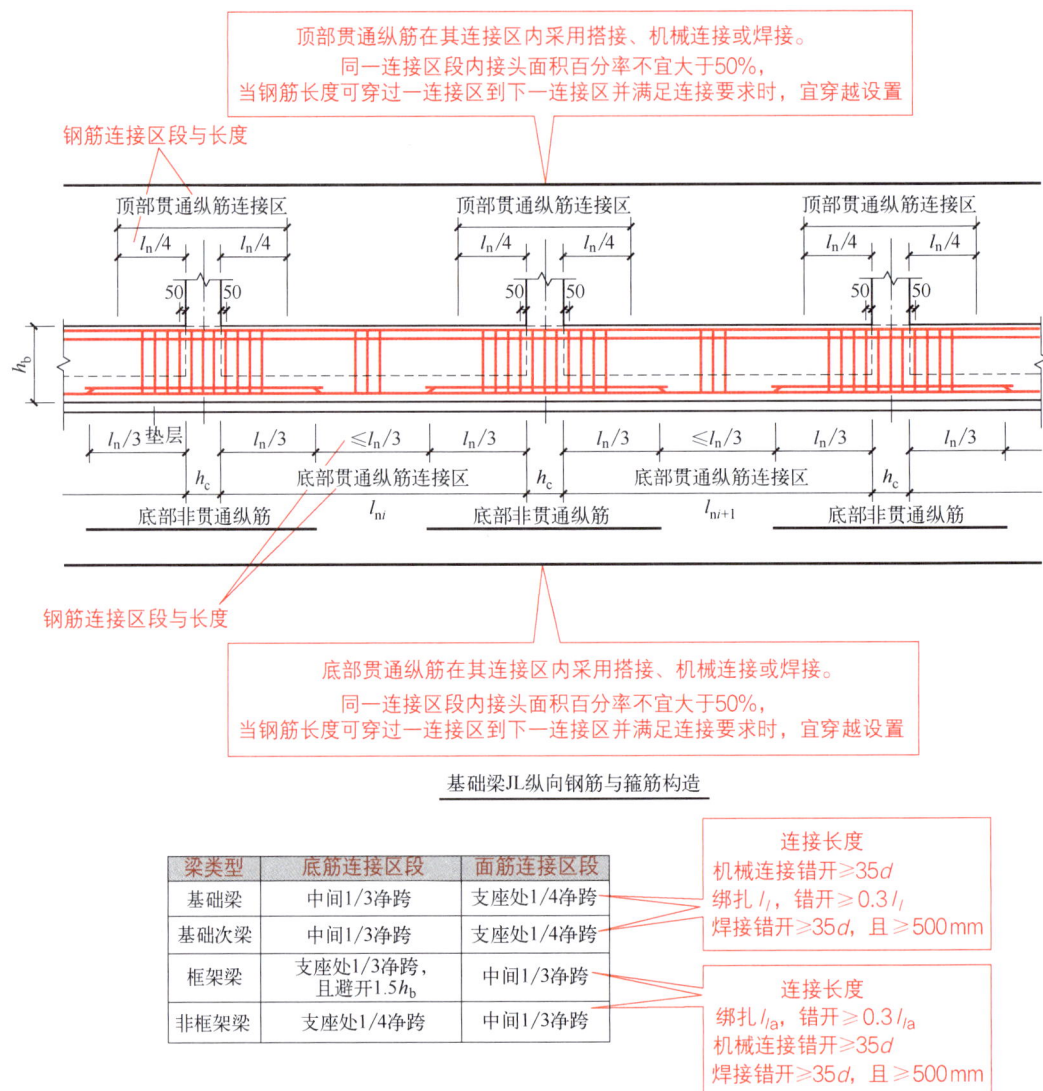

基础梁JL纵向钢筋与箍筋构造

梁类型	底筋连接区段	面筋连接区段
基础梁	中间1/3净跨	支座处1/4净跨
基础次梁	中间1/3净跨	支座处1/4净跨
框架梁	支座处1/3净跨，且避开1.5h_b	中间1/3净跨
非框架梁	支座处1/4净跨	中间1/3净跨

连接长度
机械连接错开≥35d
绑扎 l_l，错开≥0.3l_l
焊接错开≥35d，且≥500mm

连接长度
绑扎 l_{la}，错开≥0.3l_{la}
机械连接错开≥35d
焊接错开≥35d，且≥500mm

图 6-41　梁钢筋连接区段与长度的计算

其他钢筋连接区段与长度如图 6-42 所示。

6.6.2　钢筋起步距离的计算

钢筋起步距离的计算如图 6-43 所示。

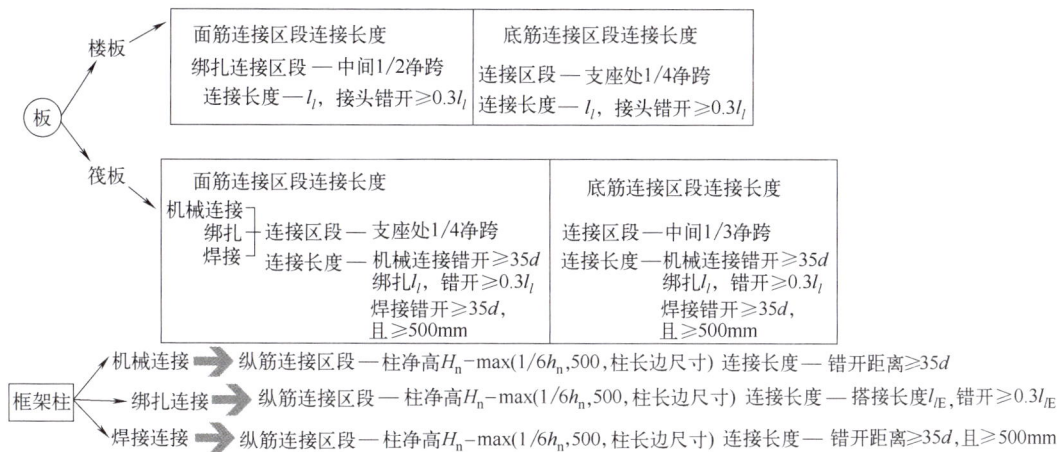

图 6-42　其他钢筋连接区段与长度

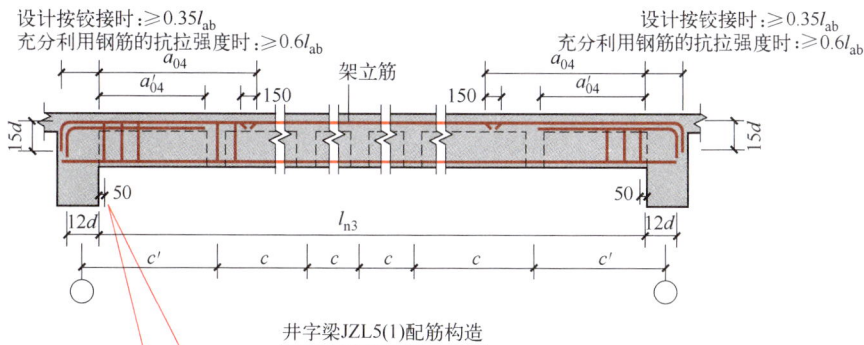

井字梁JZL5(1)配筋构造

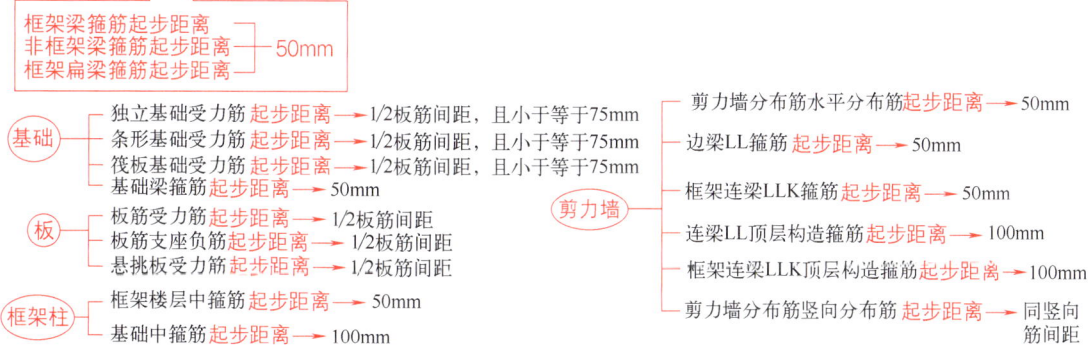

图 6-43　钢筋起步距离的计算

6.7　钢筋重量与工程量的计算

6.7.1　钢筋重量的计算

钢筋重量的计算如图 6-44 所示。

钢筋重量=设计长度×根数×钢筋理论重量

$$设计长度\begin{cases}锚固\\净长——多段连接\end{cases}$$

图 6-44　钢筋重量的计算

6.7.2 钢筋工程量计算步骤

钢筋工程量计算步骤如图 6-45 所示。

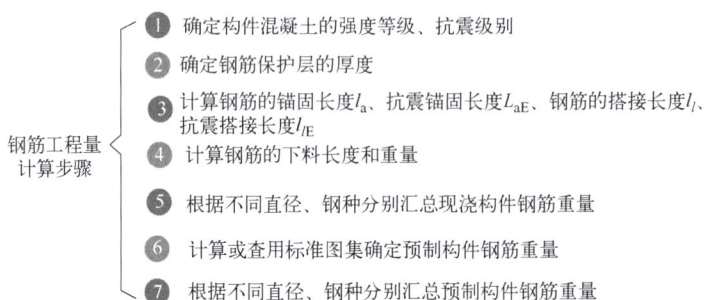

钢筋工程量
计算步骤

1. 确定构件混凝土的强度等级、抗震级别
2. 确定钢筋保护层的厚度
3. 计算钢筋的锚固长度 l_a、抗震锚固长度 L_{aE}、钢筋的搭接长度 l_l、抗震搭接长度 l_{lE}
4. 计算钢筋的下料长度和重量
5. 根据不同直径、钢种分别汇总现浇构件钢筋重量
6. 计算或查用标准图集确定预制构件钢筋重量
7. 根据不同直径、钢种分别汇总预制构件钢筋重量

图 6-45　钢筋工程量计算步骤

6.7.3 钢筋工程量基本计算的常用公式

钢筋工程量应区分不同钢筋类别、钢种、直径，并分别以吨（t）计算其重量。

钢筋工程量计算公式为：

钢筋工程量 = 钢筋下料长度（m）× 相应钢筋每米重量（kg/m）

式中：

① 钢筋下料长度（m）= 构件图示尺寸 − 混凝土保护层厚度 + 钢筋弯钩增加长度 + 弯起钢筋弯起部分的增加长度 − 量度差（钢筋弯曲调整值）+ 图中已经注明的搭接长度。

② 钢筋长度 = 净长 + 节点锚固长度 + 搭接长度 + 弯钩长度 $6.25d \times 2$。对于一级抗震钢筋，弯钩长度为 $6.25d \times 2$，对于非一级抗震钢筋，弯钩长度取 0。

6.7.4 其他相关公式大全

钢筋重量 = 钢筋截面积 × 钢筋长度 × 钢筋密度

钢筋截面积 = π × (钢筋直径 $/2$)^2

钢筋理论质量 = 钢筋直径^2（以毫米为单位）× 0.00617

钢筋理论重量 = 钢筋计算长度 × 钢筋理论重量

钢筋总耗质量 = 钢筋理论重量 × [1+ 钢筋（铁件）损耗率]

铁的密度 ≈ 7850kg/m^3=7850 × 10^{-9}kg/mm^3

每米钢筋的体积（m^3）= π × 钢筋的半径（mm）× 钢筋的半径（mm）× 1m

每米钢筋的体积（m^3）= π × (钢筋直径 $/2$)^2 × 1000m

每米钢筋的重量（kg）= 铁的密度 × 每米钢筋的体积 =0.00617× 钢筋直径（mm）× 钢筋直径（mm）

扁钢、钢板、钢带理论重量 W（kg/m）=0.00785 × 宽（mm）× 厚（mm）

方钢理论重量 W（kg/m）=0.00785× 边长（mm）× 边长（mm）

圆钢、线材、钢丝理论重量 W（kg/m）=0.00617× 直径（mm）× 直径（mm）

镀锌钢筋类理论重量 W（kg/m）= 原理论重量 × 1.06

预应力钢筋的密度通常为 7.85g/cm^3。

附录

附录 1　钢筋混凝土用余热处理钢筋

钢筋混凝土用余热处理钢筋的牌号、化学成分、碳当量（熔炼分析），应符合的规定见附表 1。根据需要，钢中还可加入 V、Nb、Ti 等元素。

附表 1　钢筋混凝土用余热处理钢筋的牌号、化学成分、碳当量（熔炼分析）

牌号	化学成分（质量分数）（不大于）/%					
	C	Si	Mn	P	S	C_{eq}
RRB400 RRB500	0.30	1.00	1.60	0.045	0.045	
RRB400W	0.25	0.80	1.60	0.045	0.045	0.50

附录 2　热轧带肋钢筋化学成分和碳当量（熔炼分析）

热轧带肋钢筋化学成分和碳当量（熔炼分析）应符合的规定见附表 2。钢中允许加入 V、Nb、Ti 等元素。

附表 2　热轧带肋钢筋化学成分和碳当量（熔炼分析）

牌号	化学成分（质量分数）/%					碳当量 C_{eq} /%
	C	Si	Mn	P	S	
	不大于					
HRB400 HRBF400 HRB400E HRBF400E	0.25	0.80	1.60	0.045	0.045	0.54
HRB500 HRBF500 HRB500E HRBF500E	0.25	0.80	1.60	0.045	0.045	0.55
HRB600	0.28					0.58

附录 3 热轧带肋钢筋弯曲性能

根据附表 3 规定的弯曲压头直径弯曲 180° 后，热轧带肋钢筋受弯曲部位表面不得产生裂纹。

附表 3　热轧带肋钢筋弯曲性能　　　　　　　　　　　　　　单位：mm

牌号	公称直径 d	弯曲压头直径 D
HRB400 HRBF400 HRB400E HRBF400E	6 ～ 25	$4d$
	28 ～ 40	$5d$
	> 40 ～ 50	$6d$
HRB500 HRBF500 HRB500E HRBF500E	6 ～ 25	$6d$
	28 ～ 40	$7d$
	> 40 ～ 50	$8d$
HRB600	6 ～ 25	$6d$
	28 ～ 40	$7d$
	> 40 ～ 50	$8d$

附录 4 热轧光圆钢筋化学成分（熔炼分析）

热轧光圆钢筋化学成分（熔炼分析）应符合的规定见附表 4。

附表 4　热轧光圆钢筋化学成分（熔炼分析）

牌号	化学成分（质量分数）不大于 /%				
	C	Si	Mn	P	S
HPB300	0.25	0.55	1.50	0.045	0.045

附录 5 热轧光圆钢筋的力学性能

热轧光圆钢筋的下屈服强度 R_{el}、抗拉强度 R_m、断后伸长率 A、最大力总延伸率 A_g 等力学性能特征值应符合的规定见附表 5。表中所列各力学性能特征值，应作为交货检验的最低保证值。

附表 5　热轧光圆钢筋的力学性能

牌号	下屈服强度 R_{el}/MPa	抗拉强度 R_m/MPa	断后伸长率 A/%	最大力总延伸率 A_g/%	弯曲试验
	不小于				
HPB300	300	420	25	10.0	$D=d$

注：1. D 表示弯曲压头直径，d 表示钢筋公称直径。
2. 对于没有明显屈服的钢筋，下屈服强度特征值 R_{el} 采用规定塑性延伸强度 $R_{0.2}$。
3. 出厂检验时准许采用 A。仲裁检验时采用 A_g。

附录 6　冷轧带肋钢筋盘条牌号与化学成分（熔炼分析）

冷轧带肋钢筋盘条牌号和化学成分（熔炼分析）应符合的规定见附表6。允许采用其他牌号的盘条。

附表 6　冷轧带肋钢筋盘条牌号与化学成分（熔炼分析）

盘条牌号	钢筋牌号	化学成分 /%					
		C	Si	Mn	Ti	S	P
CRW·Q235	CRB550 CRB650	0.14～0.22	≤0.30	0.30～0.65	—	≤0.045	≤0.045
CRW·20MnSi	CRB800	0.17～0.25	0.40～0.80	1.20～1.60	—	≤0.045	≤0.045
CRW·24MnTi		0.19～0.27	0.17～0.37	1.20～1.60	0.01～0.05	≤0.045	≤0.045

注：CRW 为 Cold Rolled Wirerods 的英文缩写。

附录 7　冷轧带肋钢筋盘条的力学性能与弯曲性能

盘条的力学性能、直径不大于 12mm 盘条的弯曲性能应符合的规定见附表7。当采用其他牌号的盘条时，性能由供需双方协商确定。直径大于 12mm 的盘条，允许做弯曲试验，性能指标由供需双方协商确定。

附表 7　冷轧带肋钢筋盘条的力学性能与弯曲性能

盘条牌号	抗拉强度 R_m/MPa 不小于	断后伸长率 $A_{11.3}$/% 不小于	弯曲试验 180°
CRW·Q235	440	26	$D=0.5d$
CRW·20MnSi	510	17	$D=3d$
CRW·24MnTi			

注：D 表示弯曲压头直径，d 表示公称直径。

附录 8　低松弛光圆钢丝、螺旋肋钢丝的规格与力学性能

低松弛光圆钢丝、螺旋肋钢丝的规格与力学性能应符合的规定见附表8。

附表 8　低松弛光圆钢丝、螺旋肋钢丝规格与力学性能

公称直径 /mm	直径允许偏差 /mm	公称截面积 /mm²	每米参考重量 /（g/m）	抗拉强度 σ_b /MPa	规定非比例伸长应力 $\sigma_{p0.2}$/ MPa	最大力下总伸长率 δ /%	弯曲次数		应力松弛性能	
							（次/180°）	弯曲半径 /mm	初始应力相当于公称抗拉强度的 /%	1000h 应力松弛率，不大于 /%
				不小于						
5.00	±0.05	19.63	154	1670	1470	$L_0 \geq 200mm$ 3.5	4	15	60	1.0
				1770	1560					
				1860	1640				70	2.5
6.00	±0.05	26.27	222	1570	1380		4	15		
7.00	±0.05	36.48	302	1670	1470		4	20	80	4.5
				1770	1560					

注：1. 规定非比例伸长应力 $\sigma_{p0.2}$ 值不小于公称抗拉强度 σ_b 的 88%。

2. 钢丝弹性模量为（2.05±0.1）×10⁵MPa。

附录9　1×7 低松弛钢绞线的规格与力学性能

1×7 低松弛钢绞线的规格与力学性能应符合的规定见附表 9。

附表 9　1×7 低松弛钢绞线规格与力学性能

公称直径 /mm	直径允许偏差 /mm	公称截面积 /mm²	每米参考重量 /(g/m)	抗拉强度 σ_b/MPa	整根钢绞线最大力 F_m/kN	规定非比例延伸力 $F_{p0.2}$/kN	最大力总伸长率 δ /%	应力松弛性能	
								初始负荷相当于公称最大力的百分比 /%	1000h 应力松弛率，不大于 /%
				不小于					
12.7	+0.40 −0.20	96.7	775	1720 1860 1960	170 184 193	153 166 174	$L_0 \geqslant 500mm$ 3.5	60	1.0
15.2		140	1101	1720 1860 1960	241 260 274	217 234 247		70	2.5
15.7		150	1178	1770 1860	266 279	239 251		80	4.5
17.8		191	1500	1720 1860	327 353	294 318			

注：1. 规定非比例延伸力 $F_{p0.2}$ 值不小于整根钢绞线公称最大力 F_m 的 90%。

2. 钢绞线弹性模量为（1.95±0.1）×10⁵MPa

附录10　预应力混凝土用螺纹钢筋（精轧螺纹钢筋）规格与力学性能

预应力混凝土用螺纹钢筋（精轧螺纹钢筋）的规格和力学性能应符合的规定见附表 10。

附表 10　预应力混凝土用螺纹钢筋（精轧螺纹钢筋）规格与力学性能

公称直径 /mm	基圆截面积 /mm²	理论重量 /(kg/m)	级别	屈服点 $\sigma_{0.2}$/MPa	抗拉强度 σ_b/MPa	伸长率 δ_s /%	冷弯 90°	应力松弛值，（10h）
				不小于				不大于
18	254.5	2.11	JL785	785	980	7	$D=7d$	80%$\sigma_{0.1}$ 负荷的 1.5%
25	490.5	4.05	JL835	835	1035	7	$D=7d$	
28	615.8	5.12	RL540	540	835	10	$D=5d$	
32	804.2	6.66						

注：1. D 为弯心直径；d 为钢筋公称直径。

2. RL540 级钢筋，d=32mm 时，冷弯 D=6d。

3. 钢筋弹性模量为（1.95～2.05）×10⁵MPa。

附录11　常用钢筋种类、力学性能

常用钢筋种类、力学性能应符合的规定见附表 11。

附表 11　常用钢筋种类、力学性能

钢筋牌号	公称直径 /mm	下屈服强度 $f_{yk}/$(N/mm^2)	抗拉强度 $f_{stk}/$(N/mm^2)	断后伸长率 A /%	最大力总延伸率 δ_g/%
HPB300	6～22	300	420	25.0	10.0
HRB400 HRBF400	6～50	400	540	16.0	7.5
HRB400E HRBF400E	6～50	400	540	—	9.0
HRB500 HRBF500	6～50	500	630	15.0	7.5
HRB500E HRBF500E	6～50	500	630	—	9.0
RRB400	8～50	400	540	14.0	5.0
RRB400W	8～40	430	570	16.0	7.5
RRB500	8～50	500	630	13.0	5.0
CRB550	5～12	500	550	8.0	—
CPB550	5～12	500	550	5.0	—
CRB600H	5～12	520	600	14.0	5.0

附录 12　钢筋的公称直径、计算截面面积及理论重量

钢筋的公称直径、计算截面面积及理论重量应符合的规定见附表 12。

附表 12　钢筋的公称直径、计算截面面积及理论重量

公称直径 /mm	计算截面面积 /mm^2	单根钢筋理论重量 /(kg/m)
5	19.6	0.154
6	28.3	0.222
8	50.3	0.395
10	78.5	0.617
12	113.1	0.888
14	153.9	1.208
16	201.1	1.578
18	254.5	1.998
20	314.2	2.466
22	380.1	2.984
25	490.9	3.853
28	615.8	4.834
32	804.2	6.313
36	1017.9	7.990
40	1256.6	9.865
50	1963.5	15.413

附录 13　钢筋单位长度允许重量偏差

钢筋单位长度允许重量偏差应符合的规定见附表 13。

附表 13　钢筋单位长度允许重量偏差需要符合的规定

公称直径 /mm		实际重量与理论重量的偏差 /%
热轧带肋钢筋 余热处理钢筋	6 ～ 12	± 6
	14 ～ 20	± 5
	22 ～ 50	± 4
热轧光圆钢筋	6 ～ 12	± 7
	14 ～ 22	± 5
冷轧带肋钢筋	5 ～ 12	± 4
冷轧光圆钢筋	5 ～ 12	± 4
高延性冷轧带肋钢筋	5 ～ 12	± 4

附录 14　钢筋的工艺性能参数

钢筋的工艺性能参数应符合的规定见附表 14。弯心直径弯曲 180° 后，钢筋受弯曲部位的表面不得产生裂纹。

附表 14　钢筋的工艺性能参数　　　　　　　　　　单位：mm

牌号	公称直径 d	弯芯直径
CPB550	5 ～ 12	3d
CRB550	5 ～ 12	3d
CRB600H	5 ～ 12	3d
HRB400 HRBF400 HRB400 RRB400W	6 ～ 25	4d
	28 ～ 40	5d
	50	6d
HRB500 HRBF500 RRB500	6 ～ 25	6d
	28 ～ 40	7d
	50	8d

附录 15　随书附赠视频汇总

书中相关视频汇总

热轧光圆钢筋	带肋钢筋	梁钢筋排布图的要求和特点
电弧焊焊条的选择	现场钢筋安装的要求	钢筋进场时的常见问题
箍筋的弯折	钢筋下料的技巧	钢筋相加下料的技巧
钢筋混合下料的技巧	钢筋内皮、外皮的标注	钢筋弯折计算要求

本书拓展视频汇总

混凝土结构钢筋安装施工 1	混凝土结构钢筋安装施工 2	基础板钢筋的要求和特点

[1] 国家市场监督管理总局，国家标准化管理委员会.钢筋混凝土用环氧涂层钢筋：GB/T 25826—2022［S］.北京：中国标准出版社，2022.

[2] 冶金工业信息标准研究院.锥套锁紧钢筋连接接头：YB/T 6128—2023［S］.北京：冶金工业出版社，2023.

[3] 冶金工业信息标准研究院.混凝土预制板用钢筋焊接网：YB/T 6130—2023［S］.北京：冶金工业出版社，2023.

[4] 冶金工业信息标准研究院.预应力混凝土用耐蚀螺纹钢筋：YB/T 6163—2024［S］.北京：冶金工业出版社，2024.

[5] 中国工程建设标准化协会.钢筋连接用直螺纹套筒：T/CECS 10287—2023［S］.北京：中国计划出版社，2023.

[6] 国家市场监督管理总局，国家标准化管理委员会.钢筋混凝土用热轧稀土钢筋：GB/T 43665—2024［S］.北京：中国标准出版社，2024.

[7] 中国特钢企业协会.锚杆用高强热轧带肋钢筋：T/SSEA 0166—2021［S］.北京：冶金工业出版社，2021.

[8] 国家市场监督管理总局，国家标准化管理委员会.钢筋混凝土用钢术语：GB/T 38937—2020［S］.北京：中国标准出版社，2020.

[9] 国家市场监督管理总局，国家标准化管理委员会.钢筋混凝土用碳素钢 - 纤维增强复合材料复合钢筋：GB/T 39041—2020［S］.北京：中国标准出版社，2020.

[10] 中国工程建设标准化协会.钢筋混凝土用水性环氧涂层钢筋：T/CECS 10332—2023［S］.北京：中国计划出版社，2023.

[11] 国家市场监督管理总局，国家标准化管理委员会.钢筋机械连接件：GB/T 42796—2023［S］.北京：中国标准出版社，2023.

[12] 中国工程建设标准化协会.钢筋锚固用灌浆波纹钢管：T/CECS 10098—2020［S］.北京：中国计划出版社，2020.

[13] 国家市场监督管理总局，国家标准化管理委员会.钢筋混凝土用锚固板钢筋 第 1 部分：技术条件：GB/T 42355.1—2023［S］.北京：中国标准出版社，2023.

[14] 北京市市场监督管理局.钢筋套筒灌浆连接技术规程：DB11/T 1470—2022［S］.北京：北京市地方标准出版社，2022.

[15] 中国建筑业协会.钢筋套筒灌浆连接施工技术规程：T/CCIAT 004—2019［S］.北京：中国建筑工业出版社，2019.

[16] 中国建筑标准设计研究院.纤维水泥板免拆底模钢筋桁架楼承板：维捷 R 钢筋桁架楼承板：23CG56-2［S］.北京：中国计划出版社，2023.

[17] 中国建筑标准设计研究院.压型钢板可拆底模钢筋桁架楼承板：TDD（Y）钢筋桁架楼承板：23CG56-1［S］.北京：中国计划出版社，2023.

[18] 中国建筑标准设计研究院.矩形钢筋混凝土蓄水池：22S804［S］.北京：中国计划出版社，2022.

[19] 中国建筑标准设计研究院.钢筋混凝土灌注桩：22G813［S］.北京：中国计划出版社，2022.

[20] 国家市场监督管理总局，国家标准化管理委员会.混凝土和钢筋混凝土排水管：GB/T 11836—2023［S］.北京：中国标准出版社，2023.

[21] 中国机械工业联合会.建筑施工机械与设备 钢筋冷拔机：JB/T 13708—2019［S］.北京：机械工业出版社，

2019.

［22］中国机械工业联合会.建筑施工机械与设备 钢筋螺纹成型机:JB/T 13709—2019［S］.北京：机械工业出版社，2019.

［23］中国机械工业联合会.建筑施工机械与设备 钢筋网成型机:JB/T 13710—2019［S］.北京：机械工业出版社，2019.

［24］中国京冶工程技术有限公司.钢筋桁架混凝土楼板:22G522-1［S］.北京：中国计划出版社，2022.

［25］中国工程建设标准化协会.混凝土结构钢筋详图设计标准:T/CECS 800—2021［S］.北京：中国建筑工业出版社，2021.

［26］中国工程建设标准化协会.钢筋机械连接接头认证通用技术要求:T/CECS 10115—2021［S］.北京：中国建筑工业出版社，2021.

［27］山东省市场监督管理局.钢筋混凝土综合管廊工程施工质量验收标准:DB37/T 5172—2020［S］.出版者不详，2020.

［28］中华人民共和国住房和城乡建设部.混凝土结构通用规范:GB 55008—2021［S］.北京：中国建筑工业出版社，2021.

［29］中华人民共和国住房和城乡建设部.混凝土结构设计标准:GB/T 50010—2010:2024 版［S］.北京：中国建筑工业出版社，2024.

［30］中华人民共和国住房和城乡建设部.混凝土结构用钢筋间隔件应用技术规程:JGJ/T 219—2010［S］.北京：中国建筑工业出版社，2010.

［31］中华人民共和国住房和城乡建设部.混凝土结构成型钢筋应用技术规程:JGJ 366—2015［S］.北京：中国建筑工业出版社，2015.

［32］中华人民共和国国家质量监督检验检疫总局，中国国家标准化管理委员会.钢筋混凝土用不锈钢钢筋:GB/T 33959—2017［S］.北京：中国标准出版社，2017.

［33］中华人民共和国住房和城乡建设部.混凝土结构工程施工规范:GB 50666—2011［S］.北京：中国建筑工业出版社，2011.

［34］中国工程建设标准化协会.轴向冷挤压钢筋连接技术规程:T/CECS 1282—2023［S］.北京：中国建筑工业出版社，2023.

［35］中国工程建设标准化协会.高强钢筋网活性粉末混凝土薄层加固混凝土结构技术规程:T/CECS 1325—2023［S］.北京：中国建筑工业出版社，2023.

［36］中国工程建设标准化协会.装配式钢筋桁架薄型混凝土楼承板应用技术规程:T/CECS 1534—2024［S］.北京：中国建筑工业出版社，2024.

［37］湖北省市场监督管理局.高强热轧带肋钢筋应用技术规程:DB42/T 1534—2019［S］.出版者不详，2019.

［38］中华人民共和国国家质量监督检验检疫总局，中国国家标准化管理委员会.型钢验收、包装、标志及质量证明书的一般规定:GB/T 2101—2017［S］.北京：中国标准出版社，2017.

［39］中华人民共和国国家市场监督管理总局，中国国家标准化管理委员会.冷轧带肋钢筋:GB 13788—2024［S］.北京：中国标准出版社，2024.

［40］中华人民共和国国家市场监督管理总局，中国国家标准化管理委员会.钢筋混凝土用钢：第 1 部分：热轧光圆钢筋:GB 1499.1—2024［S］.北京：中国标准出版社，2024.

［41］中华人民共和国国家市场监督管理总局，中国国家标准化管理委员会.钢筋混凝土用钢：第 2 部分：热轧带肋钢筋:GB 1499.2—2024［S］.北京：中国标准出版社，2024.

［42］中华人民共和国国家质量监督检验检疫总局，中国国家标准化管理委员会.钢筋混凝土用钢：第 3 部分：钢筋焊接网:GB/T 1499.3—2022［S］.北京：中国标准出版社，2022.

［43］中华人民共和国住房和城乡建设部.钢筋焊接及验收规程:JGJ 18—2012［S］.北京：中国建筑工业出版社，2012.

［44］中华人民共和国国家质量监督检验检疫总局，中国国家标准化管理委员会.钢筋混凝土用余热处理钢筋:GB 13014—2013［S］.北京：中国标准出版社，2013.

［45］中国建筑标准设计研究院.混凝土结构施工图：平面整体表示方法制图规则与构造详图（独立基础、条形基础、筏形基础、桩基础）:22G101-3［S］.北京：中国计划出版社，2022.

［46］中国建筑标准设计研究院.混凝土结构施工图：平面整体表示方法制图规则与构造详图（现浇混凝土板式楼梯）:22G101-2［S］.北京：中国计划出版社，2022.